HABICHT – S. 155
Accipiter gentilis

SPERBER – S. 161
Accipiter nisus

KURZFANGSPERBER – S. 169
Accipiter brevipes

ROTMILAN – S. 177
Milvus milvus

SCHWARZMILAN – S. 183
Milvus migrans

GLEITAAR – S. 189
Elanus caeruleus

ROHRWEIHE – S. 197
Circus aeruginosus

KORNWEIHE – S. 203
Circus cyaneus

STEPPENWEIHE – S. 209
Circus macrourus

WIESENWEIHE – S. 215
Circus pygargus

GERFALKE – S. 223
Falco rusticolus

SAKERFALKE – S. 229
Falco cherrug

LANNERFALKE – S. 235
Falco biarmicus

WANDERFALKE – S. 241
Falco peregrinus

ELEONORENFALKE – S. 247
Falco eleonorae

BAUMFALKE – S. 253
Falco subbuteo

ROTFUSSFALKE – S. 259
Falco vespertinus

TURMFALKE – S. 265
Falco tinnunculus

RÖTELFALKE – S. 271
Falco naumanni

MERLIN – S. 277
Falco columbarius

LARS GEJL

EUROPAS GREIFVÖGEL

DAS BILDHANDBUCH ZU ALLEN ARTEN

2., KORRIGIERTE AUFLAGE

HAUPT VERLAG

Lars Gejl (geb. 1962) ist ein renommierter dänischer Naturfotograf und Autor. Sein Spezialgebiet ist die Vogel- und Tierfotografie. Er hat bereits zahlreiche Natur- und Vogelbücher publiziert.

Die dänische Originalausgabe erschien 2018 bei Gyldendal A/S unter dem Titel *Rovfugleguiden*

Umschlag vorne: Fischadler, Lars Gejl
Umschlag hinten: Bartgeier, Lars Gejl, und Habichtsadler, juvenil, Axel Kielland
Rücken: Wanderfalke, Lars Gejl

Gestaltung: Lars Gejl & Narayana Press
Umschlag: Lars Gejl, Axel Kielland & Narayana Press
Redaktion: Axel Kielland

Aus dem Dänischen übersetzt von Marina Nijburg, D-Emden
Fachlektorat der deutschsprachigen Ausgabe: Thomas Griesohn-Pflieger und Matthias Baumgart
Satz der deutschsprachigen Ausgabe: Die Werkstatt Medien-Produktion GmbH, D-Göttingen

Der Haupt Verlag wird vom Bundesamt für Kultur mit einem Strukturbeitrag für die Jahre 2016–2020 unterstützt.

2. Auflage: 2019
1. Auflage: 2018

Bibliografische Information der *Deutschen Nationalbibliothek*
Die Deutsche Nationalbibliothek verzeichnet diese Publikation in der Deutschen Nationalbibliografie; detaillierte bibliografische Daten sind im Internet über http://dnb.dnb.de abrufbar.

ISBN 978-3-258-08153-3

Printed in Bosnia & Herzegovina

www.haupt.ch

VORWORT

Greifvögel faszinieren Menschen schon immer. Im Leben der Adler, Habichte und Falken und der anderen begeisternden Greifvögel spielen Geschwindigkeit, Wagemut, Tod und Risiko eine große Rolle – daher ist es nur allzu verständlich, dass uns sowohl ihr Leben als auch ihre äußere Gestalt in ihren Bann ziehen.

Der Traum vom Fliegen und unser Drang nach Freiheit werden geweckt, wenn wir die majestätische Flügelspannweite des Adlers oder den eleganten Flug des Falken bei der Jagd auf seine Beute beobachten können.

Mit furchteinflößenden gebogenen Schnäbeln, kräftigen Fängen, Stärke, Geschick und einem überragenden Sehvermögen haben die Greifvögel den Menschen sowohl im Alltag als auch in Krieg, Kunst und Literatur schon immer fasziniert und inspiriert.

Aber trotz hervorragender Fähigkeiten wie Schnelligkeit und Wehrhaftigkeit und dem Status als Spitzenprädator in der Vogelwelt führen sie ein Leben im Verborgenen oder menschenfernen Lebensräumen. Das erschwert ihre Beobachtung und die Möglichkeiten, sie für einen längeren Zeitraum aus der Nähe zu erleben.

Aus diesem Grund sind ein gutes Fernglas und ein umfassendes Feldhandbuch zur Feldidentifikation unverzichtbare Werkzeuge für einen tieferen Einblick in die aufregende Welt der Greifvögel.

Mithilfe der besten Greifvogelfotografen Europas habe ich über 500 neue Spitzenfotos gesammelt und mit Texten ergänzt, die nähere Informationen über die 40 europäischen Greifvogelarten und deren allgemeine und wichtigste Kennzeichen sowie Lebensweise und Verbreitung geben.

Adulter Wanderfalke, *Falco peregrinus*, hasst auf junge Mantelmöwe. Dänemark. 21.5. LG.

Zum ersten Mal wurden in einem Feldhandbuch über Greifvögel Fotos und Silhouetten auf anschaulichen Vergleichstafeln dargestellt, die eine praktische Übersicht bieten und ohne große Umwege eine verlässliche Bestimmung erlauben. Interessierte Leserinnen und Leser können damit Greifvögel, die auf den ersten Blick häufig gleich aussehen, leichter aus der Nähe und Ferne bestimmen.

Dabei wünsche ich viel Spaß!
Lars Gejl

Rötelfalke, *Falco naumanni*, adultes Männchen. Als Alula (Daumen) bezeichnet man die Federn am Daumen des Vogelflügels, die die Aufgabe haben, den Auftrieb und die Präzision bei niedriger Geschwindigkeit zu steigern, z. B. bei der Landung. Spanien. 30.5. LG.

DANK

Das Fotografieren von Greifvögeln ist eine wahrhaft anspruchsvolle Aufgabe. Die Ausrüstung ist oft schwer und teuer; zudem sollte der Fotograf über unendliche Geduld, umfassende Kenntnisse und Erfahrung verfügen, um die Vögel aufzuspüren, die häufig scheu und nur kurz sichtbar sind.

Die Fotos in diesem Buch stammen überwiegend von einer kleinen Handvoll enthusiastischer und sehr hartnäckiger Vogelfotografen aus drei Kontinenten. Sie kennen sich mit der Technik und den Greifvögeln bestens aus und sind verrückt genug, um rund um die Welt zu reisen, tagelang mit der schweren Ausrüstung durchs Gebirge zu wandern, bei hartem Frost oder glühender Hitze stundenlang in einem Versteck zu hocken, um von der gewünschten Art das perfekte Bild zu schießen.

Und so ein Foto verlangt nicht nur nach den richtigen Lichtverhältnissen und einem passenden Hintergrund, sondern soll auch das Verhalten und die Umgebung des Vogels illustrieren und so für seine Feldbestimmung und die Darstellung von Details von Nutzen sein und uns die Freude an den faszinierenden Eigenschaften der Greifvögel vermitteln.

Mein herzlicher Dank geht demnach an alle hier beteiligten Fotografen für die Mühen und das große Engagement, das sie in dieses Buch investiert haben. Die Initialen des Fotografen sind am Ende der Bildunterschrift aufgeführt. Der vollständige Name wird in der Fotografenliste auf Seite 300 genannt.

Mein besonderer Dank gilt:
Dem Tierpräparator und Feldornithologen Peter Sunesen für konstruktive Diskussionen über Federkleider und Altersbestimmung sowie seine fundierte Kritik.

Dem Naturfotografen Klaus Bjerre, assistierender Bildredakteur.

Und nicht zuletzt Axel Kielland, Verleger bei Gyldendal, der stets an dieses Projekt glaubte und mich dabei unterstützt und ermutigt hat.

Überdies ist es mehr als angebracht, den zahlreichen Feldornithologen, Autoren und Greifvögel-Liebhabern zu danken, deren Bemühungen und Fachkenntnisse eine große Hilfe und Inspiration waren.

INHALT

Mäusebussard, *Buteo buteo*, immatur, und Habicht, *Accipiter gentilis*, juvenil, im zweiten Kalenderjahr. Viele Greifvögel sehen sich auf den ersten Blick verblüffend ähnlich. Achten Sie deshalb zunächst auf die auffälligsten Details wie Flug und Gesamtfarbe und anschließend auf Gefieder und Irisfarbe. Dänemark. 6.2. LG.

GLIEDERUNG DER ARTPORTRÄTS

Die Ordnung der Greifvögel – Accipitriformes – besteht aus 250 Arten weltweit, von denen 40 Arten regelmäßig in Europa brüten. Einige wenige Arten besuchen Europa bei seltenen Streifzügen aus Afrika und Asien.

Taxonomie

Die Taxonomie ist ein wissenschaftliches Verfahren zur Klassifizierung aller Lebewesen; dazu gehören natürlich auch die Vögel, die unterteilt werden nach Ordnung, Familie, Gattung und Art.

Zahlreiche und nach wie vor neue Erkenntnisse über die Verwandtschaftsbeziehungen zwischen den Vögeln verdanken wir der Genetik. So werden neuen Erkenntnissen folgend immer wieder neue Verzweigungen in den Stammbäumen von Arten entdeckt, Arten in andere Familien eingeordnet und neue wissenschaftliche Familiennamen vergeben. Bei der Darstellung der einzelnen Arten in diesem Buch werden die Vögel im Prinzip in chronologischer und taxonomischer Reihenfolge vorgestellt. Wo es didaktisch sinnvoll erscheint, ist die Reihenfolge jedoch ein wenig geändert worden, um das Verständnis zu erleichtern und Vergleiche besser zu ermöglichen.

Bedeutung des Namens und wissenschaftliche Namen

Latein und Griechisch bilden die Grundlage der Wissenschaftssprache, die über die Grenzen und Sprachbarrieren hinweg verwendet wird, sodass man sich jederzeit sicher sein kann, jeweils von ein und derselben Art zu reden, ohne Missverständnisse zu riskieren.

Bei der Beschreibung der einzelnen Arten werden die wissenschaftlichen Bezeichnungen für Gattung und Art verwendet. Zuerst wird der deutsche Name des betreffenden Vogels genannt, gefolgt vom wissenschaftlichen. Das erste Wort des wissenschaftlichen Namens bezeichnet die Gattung, das zweite ist der Artzusatz. Beide zusammen ergeben den wissenschaftlichen Artnamen.

Gesamteindruck

Der Gesamteindruck bezieht sich auf das äußere Erscheinungsbild des Vogels, insbesondere auf seine Gestalt, seine Größe und sein Verhalten. Die körperlichen Merkmale vermischen sich oft mit anderen Kennzeichen wie dem Flügelschlag, der Körperhaltung, Kopf- und Flügelstellung zu einem Gesamteindruck, der erfahrene Vogelbeobachter befähigt, die meisten Vögel auch auf weite Entfernung und oft sogar ohne Fernglas einer Art, Familie oder Unterordnung zuzuweisen.

Maße des Vogels

Länge und Flügelspannweite eines Vogels werden in Zentimetern angegeben.

L = Länge von der Schnabelspitze bis zur Spitze der längsten Schwanzfeder.

Fs = Flügelspannweite. Diese entspricht der Spanne zwischen den Spitzen der vollständig ausgebreiteten Flügel.

Habitat und Verbreitung

Dieser Abschnitt bietet eine kurze Einführung in Habitat und Verbreitung. Die europäischen Bestandszahlen stammen aus der *Roten Liste gefährdeter Arten* der IUCN (Weltnaturschutzunion, vgl. Weblink hinten im Buch).

Die Beobachtungszahlen wurden in Kategorien eingeordnet.

Ganz vereinzelt	1–10
Vereinzelt	10–100
Selten	100–1000
Recht häufig	1000–10 000
Häufig	10 000–100 000
Sehr häufig	100 000–500 000
Zahlreich	500 000–1 000 000
Sehr zahlreich	1 000 000 oder mehr

Mauser

Die Mauserzyklen der verschiedenen Greifvogelarten bilden ein verwirrend vielfältiges Muster. Um es allmählich zu durchschauen, braucht man Erfahrung im Freiland, Vergleiche von Beobachtungen und eine umfassende wissenschaftliche Lektüre. Die zusammengetragenen Informationen ergeben nach und nach ein klares Bild von diesem komplexen, aber aufregenden Aspekt der Vogelbeobachtung.

Die meisten Arten mausern nach einem festen Muster, wobei es innerhalb einer Art jedoch Variationen im Hinblick auf Unterarten, Verbreitung und Zugrouten gibt.

Die Mauser der Stand- und Zugvögel sowie der Arten, die innerhalb Europas überwintern, wie Mäusebussard, *Buteo buteo*, findet normalerweise während der Sommermonate ab der Brutzeit bis zum Spätsommer und Frühherbst statt.

Bei Langstreckenziehern, die in Asien oder im südlichen Afrika überwintern, wie dem Rotfußfalken, *Falco vespertinus*, ist es so, dass die Mauser aufgeschoben wird und die Mehrheit der alten, abgenutzten Handschwingen den Vogel tragen müssen, bis er das Winterquartier wohlbehalten erreicht hat und das Gefieder in einem milderen Klima und mit Zugang zu reichlicher Nahrung erneuert werden kann.

Die Mauser der juvenilen Vögel findet in der Regel während ihres ersten Sommers und im zweiten Kalenderjahr nach ihrer Geburt statt. Mehrere kleinere Arten erhalten somit während ihres ersten Lebensjahres ihr vollständig erwachsenes Federkleid und werden zudem geschlechtsreif. Bei größeren Arten wie Geier und Adler ist die Mauser eine langwierige Entwicklung. Adulte brauchen zwei Jahre, um ihr Kleid komplett zu wechseln. Somit stellt die Mauser einen andauernden Prozess dar.

Bei den entsprechenden Jungvögeln findet die Mauser vom Jungtier bis zum adulten Vogel nach und nach und über mehrere Jahre hinweg statt. In dieser Zeit verändern sich bei vielen Vogelarten die Form der Flügel, das Muster und die Farben des Federkleides. Einzelne Details finden Sie in den Beschreibungen des Flugs sowie in den Vergleichstabellen.

Unterarten

Wenn eine Art in geografische Unterarten unterteilt ist, wird ein dritter Name angefügt. Der Vogel, der innerhalb einer Art als Erster beschrieben wurde, wird als Nominatform bezeichnet. So wird der wissenschaftliche Name des Mäusebussards, *Buteo buteo buteo*, gemeinhin zu *Buteo buteo* verkürzt, während der östlichen und mit ihm praktisch identischen Unterart ein weiterer Begriff hinzugefügt wird: *Buteo buteo vulpinus*.

Im Zusammenhang mit der Mauser und der Klärung des Alters des einzelnen Vogels werden folgende Begriffe verwendet:

Juvenil	Jungvogel in seinem ersten vollständigen Federkleid	
1. KJ	Juvenil im Jahr des Schlüpfens vom Ausfliegen bis zum 31.12.	(1. Kalenderjahr)
2. KJ	Juvenil/Immatur im darauffolgenden Jahr	(Ein Jahr alt)
3. KJ	Immatur in seinem dritten Lebensjahr	(Zwei Jahre alt)
4. KJ	Immatur in seinem vierten Lebensjahr	(Drei Jahre alt)
5. KJ	Immatur in seinem fünften Lebensjahr	(Vier Jahre alt)
6. KJ	Immatur in seinem sechsten Lebensjahr	(Fünf Jahre alt)
7. KJ	Immatur in seinem siebten Lebensjahr	(Sechs Jahre alt)
Immatur	Jungvogel zwischen dem Juvenil- und Adultstadium	
Subadult	Jungvogel im Gefieder vor dem adulten Federkleid	
Adult	Ein geschlechtsreifer Vogel im adulten Federkleid	

Zug

Rund 20 der 40 in Europa beobachteten Greifvögel sind Zugvögel; daher können wir uns nur einige Monate im Jahr an ihnen erfreuen. Aus diesem Grund sind Kenntnisse über Zugzeiten, Zugrouten, Hotspots und Winterquartiere nicht nur für einen erfolgreichen Beobachtungstag interessant, sondern auch, weil sie den Beobachtungen eine globale Perspektive verleihen.

In den Abschnitten über den Vogelzug werden folgende Monatseinteilungen verwendet:

Anfang (des Monats):	1.–10.
Mitte (des Monats):	11.–20.
Ende (des Monats):	21.–31.

Stimmen und Rufe

Greifvögel singen nicht wie Singvögel, sondern lassen eine Reihe von schrillen, schreienden und flötenden Rufen unterschiedlicher Länge und Zusammensetzung hören. Die Stimmen der einzelnen Arten ähneln sich häufig und sind zudem schwer zu beschreiben. Die Stimmen nahezu aller Arten wurden durch einen QR-Code ergänzt, der sich mit dem Smartphone scannen lässt und über einen Link zur Klangdatei der jeweiligen Art führt.

Steinadler, *Aquila chrysaetos*. juvenil, 2. KJ. Dänemark. 29.3. NLJ.

FACHBEGRIFFE

Arm: Innerer Teil des Flügels vom Karpalgelenk bis zum Arm
Adult: Ausgewachsener, geschlechtsreifer Vogel
Art: Gruppe von Individuen mit identischen Merkmalen, deren Vertreter sich untereinander, jedoch nicht mit Vertretern anderer, ähnlicher Gruppen (d. h. Arten) paaren
Achselfedern: Federn in der Achselhöhle
Armflügelfeld: Kontrastreicher heller Bereich auf der Oberseite des Flügels
Augenring: Enger Kranz aus kurzen, oft blassen Federn rings um das Auge
Augenstreif: Meist dunkler Streifen vor und hinter dem Auge
Bänderung: Wellenförmige Streifen
Bartstreif: Dunkler, schmaler Streifen von der Basis des Unterschnabels über die untere Wangenpartie
Endbinde: Farbliches Band am Rande der Federn
Fennoskandinavien: Norwegen, Schweden, Finnland, der russische Teil Kareliens und die Halbinsel Kola
Fenster: Helle Partie auf transparenten Handschwingen
Finger: Die gespreizten Spitzen der äußersten Handschwingen
Flügelbreite: Breite des Flügels an der Basis
Flügeldecken: Reihen von Federn auf Hand- und Armschwinge, unterteilt in kleine, mittlere und große Armdecken
Flügelprojektion: Überstand der Flügelspitzen über die Schwanzspitze
Form oder Morphe: Farbvariation des Gefieders innerhalb einer Art
Fußprojektion: Überstand der Zehen und/oder des Tarsus über die Schwanzspitze beim fliegenden Vogel
Habitat: Typ des natürlichen Lebensraums, der die Nahrungs- und Brutbedürfnisse einer Art am besten erfüllt
Hand: Äußerer Teil des Flügels, vom Karpalgelenk bis zur Spitze
Handbasisfleck: Blasser Fleck an der Basis der Handschwingen auf der Ober- und Unterseite der Flügel
Handschwingenprojektion: Überstand der Handschwinge bei angelegtem Flügel über die längste Schirmfeder
Hybriden: Kreuzungen zwischen zwei verschiedenen Arten
Immatur: Jungvogel zwischen dem Juvenil- und Adultstadium
Juvenil: Jungvogel in seinem ersten Federkleid nach den Daunenfedern
Karpalgelenk: Flügelbeuge am Vorderrand zwischen Hand und Arm
Karpalfleck: Kontrastreicher Fleck am Karpalgelenk (Flügelbeuge) an der Flügelunterseite
Lidhaut: Unbefiederte, farbige Haut rund um die Augen, besonders beim Falken
Lidring: Schmale, ringförmige, unbefiederte, oft farbige Hautpartie direkt innerhalb des Augenringes
Mantel: Partie zwischen dem Nacken und Rücken des Vogels
Mauser: Erneuerung des Gefieders, wobei die abgenutzten Federn abgeworfen und durch nachwachsende ersetzt werden
Mehrphasige Mauser: Aussetzung der aktuellen Mauser aufgrund des Zugs
Monotypisch: Einzigartige Art
Ohrdecken: Die Federn über der Ohröffnung; diesen Bereich direkt unter und schräg hinter dem Auge bezeichnet man auch als Wange
P: Abkürzung des englischen Wortes *Primaries*, was primär bedeutet und als Bezeichnung für die Handschwingen verwendet wird
Polyandrie: Paarung eines Weibchens mit mehreren Männchen
Polygynie: Paarung eines Männchens mit mehreren Weibchen
Population: Gesamtzahl der Individuen einer Art innerhalb eines bestimmten Gebiets
Pullus: Küken im Daunenkleid
Rüttelflug: Eine besondere Flugtechnik, bei der der Vogel auf der Stelle «fliegt». Dabei bleibt die Position des Vogels in Bezug auf den Boden unverändert.
S: Abkürzung des englischen Wortes *Secondaries*, was sekundär bedeutet und als Bezeichnung für die Armschwingen verwendet wird
Saum: Gefranster, blasser, oft weißlicher Rand der Feder, der schnell abnutzt
Schirmfedern: Die vier bis sechs inneren Armschwingen, oft mit abweichender Form und Farbe
Schnabelbasis: Innerster Teil des Schnabels
Subadult: Jungvogel im Gefieder vor dem adulten Federkleid
Subterminalband: Ein farbiges Band in den Federspitzen des Flügels oder des Schwanzes, in den Enden selbst befindet sich das Terminalband (oder die -binde)
Tarsus: Langer, sichtbarer Teil des Beins zwischen Zehen und Unterschenkel
Tibia: Unterschenkel
Überaugenstreif: Meist heller Streifen über dem Auge
Wachshaut: Ungefiederter Bereich in der Nasengegend oberhalb des Schnabels
Wangenstreif: Schwarzer diagonaler Streifen oder schmale Binde entlang der Unterseite der Wange
Zügelstreif: Schmaler, oft dunkler Streifen auf dem Zügel, dem Bereich zwischen Auge und Schnabelbasis

MEIN LEBEN ALS GREIFVOGEL

Wenn es so weit ist, dass du die Rufe deiner Eltern erkennst und die Wärme des Brutflecks am Bauch deiner Mutter spürst, ist die Chance groß, dass du dir in ein paar Tagen zum ersten Mal deiner eigenen Kraft bewusst wirst. Jetzt ist der Augenblick, in dem du das Licht der Welt erblickst, indem du mit deinem krummen Schnabel die dicke Schale knackst, die dich 25 bis 60 Tage geschützt hat – je nachdem ob du ein Rotfußfalke oder ein Mönchsgeier bist.

Der warme Wind, der entlang des Gebirgskamms weht, hilft dabei, deinen schutzlosen Körper zu trocknen. Sobald du deine ersten Insekten, ein Nagetier oder ein Stück Vogelbrust verspeist hast, die dein Vater gefangen und deine Mutter liebevoll an dich verfüttert hat, bist du vielleicht endlich stark genug, um deinen schweren Kopf auf deinem zierlichen Hals zu heben. Dann stellst du fest, dass du dich entweder auf einem kahlen Felsen befindest, wenn du ein Falke bist, oder in einem soliden Nest aus Zweigen liegst, wenn du von einer anderen Greifvogelart abstammst.

Wenn du dich alleine im Nest befindest, liegt es vielleicht daran, dass deine Eltern ihr erstes Gelege verloren haben oder du das Glück hast, dass die zwei weißen, ovalen Dinge, die neben dir im Nest liegen und erst in drei beziehungsweise sechs Tagen ausgebrütet werden, dich zu dem ältesten und größten Jungtier der

Raufußbussard, *Buteo lagopus*, Weibchen mit 12 bis 14 Tage alten Jungen. Die Überlebenschancen der Jungen eines Raufußbussards hängen von vielen Faktoren ab. Wenn beide Elterntiere zum ersten Mal brüten und somit unerfahren sind, legen sie ihr Nest vielleicht an einem niedrig gelegenen, kalten nordseitigen Felshang an, an dem ein Schneesturm oder ein Fuchs das erste Gelege zerstören kann. Wenn das Weibchen in guter Verfassung ist, reicht die Zeit vielleicht für ein Nachgelege, dessen Erfolg sich nach dem jährlichen Vorkommen von Lemmingen und anderen Nagetieren richtet, die in guten Jahren den Anteil der ausfliegenden Jungen erhöht. Norwegen. 13.6. HS.

Brut machen und vielleicht Instinkte in dir wecken, deren du dir zurzeit noch gar nicht bewusst bist.

Ein paar Tage lang genießt du die volle Aufmerksamkeit deiner Mutter, die dich umsorgt und auf dich aufpasst, während dein Vater für euch drei auf die Jagd geht und gleichzeitig das Territorium vor Feinden und männlichen Artgenossen auf der Suche nach einem freien Weibchen verteidigt.

Wenn deine Geschwister wie geplant schlüpfen und deine Eltern gesund und stark sind, wirst du in deiner Familie aufwachsen und in nur 40 Tagen flugfähig und unabhängig sein, wenn du ein Lannerfalke bist. Etwas länger dauert es, wenn du ein Gänsegeier bist, der seine Flügel erst im Alter von etwa 120 Tagen ausbreitet und die Felswand verlässt.

FRESSEN ODER GEFRESSEN WERDEN

Bevor du dich jedoch als eine der überlegensten und gefürchtetsten Kreaturen der Vogelwelt ins Leben stürzen kannst, müssen eine Reihe wichtiger Faktoren mitspielen und in der richtigen Reihenfolge passieren. Solange du dich im Ei befindest oder ein Junges bist, dürfen deine Eltern nicht an Altersschwäche, Krankheit, bei einem Zusammenstoß mit einem Baum oder einer Stromleitung, durch Vergiftung oder einen Schuss sterben. Das Nest darf nicht durch einen Sturm zerstört werden, und weder du noch deine Geschwister dürfen durch den Regen oder die Kälte erfrieren. Außerdem muss man hoffen, dass Habicht, Rabe oder Baummarder nicht vorbeischauen. Wenn du ein Junges eines Raufußbussards bist, kann es in einer Katastrophe enden, wenn es in dem Jahr in der Taiga nicht viele Mäuse oder Lemminge gibt. Wenn du ein Wespenbussard bist, kann ein kühler und windiger Sommer sowohl für dich als auch für flugunfähige Faltenwespen kurz sein.

Wenn der gellende Schrei deines Vaters verstummt und deine verwitwete Mutter gezwungen ist, alleine zu jagen und so längere Zeit vom Nest fernzubleiben, wirst du deine Geschwister mit ganz anderen Augen betrachten. Wenn du ein Bartgeier oder ein Schelladler bist, ist es ganz normal, dass du deine Geschwister frisst. Wenn du rich-

Rohrweihe, *Circus aeruginosus*, adultes Männchen mit Ratte. Manchmal paaren sich Rohrweihenmännchen mit zwei bis drei Weibchen. Als Folge gehören sie zu den größten Versorgern in der Greifvogelwelt. Das Männchen sorgt zugleich für eine der schönsten Flugdarbietungen, wenn es das Weibchen ruft, die Beute abwirft und diese im Flug auf elegante Weise von der Empfängerin in der Luft gefangen wird. Dänemark. 26.4. AM.

tig hungrig bist und das Älteste im Gelege mit sechs Sperbern bist, kannst du dich ein paar Tage oder vielleicht eine Woche davon ernähren. Somit profitierst du von der biologischen Entwicklung, die deine Mutter dazu gebracht hat, gleich mit der Bebrütung des zuerst gelegten Eis zu beginnen, und erhältst auf diese Weise eine zusätzliche Überlebenschance.

AUF EIGENEN FLÜGELN

Wenn du die gefährlichen Tage im Nest überlebst, wirst du es an einem Sommertag mit unsicherem Flügelschlag und dennoch mit voller Kraft und Wagemut verlassen. Dein neues und vollständiges Gefieder wird dich im nächsten Jahr tragen und schützen.

Vielleicht werden deine Eltern dir in ihrem zerfetzten Gefieder folgen, das von der Sonne ausgeblichen und durch die hektischen Aktivitäten der Jungen abgenutzt ist. Einige Federn sind gebrochen, einige wurden abgeworfen und fehlen, aber die meisten werden während der jährlichen Sommermauser durch neue ersetzt und sorgen dafür, dass das Gefieder dauerhaft vor Kälte schützt und dich beim baldigen Verlassen des Brutplatzes trägt.

Während du dich an deine neue Haut gewöhnst und dich im Manövrieren übst, bekommst du das Essen noch immer serviert, aber nicht mehr so pünktlich und häufig wie zuvor. Wenn du ein junger Seeadler bist, servieren dir deine Eltern noch einige Wochen Fische und Wasservögel, und du wirst auch sicherlich bis zum Win-

Merlin, *Falco columbarius*, juvenil, jagt Bachstelze. Jungvögel ziehen dank eines angeborenen Instinkts in die Winterquartiere, der sie in eine bestimmte Richtung über eine bestimmte Strecke lenkt. Während des Zugs werden Informationen aus dem Erdmagnetfeld im Gehirn gespeichert und vervollständigen die Route im eigenen GPS-System des Vogels. Schweden. 18.8. JL.

Wespenbussard, *Pernis apivorus*. Adulte Männchen während des Zugs über den Eilat Mountains in Israel. Der Wespenbussard überwintert im tropischen Afrika. Während der Rückwanderung sieht man nur adulte Vögel. Juvenile und immature Vögel übersommern in Afrika für ein bis zwei Sommerhalbjahre und kehren erst im Alter von zwei bis drei Jahren in die Brutgebiete zurück. 1.5. KB.

ter im Brutgebiet toleriert. Wenn du ein Lannerfalke und im August an einer Steilküste am Mittelmeer geschlüpft bist, bist du bereits 14 Tage nach dem Ausfliegen auf dich alleine gestellt. Du wirst jagen und Kleinvögel auf ihrem Zug über das Mittelmeer zu deinem und ihrem Winterquartier in Afrika begleiten.

AUF ZU FERNEN HORIZONTEN

Wenn du zu den Stand- und Zugvögeln gehörst, wie zum Beispiel der Mäusebussard, wirst du, je nachdem, wo du geschlüpft bist, entweder in Südwesteuropa überwintern oder ein wenig umherstreifen. Abhängig von Frost und Schneedecke ziehst du vielleicht in Richtung Süden und verweilst in einem Wald, wo du dich auf nahe gelegenen gepflügten Feldern den größten Teil des Winters von Regenwürmern ernähren kannst.

Wenn du hingegen als Fischadler nördlich des Polarkreises geschlüpft bist, bist du sowohl Langstrecken- als auch Kurzstreckenzieher. In diesem Fall wirst du von August bis September mithilfe deines angeborenen Instinkts, des Magnetfelds der Erde, der Position der Sonne, der Polarisation des Lichtes, deines Sehvermögens und Geruchssinns sowie Landeskenntnissen den Kurs in Richtung Süd-Südwest setzen. Deine Reiseroute ins afrikanische Winterquartier erstreckt sich über 6000 Kilometer, die du innerhalb von 45 Tagen zurücklegen wirst. Einige Tage pausierst du an einem fischreichen See und wartest auf heiteres Wetter. An den aktiven Reisetagen mit guten Windverhältnissen legst du mit einer Durchschnittsgeschwindigkeit von 50 Stundenkilometern durchschnittlich 250 Kilometer zurück. Während du über die Landschaft ziehst und mittels deiner kombinierten binokularen Weitwinkelsicht mit eingebautem Zoom, die mit einem guten Fernglas vergleichbar ist, einen Fisch entdeckst und die Beute in einem kraftvollen Sturzflug im Süß-

oder Salzwasser fängst, wirst du dich sicher über die energischen Artgenossen mit krummen Schnäbeln wundern, die schnell an dir vorbeifliegen.

Du bist fest entschlossen und hast nicht die gleichen Präferenzen wie die vielen anderen der 250 000 Greifvögel der 34 unterschiedlichen Arten, die im Herbst über das südwestliche Europa und die Iberische Halbinsel ziehen, wo sie sich sicher fühlen, bis sie Gibraltar erreichen und auf dem afrikanischen Kontinent landen.

Kräftige Flieger wie du, Falken, Weihen und Wespenbussarde, halten den Kurs kontinuierlich und ziehen ohne Verzögerung zur schmalen Küstenlinie am diesigen Horizont. Die trägeren Schwebe- oder Gleitflügler wie Milane, Adler und Geier, die auf Thermik und Zugwinde angewiesen sind, können wochenlang auf die optimalen Wetterbedingungen warten, bevor sie ihre chronische Wasserscheu überwinden und – ohne die Möglichkeit einer sicheren Notlandung – die notwendigen furchterregenden 15 Kilometer über das offene Meer zurücklegen. Während du das Mittelmeer überfliegst, wirst du vielleicht von einem Schwarm schneller, rasanter Rotfußfalken mit Kurs auf das südliche Afrika eingeholt. Über den Falken erkennst du einen kleinen, fast unsichtbaren Punkt in Form eines Gänsegeiers, der sich aufgemacht hat und den perfekten Zugwind in zwölf Kilometern Höhe nutzt, wo sein einzigartiges Hämoglobinprotein im Blut dem geringen Sauerstoffgehalt standhalten kann.

Östlicher Kaiseradler, *Aquila heliaca*, und Schelladler, *Aquila clanga*, beides juvenile Vögel während des Überwinterns in Oman, eines der südöstlichen Winterquartiere dieser Arten. Die Greifvögel aus Osteuropa und Westasien nutzen den östlichen Zugkorridor entlang der Ost- und Westküste des Schwarzen Meeres über die Engpässe Bosporus in der Türkei und Batumi in Georgien. Von dort aus ziehen sie jeweils über Israel und den Suezkanal weiter zum afrikanischen Kontinent, nach Arabien, in den Nahen Osten und nach Asien. Oman. 15.1. HJE.

WINTERFERIEN

Wohlbehalten in Afrika angekommen, wo die Temperaturen und Futtermengen stabil sind, kannst du als Wiesenweihe die nächsten drei bis vier Monate in der Sahelzone südlich der Sahara ein behagliches, unabhängiges Nomadenleben genießen, wo Schwärme mit proteinreichen Wanderheuschrecken den Kurs bestimmen. Als Fischadler kannst du dich in einem Wald entlang eines friedlichen, westafrikanischen Flussufers mit vielen Fischen und Wasservögeln niederlassen. Als Baumfalke kannst du in östlichen, westlichen und südlichen Gefilden nach Kleinvögeln und großen fetten Termiten jagen, die in Schwärmen ihren Bau verlassen, um sich zu vermehren. Wenn du zu den adulten Langstreckenziehern gehörst, verlierst du während der Winterferien die letzten abgenutzten Schwungfedern. Als juveniler Vogel verlierst du sicherlich einige Körperfedern, die durch das erste Erwachsenenkleid ersetzt werden, und deine biologische Uhr teilt dir mit, dass es an der Zeit ist, den Kurs in Richtung Norden zu setzen, wo das Sommerhalbjahr dir einen Überfluss an Nahrung anbietet.

KURS RICHTUNG NORDEN

Als Steppenadler brichst du bereits Ende Januar aus Südafrika auf. Die Zugroute verläuft entlang Ostafrika in Richtung Suezkanal. Von dort aus folgst du gemeinsam mit über 800 000 anderen Greifvögeln, die in Richtung Osteuropa und Asien unterwegs sind, dem östlichen Zugkorridor über Israel. Im April erreichst du dann das Brutgebiet im südlichen Russland. Du hast jetzt das Dreivierteljahr überstanden, das die größten Herausforderungen für jeden Vogel darstellt. Als Adler bist du erst mit vier bis sechs Jahren geschlechtsreif. Wenn du aber zu den Sperbern gehörst, bist du bereits im ersten Frühling erwachsen, und es ist an der Zeit, Partnerinnen oder Partner zu beeindrucken, Balz- und Territoriumflüge zu fliegen, Nester zu bauen und für Nachkommen der Greifvögel zu sorgen.

Mit Erfahrung und ein wenig Glück liegen viele gute Jahre vor dir, und du erreichst ein Alter zwischen 15 bis 50 Jahre.

Seeadler, *Haliaeetus albicilla*, ruft sein Weibchen. Die Greifvögel haben keinen bestimmten Gesang und sind den Großteil des Jahres still. Im Brutgebiet und als Auftakt zur Paarung sind lautere Schreie und klagende Rufe zu hören, möglicherweise zusammen mit dem Balzflug. In der Nähe des Nestes und wenn das Männchen die Nahrung bringt, werden einige gedämpftere Kontaktrufe verwendet. Die Stimmen der Greifvögel sind in der Regel schrill und klingen für ungeschulte Ohren gleich, daher kann es sehr schwierig sein, die Art zu bestimmen. Schweden. 28.2. LG

TOPOGRAFIE

Die Physiognomie der Greifvögel wird in zusammenhängende Bereiche mit feststehenden Bezeichnungen eingeteilt.

Diese Bereiche umfassen die verschiedenen Körperteile des Vogels, während das Gefieder differenzierter unterteilt ist. Farbe und Muster variieren je nach Art von juvenil über immatur bis adult und sind bei gewissen Arten bei Männchen und Weibchen unterschiedlich.

Auf den beiden folgenden Doppelseiten werden sowohl die kleineren Details als auch allgemeinere Merkmale erläutert, um die Identifizierung im Freiland zu erleichtern.

1. Mantel
2. Schulterfedern
3. Flügelvorderseite
4. Alula (Daumen)
5. Finger (zwischen vier und sieben sind als freie Handschwingen sichtbar)
6. Flügelbinde, oft entlang der Seiten der Flügeldecken
7. Flügelhinterrand
8. Rücken
9. Bürzel
10. Oberschwanzdecken
11. Schwanz
12. Arm und Armschwingen
13. Hand und Handschwingen
14. Handdecken
15. Große Armdecken
16. Mittlere Armdecken
17. Kleine Armdecken

Zwergadler, *Aquila pennatus*, juvenil, helle Form. Italien. 7.11. DO.

Größe, Form und Flug der Greifvögel sind in Kombination mit Mustern und Farben des Gefieders wichtige Details, die gemeinsam mit der Art und Weise der Bewegung die Grundlage für eine sichere Identifikation bilden können.

Das Jugendkleid zeichnet sich durch frische Federn aus, während adulte Vögel und ältere Jungvögel in der Regel eine Mischung aus abgenutzten, älteren, fehlenden und neuen Federn aufweisen.

Beachten Sie, dass die Raubvögel sowohl bei ruhigem Wetter als auch bei starkem Wind fliegen und dass das Gefieder bei grauem Wetter eher als dunkel und undefinierbar wahrgenommen wird.

1. Kleine Armdecken
2. Mittlere Armdecken
3. Große Armdecken
4. Karpalfleck
5. Handflügel, P10 bis P1: Handschwingen (Primaries)
6. Armschwingen, Anzahl variabel, je nach Größe des Vogels (Secondaries)
7. Unterschwanzdecken
8. Schwanzsubterminalbinde
9. Schwanzendbinde
10. Steiß (Körper hinter den Beinen)
11. Bauch
12. Hose (Federn an den Beinen)
13. Flanken
14. Achselfedern (Federn in der Achselhöhle)
15. Querband (an Flügeldecken, Schwungfedern und Schwanzfedern)
16. Flügelhinterrand
17. Flügelbinde (entlang der großen Flügeldecken)
18. Fingerspitzen (äußerstes 1/4 des Fingers)
19. Handdecken
20. Flügelvorderseite

Steppenadler, *Aquila nipalensis*, juvenil. Oman. 25.11. KB.

Charakteristisch für den sitzenden Greifvogel ist seine kompakte Form, oft mit tiefer Brust und dem verhältnismäßig kleinen Kopf mit krummem Schnabel.

Es ist oft schwierig, die Vogelart zu bestimmen, da Verhalten und Flugmuster sowie Gefiederkennzeichen in diesem Fall nicht erkennbar sind.

Achten Sie deshalb auf die Zeichnung und Details an Kopf, Unterkörper und Beinen sowie die Flügel- und Schwanzlänge.

1. Schnabelwinkel
2. Iris
3. Kleine Armdecken
4. Schulterfedern
5. Mantel
6. Mittlere Armdecken
7. Große Armdecken
8. Armschwingen
9. Handschwingen
10. Schwanzfedern
11. Unterschwanzdecken
12. Steiß (Körper hinter den Beinen)
13. Zehen (Fänge)
14. Klaue
15. Tarsus (Mittelfuß)
16. Hose
17. Bauch
18. Flanken
19. Brust
20. Obere Brust
21. Hals

Mäusebussard, *Buteo buteo*, juvenil, 2. KJ.
Dänemark 3.3. LG.

Die Zeichnungen und Details am Kopf des Greifvogels ermöglichen eine genaue Art-, Alters- und Geschlechtsbestimmung.

Die Irisfarbe ist für die richtige Altersbestimmung bei den meisten Greifvögeln von Bedeutung, während bei den Falken insbesondere die Farbe der Wachshaut und die individuellen Kopfzeichnungen Aufschluss über Geschlecht, Alter und Art geben.

Falken schlagen oder fangen ihre Beute mit den Fängen, töten sie jedoch mit dem Schnabel im Gegensatz zu anderen Greifvögeln, die die Beute hauptsächlich durch Ersticken töten oder indem sie sie mit ihren kräftigen Zehen und Klauen durchbohren.

Der Falkenzahn (2), der wie eine Art Kneifzange funktioniert, wenn der Falke den Nackenwirbel bei kleineren Wirbeltieren wie Vögeln und Nagetieren bricht, ist ein scharfer Zacken an der seitlichen Schneidekante des Oberschnabels.

1. Unterschnabel
2. Falkenzahn
3. Oberschnabel
4. Nasenloch
5. Wachshaut
6. Stirn
7. Zügel (Bereich zwischen Schnabel und Auge)
8. Scheitel
9. Lidhaut (beim Falken)
10. Überaugenstreif
11. Lidring (unbefiederte Hautpartie innerhalb des Augenringes)
12. Augenstreif (dunkler Streifen hinter dem Auge)
13. Nackenfleck/-band
14. Nacken
15. Ohrdecken
16. Wange
17. Bartstreif
18. Kehle

Lannerfalke, *Falco biarmicus*, Adult. Ungarn. 15.2. JMB.

Gänsegeier, *Gyps fulvus*

Seeadler, *Haliaeetus albicilla*

Fischadler, *Pandion haliaetus*

Bartgeier, *Gypaetus barbatus*

Steinadler, *Aquila chrysaetos*

Wespenbussard, *Pernis apivorus*

Rotmilan, *Milvus milvus*

Rohrweihe, *Circus aeruginosus*

Mäusebussard, *Buteo buteo*

Sperber, *Aciipiter nisus*

Wanderfalke, *Falco peregrinus*

Turmfalke, *Falco tinnunculus*

Ein Schwarm Bussarde, *Buteo*, steigt auf in die erwärmte Luftschicht, in der sie bleiben, bis die Thermik ihre Kraft verliert. Dann setzen die Vögel im Gleitflug – wie eine Gruppe Segelflieger – ihren direkten Flug mit minimalem Energieaufwand fort. Falken setzen ihren Zug auch bei schlechtem Wetter fort und sind im Gegensatz zu allen anderen Greifvögeln nicht auf gute Thermik angewiesen. Geier sind auf ihrer langen Futtersuche nach Aas hingegen vollständig von der Thermik abhängig.

Viele Greifvögel nutzen kurzzeitig den Rüttelflug, indem sie direkt über der Beute mit den Flügeln schlagen. Die Spezialisten für diese Flugart sind die beiden kleinen Falkenarten, Turm- und Rötelfalke, der Gleitaar und der Raufußbussard, die oft in der charakteristischen Silhouette dicht über dem Boden zu sehen sind.

Der Unterschied zwischen Flügelform der adulten und juvenilen Vögel ist ein charakteristisches Merkmal bei den größeren Greifvögeln. Adulte Vögel haben meist eine rechteckigere Flügelform, während juvenile Vögel vieler Arten einen geschwungenen und sich zum Körper verschmälernden Armflügel aufweisen. Hier adulter und juveniler Habichtsadler, *Aquila fasciata*.

SILHOUETTEN UND GESAMTEINDRUCK

Größe, Gestalt und typische Bewegungen eines Greifvogels heben ihn von der großen Masse der vielen anderen Vögel ab. Betrachtet man für einige Sekunden seine Silhouette und sein Verhalten, erhält man wertvolle Informationen über seine Familie, Gattung und momentanen Absichten. Die Silhouetten können also helfen, um ohne große Umwege die häufig sehr ähnlich aussehenden Greifvogelarten verlässlich zu bestimmen. Mit ein bisschen Übung lässt sich die Art nur anhand der Silhouette identifizieren. Auf der linken Seite sind die Silhouetten der typischsten europäischen Greifvögel abgebildet.

Auf den nächsten Seiten ist ein imaginärer Frühlingstag in einer europäischen Berglandschaft dargestellt. Versuchen Sie, die einzelnen Arten zu bestimmen und somit mehr darüber zu erfahren, welche Habitattypen die Landschaft aufweist. Von links nach rechts sind zu sehen:

Gänsegeier, *Gyps fulvus*
Steinadler, *Aquila chrysaetos*
Sperber, *Accipiter nisus*
Turmfalke, *Falco tinnunculus*
Rohrweihe, *Circus aeruginosus*
Schmutzgeier, *Neophron percnopterus*
Rotmilan, *Milvus milvus*
Fischadler, *Pandion haliaetus*
Wanderfalke, *Falco peregrinus*
Bussard, *Buteo*
Stare im Schwarm, *Sturnus vulgaris*
Seeadler, *Haliaeetus albicilla*

GEIER, *GYPS*, UND ANDERE GATTUNGEN

In der Welt der Greifvögel besitzen die Geier einige der beeindruckendsten Flügelspannweiten und sind anhand ihrer Konturen am leichtesten erkennbar. In Europa ist die Familie durch vier Arten vertreten: Schmutzgeier, *Neophron percnopterus*, Gänsegeier, *Gyps fulvus*, Bartgeier, *Gypaetus barbatus*, und Mönchsgeier, *Aegypius monachus*. Darüber hinaus ist noch der Sperbergeier, *Gyps rueppelli*, zu erwähnen, der eher selten, jedoch regelmäßig von Nordafrika nach Europa zieht und eng mit dem Gänsegeier verwandt ist (siehe die Vergleichstafel auf Seite 282).

Die Geier unterscheiden sich äußerlich von den anderen Greifvögeln durch ihre unverwechselbare Erscheinung und charakteristischen Nahrungsgewohnheiten. Einige Arten haben einen fast nackten Kopf und Hals, und ihre Nahrung besteht fast ausschließlich aus Aas.

Geier haben eine schwächer ausgeprägte Flugmuskulatur als die anderen Greifvogelfamilien und fliegen deshalb im Laufe des Tages erst dann, wenn die steigende Temperatur die Luft erwärmt hat. Die breitflügeligen Vögel nutzen so die Thermik, um auf ihrer Nahrungssuche an Flughöhe zu gewinnen, wo ihr Geruchssinn und Sehvermögen sie zur Beute führen.

Zwei Mönchsgeier, *Aegypius monachus*, mit drei Gänsegeiern, *Gyps fulvus*, davon zwei immature und ein juveniler Vogel mit ganz schwarzem Schnabel, in der Nähe eines Kadavers im spanischen Flachland.

Wie auf dem Bild zu sehen ist, sind Hals und Kopf mit Daunenfedern bekleidet, was darauf hinweist, dass diese beiden Arten bevorzugt Innereien fressen im Gegensatz zum Schmutzgeier, *Neophron percnopterus*, und dem Bartgeier, *Gypaetus barbatus*, die sich vorwiegend von Knochen und kleineren Fleischresten ernähren. Spanien. 16.12. HS.

BARTGEIER
Gypaetus barbatus

BEDEUTUNG DES NAMENS
Gypaetus, von griechisch *hupaietos* für Adler oder Geier
barbatus, lateinisch für bärtig

GESAMTEINDRUCK
L. 94–125 cm. Fs. 231–283 cm.
Der Bartgeier ist ein sehr großer Geier mit einzigartigem Flugbild. Er hat lange, relativ schmale und zum Ende hin deutlich zugespitzte Flügel und einen langen keilförmigen Schwanz. Der Bartgeier verbringt die meiste Zeit in der Luft, um über Klippen zu patrouillieren und Ausschau nach Kadavern zu halten.

Der elegante Gleitflug wird von gelegentlichen weichen, fast zeitlupenhaften, tiefen Flügelschlägen unterbrochen. Segel- und Gleitflug erfolgen mit ausgestreckten Flügeln, die leicht nach unten hängend gehalten werden. Die beiden äußersten Handschwingen stehen wie gespreizte Finger auseinander und zeigen nach oben, wie bei der Flügelform eines modernen Flugzeugs. Aus der Nähe sind der gefiederte Hals und Kopf sowie der charakteristische Spitzbart zu erkennen.

Ein adulter Bartgeier ist sowohl im Flug als auch aus der Nähe wunderschön anzuschauen. Er besticht mit seinem Spitzbart, dem roten Skleralring, weißen bis ockerfarbenen Kragen und der Unterseite, die «gepudert» wird, wenn der Vogel die Federn in feuchten, eisenhaltigen Kies an Berghängen eintaucht. Spanien. 2.6. LG.

Adult. Unverwechselbar mit langen, rechteckigen Flügeln, langem keilförmigen Schwanz, hellem bis orangebeigem Kragen und schwarzem Spitzbart und je nach Lichtverhältnissen mit schwarzer bis silbriger Oberseite. Spanien. 2.6. LG.

Juveniler Vogel mit schwarzem Kopf und gleichmäßigem, frischem Federkleid mit charakteristischen, gezackten Armschwingen und geschwungenem Armflügel. Hat am Anfang eine dunkle Iris, die aber bereits im Herbst zunehmend heller wird. 11.10. JC.

Altvogel hebt mit Knochen ab. Kleinere Knochen werden ganz geschluckt, während größere Knochen aus großer Höhe losgelassen werden, sodass sie an Felsen und Steinen zerschlagen und das Mark auf diese Weise freigelegt wird. Spanien. 2.6. LG.

Immaturer Vogel, 3.–4. KJ, mit einzelnen erhaltenen, juvenilen Handschwingen und juvenilen, abgenutzten und ausgeblichenen Armschwingen. Spanien. 2.6. LG.

Adult, vermutlich Weibchen. Das Weibchen ist etwas größer als das Männchen und hat einen kräftigeren Schnabel und einen kürzeren Schwanz. Adulte Bartgeier lassen sich leicht von allen anderen großen Greifvögeln unterscheiden durch die weißliche bis orangebeige Unterseite und die dunklen Unterflügel im Kontrast zu den charakteristischen schwarz und weiß gesprenkelten mittleren und kleinen Unterflügeldecken. Spanien. 2.6. LG.

Immatur, 4.–5. KJ, mit frischen Schwungfedern neben den charakteristischen vier langen «Sägezähnen» in der Mitte des Armflügels, die aus den letzten juvenilen Armschwingen bestehen. Zu beachten ist der hellere Kopf im Vergleich zum Jungvogel. Spanien. 2.6. LG.

Immatur, 4.–5. KJ, gleiches Individuum wie links. Die letzten noch vorhandenen juvenilen Armschwingen stechen deutlich hervor. Zu beachten ist, dass die graubraunen, großen Unterflügeldecken von dunklen ersetzt werden. Spanien. 2.6. LG.

HABITAT UND VERBREITUNG

Der Bartgeier lebt ausschließlich in Bergregionen, meist über 2000 Meter hoch, wo er auf steilen Klippen brütet und über Felswände und Berggipfel patrouilliert und Ausschau nach toten Tieren hält.

Die Art wird als gefährdet eingestuft, was primär auf schädliche Rückstände von Tierarzneimitteln in toten Haustieren zurückzuführen ist. Bartgeier kann man in den Pyrenäen auf beiden Seiten der spanisch-französischen Grenze und in den Alpen beobachten, wo sie wieder ausgesetzt werden. Auf Korsika gibt es nur noch wenige einheimische Paare. Der Bartgeier ist möglicherweise in Griechenland und auf dem Balkan häufiger als bislang angenommen. Seine Verbreitung erstreckt sich weiter Richtung Süden und Osten durch bergiges Gelände in der Türkei und Asien bis nach China und in die Mongolei.

Der europäische Bestand wird auf 580 bis 790 Paare geschätzt. Die Art ist somit eine der seltensten Greifvögel Europas. In Mitteleuropa ist der Bartgeier außerhalb des Alpenraums nur selten auf seinen Streifzügen anzutreffen.

MAUSER

Immatur: Nach dem Juvenilstadium wird das Gefieder heller, und die Flügel erhalten im Laufe von vier Mausern eine rechteckigere Form, bis der Vogel im Alter von fünf bis sechs Jahren ausgefärbt ist.

KLEIDER

Adult: Unverwechselbar mit weißem bis ockerfarbigem Kopf und Unterkörper und schwarz-weiß gestreiften Flügeldecken und dunklen Schwung- und Schwanzfedern.

Juvenil, Oberseite: Schwarzbraun mit typischen gezackten Schwungfedern ohne Anzeichen einer Mauser. Hat einen schwarzen Kopf mit dunkler Iris, die im ersten Herbst/Winter weiß wird, sowie einen schwarzen Kragen. Die Flügeldecken der Oberseite sind mittelbraun mit hellen Streifen. Schwung- und Schwanzfedern sind dunkelbraun. **Unterseite:** Der gräuliche Körper – oft mit Rosttönung – und die graubraunen Flügeldecken stehen im Kontrast zu den dunklen Schwung- und Schwanzfedern.

Immatur: Siehe Flugbilder.

GESCHLECHT

Männchen und Weibchen sind gleich gefiedert. Die Flügel des Männchens wirken während des Flugs schmaler und der Schwanz länger. Wenn ein Paar nebeneinander beobachtet wird, ist das Weibchen durch einen kräftigeren Schnabel und eine flachere Stirn/ein flacheres Schnabelprofil zu unterscheiden, während diese Partien beim Männchen eher rund sind.

UNTERARTEN

Außer der Nominatform in Europa ist der *G. b. meridionalis* lokal im nördlichen und östlichen Afrika und in Südafrika und Lesotho anzutreffen.

Altvogel mit dem Unterschenkel eines kleineren Paarhufers. Knochen dieser Größe werden in der Regel komplett verschluckt. Spanien. 2.6. LG.

ÄHNLICHE ARTEN

Adulte Vögel sind unverkennbar. Der juvenile Bartgeier ist mit dem juvenilen *Neophron percnopterus* zu verwechseln, der ebenfalls einen dunklen, keilförmigen Schwanz zeigt, aber einen nackten Kopf hat und viel kleiner und kompakter ist.

ZUG

Der Bartgeier ist ein Standvogel. Jungvögel streifen jedoch innerhalb des Lebensraums umher, einige in ganz Europa.

BRUTBIOLOGIE

Der Bartgeier ist meist monogam und besetzt sehr große Brutreviere mit ausreichendem Abstand zu den Nachbarvögeln. Das Nahrungsterritorium, das anhand fester Routen von dem Paar überwacht wird, erstreckt sich durchschnittlich über zehn Quadratkilometer.

Das Paar brütet normalerweise im Alter von etwa zehn Jahren das erste Mal und baut in steilen Felsnischen oder einem Loch in der Bergwand ein Nest aus massiven Zweigen, das mit Wolle und Tierhaaren gefüllt wird. Die Eiablage erfolgt zwischen Dezember und März. Bartgeier legen gewöhnlich ein bis zwei Eier. Die Brutzeit beträgt 52 bis 56 Tage. Männchen und Weibchen wechseln einander beim Brüten ab. Der Nachwuchs ist nach 103 bis 133 Tagen flugfähig. Die Norm ist ein flugfähiges Junges, da erstgeborene Bartgeier die jüngeren Geschwister in der Regel fressen.

Vögel in Gefangenschaft können älter als 40 Jahre werden.

Die Nahrung besteht fast ausschließlich aus Knochen (70–90 %) von großen bis mittelgroßen Säugetieren, wie z. B. Rothirschen, Gämsen und Haustieren. Kleinere Knochen bis 25–30 cm werden komplett verschluckt, während größere Knochen aus der Höhe abgeworfen werden, sodass sie zersplittern und das Mark freigelegt wird.

Die gleiche Technik verwendet der Bartgeier für kleine Schildkröten. Auch wurden Bartgeier bei dem Versuch beobachtet, Beutetiere wie Hausziegen und Gämsen von Berghängen zu stoßen. Bartgeier sind hin und wieder über Mülldeponien in der Nähe des Territoriums anzutreffen, wo sie nach toten Tieren suchen. Knochenreste werden in der Nähe des Nestes oder an einem bestimmten «Knochenfriedhof» aufbewahrt.

Immatur, vermutlich 4.–5. KJ, mit hell schimmernden Kopffedern und einer Mischung aus graubraunen bis hellen ockerfarbenen Körperfedern sowie einzelnen bräunlichen, ausgeblichenen juvenilen Armschwingen. Spanien. 2.6. LG.

GÄNSEGEIER
Gyps fulvus

BEDEUTUNG DES NAMENS
Gyps, von griechisch *gups*, Geier
fulvus, lateinisch für bräunlich

GESAMTEINDRUCK
L. 93 cm. Fs. 234–270 cm.
Der Gänsegeier ist sowohl sitzend als auch im Flug an seinem kleinen, flaumigen Kopf mit kräftigem Schnabel, dem langen Hals und dem großen, runden Körper leicht zu erkennen. Auch in der Luft sticht er durch seine sehr breiten und langen Flügel und den kurzen Schwanz hervor.

Gänsegeier sind zwar auch einzeln anzutreffen, suchen aber häufig im Trupp nach Aas. Während des Flugs wird der schlangenartige Hals eingezogen, sodass nur der Kopf und der kurze Schwanz herausragen und an ein riesiges, fliegendes, rechteckiges Brett erinnern. Er kreist oft in großen Höhen auf charakteristisch V-förmig angehobenen Flügeln. Der aktive Flug erfolgt mit tiefen, schweren Flügelschlägen.

Der Gänsegeier ist der am weitesten verbreitete Geier in Europa und an seiner kompakten Form, den sehr breiten Flügeln sowie dem kurzen Schwanz leicht zu erkennen. Immaturer Vogel, vermutlich 5. KJ, ohne ausgedehnte juvenile Kleideranteile, mit hellbrauner Iris und Halskrause. Der Oberschnabel ist überwiegend weiß. Spanien. 11.5. NLJ.

Am Boden verwandelt sich der im Flug so erhabene Gänsegeier in eine merkwürdig anmutende Kreatur mit Watschelgang und langem, schlangenartigem Hals. Am Aas legt er ein aggressives Verhalten gegenüber Artgenossen an den Tag und behauptet sich mit lautstarken Attacken, bei denen er Schnabel und Krallen einsetzt. Juveniler Vogel. Spanien. 1.6. LG

Altvogel mit charakteristischen, hellbeigen Flügeldecken und gemusterten großen Armdecken, die in der Mitte dunkel und am Rand hell sind. Halskrause und Kopf sind mit Daunenfedern besetzt, helle Iris und elfenbeinfarbener Schnabel. Spanien. 13.5. NLJ.

Immatur, 4. KJ, mit noch deutlich juvenilen Merkmalen der äußersten Handschwingen und stark abgenutzten, verblassten Armschwingen zwischen neuen dunklen. Spanien. 5.11. NLJ.

Adult. Im Gegensatz zum immaturen Vogel in der Mitte hellgraue bis graubraune Schwungfedern umgeben von dunklen Außenfahnen sowie dunkle Spitzen an den Armschwingen. Spanien. 5.6. NLJ

Juveniler Gänsegeier mit nougatfarbenen Körperfedern, beigebrauner Oberseite im Kontrast zu dunklen Schwung- und Schwanzfedern ohne Anzeichen einer Mauser. Dunkle Iris und schwarzer Schnabel. Typisch sind spitze, abgenutzte «Sägezähne» an Armflügel und Schwanz. Spanien. 16.12. HS.

Immaturer Vogel, vermutlich 3. KJ. Altersbestimmung anhand noch vorhandener juveniler Handschwingen P10-P7 und juveniler Armschwingen mit der typischen Zackenform sowie einiger spitzer, juveniler großer Armdecken. Hat wie alle immaturen Gänsegeier eine flauschige Halskrause mit langen Federn, eine dunkle Iris und einen mehr oder weniger dunklen Schnabel. Spanien. 1.6. LG.

Juveniler Gänsegeier, hat im 1.–2. KJ einen grauen Kopf, eine sehr dunkle Iris, einen schwarzen Schnabel und eine flauschige Halskrause aus langen, dünnen, losen Federn. Spanien. 16.12. HS.

Immaturer Vogel mit mittelbrauner Iris, nach unten hell verlaufendem Schnabel und einer aus zwei Federarten bestehenden Halskrause. Das adulte Federkleid wird im siebten Lebensjahr erreicht. Spanien. 1.6. LG.

Adulter Gänsegeier mit heller, fast weißer Iris und der charakteristischen, weißen, flauschigen Halskrause. Der Schnabel ist überwiegend elfenbeinfarben. Spanien. 1.6. LG.

HABITAT UND VERBREITUNG

Gänsegeier leben in bergigen und felsigen Regionen, im Flachland, an Küsten und in Gebirgsketten, wo sie in Höhlen und Nischen Brut- und Rastplätze einrichten. Gänsegeier brauchen die dort herrschende Thermik, um hoch in die Luft aufzusteigen und nach Kadavern zu suchen. Die Art ist in Südeuropa weit verbreitet, und 95 % der Population zwischen 32 400 und 34 400 Paaren sind in Südwesteuropa (2 % in Portugal, 90 % in Spanien und 3 % in Frankreich) zu beobachten.

Die Verbreitung erstreckt sich quer über Südeuropa mit kleineren Beständen in unter anderem Italien, Griechenland und auf dem Balkan. Die Art kommt auch in Nordafrika, im Nahen Osten, in Arabien und in Asien vor. In Mitteleuropa ist der Gänsegeier selten während des Sommerhalbjahres zu beobachten, dann jedoch teilweise sogar in größeren Trupps, die in der Regel aus Jungvögeln bestehen. Sonst Ausnahmeerscheinung in Mitteleuropa.

MAUSER

Es können vier Federkleider unterschieden werden, in erster Linie anhand der verbliebenen juvenilen Handschwingen bis zum 5. KJ, wenn der Vogel das Alter von vier Jahren erreicht. Anschließend ähnelt der subadulte Vogel eher einem erwachsenen Vogel, bis er einige Jahre später vollständig ausgefärbt ist.

KLEIDER

Adult, Oberseite: Elfenbeinfarbener Schnabel, graues Gesicht mit heller Iris, flauschiger Nacken und einer mit Daunenfedern besetzten Halskrause. Die graubeigen Rücken- und Flügeldecken auf der Flügeloberseite mit den dunklen großen Armdecken in der Mitte bilden einen Kontrast zu den dunkelbraunen bis grauen Schwungfedern und dem schwarzbraunen Schwanz. **Unterseite:** Heller als bei den Jungvögeln, aber mit den charakteristischen Mittelfeldern der Armschwingen, die von dunklen Fahnen eingerahmt sind.

Juvenil und Immatur: Details und Kennzeichen siehe Beschreibung des Flugbilds.

GESCHLECHT

Männchen und Weibchen sind im Freiland nicht voneinander zu unterscheiden.

UNTERARTEN

Die Nominatform *G. f. fulvus* dominiert in Europa, Afrika, Arabien und Zentralasien. Von Afghanistan über Pakistan bis zum nördlichen Indien ist die Unterart *G. f. fulvescens* zu beobachten.

Gänsegeier in gemischtem Trupp, bestehend aus einem adulten und vier immaturen Vögeln, rasten auf einer Klippe in den Pyrenäen. Nach vielen Jahren der Verfolgung ist die Art wieder häufiger in Südeuropa anzutreffen, wo sie in segelnden Trupps auf der Suche nach toten Tieren angetroffen werden kann. Spanien. 1.6. LG.

ÄHNLICHE ARTEN

Der Gänsegeier ist aufgrund der Form und des Kontrasts zwischen Flügeldecken und Armschwingen leicht von anderen europäischen Geiern zu unterscheiden. Allerdings ist er leicht zu verwechseln mit dem seltenen Sperbergeier, *Gyps rueppellii*, der regelmäßig aus Afrika nach Spanien zieht. Einzelheiten finden Sie in der Vergleichstabelle auf Seite 282.

ZUG

Vorwiegend Standvogel, aber ein kleiner Teil des Bestands, überwiegend Jungvögel, zieht von Oktober bis November über Gibraltar und den Bosporus nach Afrika und überwintert dort. Von April bis Juni machen sie sich über Gibraltar auf den Rückweg. Juvenile sind darüber hinaus für ihre Streifzüge in Richtung Zentral- und Nordeuropa bekannt.

BRUTBIOLOGIE

Gänsegeier sind sozial und brüten in Kolonien von einzelnen Paaren bis zu 150 Paaren. Während der Balz sieht man Paare, die gemeinsam ihre Kreise am Himmel ziehen. Die bevorzugten Brutplätze sind Felswände, Nischen und Höhlen an steilen Gebirgshängen.

Das einzige Ei wird in ein Nest aus Zweigen und Gras gelegt. Die Eiablage erfolgt zwischen Dezember und März/April. Männchen und Weibchen wechseln sich während der 50 bis 58 Tage andauernden Brutzeit ab. Das Junge wird mit halb verdautem Fleisch gefüttert, bis es im Alter von 110 bis 130 Tagen flügge geworden ist.

Der Gänsegeier kann in Gefangenschaft bis zu 37 Jahre alt werden.

Die Nahrung besteht fast ausschließlich aus Aas, vorwiegend toten Nutztieren, die der Gänsegeier sowohl mit seinen Augen als auch seinem ausgeprägten Geruchssinn aus großer Höhe bis 20 Kilometer vom Brutgebiet entfernt aufspürt.

Häufig sind die Geier, die die Landschaft in Trupps nach Nahrung absuchen, mit dem bloßen Auge nicht zu sehen. Sie sind jedoch in der Lage, schnell an Höhe zu verlieren, wenn sie in der sonst öden, trockenen Landschaft einen Kadaver entdeckt haben.

Obwohl die Art die meiste Zeit sozial und ausgeglichen ist, verwandelt sich der Gänsegeier am Aas in eine kriegerische und schreiende Kreatur, die mit Hieben, Tritten und Flügelschlägen versucht, die besten Bissen zu ergattern.

Der fast nackte Kopf und der lange Hals des Gänsegeiers eignen sich perfekt zum Eintauchen in den Bauch der Kadaver, wo Teile aus den weichen Organen wie Leber und Lunge herausgerissen werden. Nach dem Fressen stehen eine intensive Reinigung der Federn und eine obligatorische Siesta auf dem Programm. Subadulter Vogel mit fast weißer, flauschiger Halskrause und noch orangebrauner Iris. Spanien. 1.6. LG.

MÖNCHSGEIER

Aegypius monachus

BEDEUTUNG DES NAMENS

Aegypius, griechisch für Geier und Sammelbegriff für Greifvögel, die auf dem Schlachtfeld Leichen und Kadaver fraßen *monachus*, lateinisch für Mönch, Anspielung auf das dunkle, kuttenähnliche Federkleid bei einem juvenilen Mönchsgeier

Mit einer Flügelspannweite von fast drei Metern ist der Mönchsgeier riesig und in der Landschaft auch aus der Ferne gut zu erkennen. Der links abgebildete Vogel ist ein immaturer Mönchsgeier, vermutlich im dritten Federkleid (3. KJ) mit einer Mischung aus ausgeblichenen, mittelbraunen und gezackten juvenilen Armschwingen und neuen, dunklen und eher abgerundeten Armschwingen sowie drei juvenilen, mittelbraunen und vier neuen, dunklen Fingern. Der Kopf ist hingegen nicht so dunkel und flaumig wie beim juvenilen Vogel und die Schnabelbasis ist hell. Spanien. 16.12. HS.

GESAMTEINDRUCK

L. 100–120 cm. Fs. 250–95 cm.

Der Mönchsgeier ist die größte und dunkelste Geierart Europas und zudem der größte europäische Greifvogel. Der Vogel wirkt aus der Ferne schwarz und ist an seiner riesigen Größe und den langen, breiten, rechteckigen Flügeln mit sieben getrennten und tief eingekerbten Fingern zu erkennen. Der Kopf ist zwar klein, aber der Schnabel ist sehr kräftig. Der Schwanz ist kurz und etwas keilförmig. Die Beine sind unabhängig vom Alter immer hell und klar zu erkennen. Der aktive Flug erfolgt, wie es für einen so großen Vogel typisch ist, auf weichen, tiefen Flügelschlägen. Der Segelflug erfolgt auf flachen Flügeln mit leicht abgesenkter Hand.

Juveniler Mönchsgeier mit schwarzem Kopf und der dunklen «Mönchskutte», die dem Vogel seinen Namen verliehen hat. Die rosafarbene Wachshaut und der schwarze Schnabel unterscheiden den juvenilen von immaturen Vögeln, die bis zum sechsten Lebensjahr langsam einen helleren Überaugenstreif, Kopf und Schnabel erhalten. Spanien. 16.12. HS.

Altvogel mit hellem Kragen und Schnabel und rosa Füßen. Das Gefieder ist gleichmäßig braun gefärbt ohne starken Kontrast zwischen Flügeldecken und Schwungfedern. Vergleichen Sie ihn mit dem juvenilen Vogel unten, dessen Federkleid schwarz ist mit grauschwarzen Schwungfedern. 2.12.

Juveniler Vogel. Aus der Ferne wirkt der Mönchsgeier in seinem dunklen Federkleid mit den rechteckigen Flügeln manchmal wie ein großer, dunkler Adler, er hat aber in allen Federkleidern helle Beine und Füße, an denen man ihn schon aus der Ferne erkennt. Der Mönchsgeier unterscheidet sich zudem vom ähnlich großen Gänsegeier durch den gleichmäßig gefärbten Flügelhinterrand und den fehlenden Kontrast im Federkleid. Spanien. 14.5. NLJ.

Der juvenile Vogel hat das dunkelste Federkleid, allerdings mit einem größeren Kontrast zwischen den dunkelbraunen Flügeldecken und den schwarzbraunen Schwungfedern. Im Vergleich dazu sind die Kleider der immaturen und adulten Mönchsgeier einheitlich dunkelbraun. Die sieben tief eingekerbten Finger und der gezackte Flügelhinterrand sind charakteristisch für juvenile Mönchsgeier. Achten Sie auf die helle Linie der Schwungfedern, die sogenannte «growth bar» (Wachstumslinie), die zeigt, dass alle Federn gleichzeitig gewachsen sind. Spanien. 16.12. HS.

Immaturer Vogel (4. KJ), dunkler und kontrastreicher als juvenile Vögel mit erhaltenen äußeren Handschwingen und einer gleichmäßigen Mischung aus spitzen, juvenilen Armschwingen und neuen, dunklen und gerundeten Armschwingen. Spanien. 1.6. LG.

P 10, 9 und 8 sind ausgeblichene und erhaltene juvenile Federn.

Subadult ohne juvenile Federn und bei intensiver Mauser mit Arm- und Handschwingen unterschiedlicher Mauserstadien. Die weißen Flecken im Gefieder sind sichtbare Daunenfedern, an denen gemauserte Federn fehlen. Spanien. 13.7. NLJ.

HABITAT UND VERBREITUNG

Der Mönchsgeier lebt vor allem in bewaldeten Hügeln und Bergen. Er hält sich dort auf, wo Bäume wachsen, die sich zum Nestbau eignen, und kleinere und größere Säugetiere leben.

87 % des europäischen Bestands der 2300–2500 Paare (etwa 1/4 des Weltbestandes) leben in Mittel- und Südspanien. Die Art kommt in geringeren Zahlen auch in Portugal, Frankreich und Griechenland sowie auf dem Balkan vor. Ihre Verbreitung erstreckt sich Richtung Osten durch Asien bis nach China und in die Mongolei. In Mitteleuropa ist der Mönchsgeier äußerst selten.

MAUSER

Jungvögel verlieren die ersten Schwung- und Schwanzfedern im Frühling des 2. KJ. Der immature Vogel erhält anschließend drei Federkleider, die sich von den juvenilen Federn unterscheiden. Subadulte Vögel erinnern an einen adulten Vogel, jedoch noch ohne grauen Kopf, hellen Schnabel und rosa Füße.

KLEIDER

Adult: Heller Schnabel, Oberschnabel und Spitze dunkel. Die Wachshaut ist blaugrau, und der Kopf ist hell mit dunklen Partien um das Auge, unterm Kinn und am Hals. Sowohl die Ober- als auch die Unterseite sind einheitlich dunkelbraun mit geringem Kontrast zwischen Flügeldecken und Schwungfedern. Bei guten Lichtverhältnissen sind beigebraune Streifen am Körper und rosa Füße zu erkennen.

Juvenil: Dunkelstes Federkleid mit deutlichem Kontrast zwischen schwarzbraunen Flügeldecken und grauschwarzen Schwungfedern. Das Gefieder weist insgesamt keine Anzeichen einer Mauser auf, und die Armschwingen sind deutlich gezackt. Der Kopf ist schwarz mit dunklem Schnabel und rosa Wachshaut. Die Beine sind weißgrau.

Immatur: Siehe Mauser.

GESCHLECHT

Kein sichtbarer Unterschied zwischen Männchen und Weibchen.

UNTERARTEN

Die Art ist monotypisch.

ÄHNLICHE ARTEN

Aus der Entfernung aufgrund der rechteckigen Flügelform leicht verwechselbar mit großen und dunklen Adlerarten wie beispielsweise Steppenadler, *Aquila nipalensis,* und Schelladler, *Aquila clanga*. Der Mönchsgeier ist jedoch an seinen Zeitlupenbewegungen, seiner Größe und den sieben tief eingekerbten Fingern schnell zu identifizieren.

ZUG

Ist innerhalb des europäischen Verbreitungsgebiets ein ausgeprägter Standvogel.

BRUTBIOLOGIE

Der Mönchsgeier ist monogam, das Paar bleibt ein Leben lang zusammen und brütet in losen Kolonien mit ausreichendem Abstand zwischen den Nestern, die in Europa fast ausschließlich in Bäumen gebaut werden. Das Nest ist eine riesige Konstruktion aus Zweigen, die in bis zu drei Metern Höhe gebaut wird und einen Durchmesser von zwei Metern hat.

Die Brut erfolgt im Februar bis Mai und besteht aus einem Ei, in sehr seltenen Fällen aus zwei Eiern. Beide Elternvögel brüten, bis das Junge nach 54 bis 56 Tagen schlüpft. Jungvögel sind nach 95 bis 110 Tagen im Nest flügge.

Mönchsgeier jagen wie die anderen Geier, indem sie das Gelände nach toten Tieren absuchen. Der Mönchsgeier geht hingegen normalerweise alleine auf Nahrungssuche. Die Auswahl der Nahrung hängt vom Angebot ab und variiert, von Insekten, Reptilien und Aas von Fischen und Wildkaninchen bis hin zu Vögeln und größeren wild lebenden Paarhufern wie Hirschen. Totes Vieh bleibt jedoch weiterhin eine wichtige Nahrungsquelle. Bei Kadavern nimmt der Mönchsgeier mit seiner überragenden Größe und einem Gewicht von bis zu 12,5 Kilogramm eine dominante Stellung ein. Andere größere Geierarten lassen ihm oft ohne weiteres den Vortritt.

In Gefangenschaft kann die Art ein Alter von bis zu 39 Jahren erreichen.

Immaturer Mönchsgeier mit dunklen Daunenfedern am heller werdenden Kopf, bläulicher Wachshaut, zunehmend heller werdendem Schnabel und leicht rosa Füßen. In jedem Alter sind bei der Art abstehende Federsträuße oben an den Brustseiten zu erkennen. Spanien 16.12. HS.

SCHMUTZGEIER
Neophron percnopterus

BEDEUTUNG DES NAMENS

Neophron, Name eines Betrügers in der griechischen Mythologie, der später in einen Geier verwandelt wurde
percnopterus, von griechisch *percnos*, dunkel, und lateinisch *pterus*, geflügelt

GESAMTEINDRUCK

L. 54–70 cm. Fs. 146–175 cm.
Der Schmutzgeier ist der kleinste der in Europa vorkommenden Geier, etwa so groß wie der Fischadler und am einfachsten zu erkennen. Bei der Nahrungsaufnahme watschelt er herum und stochert mit dem Schnabel nach Kleintieren und Resten der Fressgelage der größeren Geier. Der Schmutzgeier wirkt wie ein großes Huhn.

Im Flug bewegt er sich elegant mit den unverkennbaren Zügen eines Geiers mit breiten, rechteckigen Flügeln, einem einzigartigen kleinen, mit Daunenfedern besetzten Kopf, schmalem, krummem Schnabel und einem keilförmigen Schwanz, den er sonst nur mit dem deutlich größeren Bartgeier gemeinsam hat.

Er ist häufig nur im Flug zu beobachten. Adulte Vögel werden aus der Entfernung aufgrund der schwarz-weißen Flügel häufig mit dem Weißstorch, *Ciconia ciconia*, und Jungvögel mit größeren Adlerarten verwechselt. Der Schmutzgeier ist jedoch an seiner Kopf- und Schwanzform sowie den fünf langen Fingern und einem kurzen sechsten Finger eindeutig zu erkennen.

Mit einem Körpergewicht von 1600 bis 2400 Gramm, seinem Watschelgang bei seiner Suche nach kleinen Knochen und Erdklumpen erinnert der Schmutzgeier an ein Huhn. Das schmutzige Aussehen ist darauf zurückzuführen, dass er sich häufig an Deponien und anderen unsauberen Orten mit Müll und Kadavern aufhält. Adult. Spanien. 1.6. LG

Der Schmutzgeier kann nicht mit den großen Geiern konkurrieren und nutzt daher mit seinem speziellen Hakenschnabel eine Nahrungsnische, die unter anderem aus Muskelfleisch, toten Wirbeltieren, Exkrementen und Insekten besteht. Adult. Spanien. 1.6. LG

Adult. Unverkennbarer, zweifarbiger, schwarz-weißer Geier mit schmalem, gelbem Kopf, schmalem Schnabel, langen, rechteckigen Flügeln, langem, keilförmigem Schwanz und rosa Beinen. Oman. 12.1. KB.

Adult. Sowohl Ober- als auch Unterseite zweifarbig in Schwarz und Weiß, aber mit charakteristischen «Klaviertasten» an den Armschwingen, wie sie auch bei den Jungvögeln zu sehen sind. Oman. 12.1. KB.

Juveniler Vogel. Das Gefieder ist sehr variabel, einige Vögel sind sehr hell, vor allem an der Oberseite, sie sind jedoch stets an dem gleichmäßigen Gefieder ohne Anzeichen einer Mauser und der gräulich bis rosa gefärbten Wachshaut als Jungvögel zu erkennen. Oman. 11.1. KB.

Immatur (2. KJ), helle Variante mit abgenutzten, bräunlichen, juvenilen Handschwingen P10 und P9 und neuen, schwarzen P8 und P7, dunklem Kragen, graublauer Wachshaut und gelblichem Oberschnabel. Oman. 7.12. HJE.

Subadulte Vögel sind durch die nicht abgeworfenen schwarzen und braunen Unterflügeldecken und Körperfedern von adulten Vögeln zu unterscheiden. Zu beachten ist, dass die Federn an Kragen und Unterseite oft grau oder beige gefärbt sind, je nachdem, ob der Vogel an einer Mülldeponie oder eher in einer natürlicheren Umgebung gefressen hat. Oman. 16.2. HJE.

Immatur (3. KJ). Ist an einer Mischung aus neuen, abgerundeten Armschwingen und erhaltenen, juvenilen gezackten Armschwingen sowie erhaltenen, nicht ausgeblichenen, juvenilen Handschwingen P10-P7 zu erkennen. Oman. 12.1. KB.

Immatur (4. KJ). Erinnert an einen subadulten Vogel, jedoch mit dunklerem Körper und gefleckterer Ober- und Unterseite sowie einer Mischung aus abgenutzten und neuen, adultartigen Hand- und Armschwingen. Oman. 9.1. HJE.

HABITAT UND VERBREITUNG

Der Schmutzgeier lebt in Europa in Bergregionen und felsigen Landschaften mit Flachland und Flüssen. Er sucht das Gelände sowohl nach Lebendfutter als auch nach Kadavern ab. Dazu hält er sich auch häufig an Mülldeponien und an Ortsrändern auf.

Der europäische Verbreitungsschwerpunkt des Schmutzgeiers erstreckt sich von den Kanarischen Inseln über Portugal nach insbesondere Spanien. Dort brüten 35 % des europäischen Bestandes der zwischen 1270 und 1350 Paare. Kleinere Populationen finden sich unter anderem in Ost- und Südeuropa, unter anderem in Frankreich, Italien, Griechenland und auf dem Balkan. Das Verbreitungsgebiet erstreckt sich weiter nach Osten unter anderem durch die Türkei, Kasachstan und den Iran bis nach Indien. Der Schmutzgeier kommt auch in großen Teilen Nordafrikas vor. In Mitteleuropa ist der Schmutzgeier nur sehr selten zu Gast.

MAUSER

Die Mauser findet teilweise während der Brutzeit und des Winters statt. Der Gefiederwechsel wird vom juvenilen Federkleid bis zum adulten Federkleid in vier Mauserstadien unterteilt. Das adulte Federkleid erreichen die Vögel im Alter von sechs Jahren.

KLEIDER

Adult: Unverkennbar mit gelber, warziger Wachs- und Gesichtshaut, weißer Oberseite mit schwarzen Handschwingen und den charakteristischen «Klaviertasten» an den Armflügeln. An der Unterseite stehen der Körper, die Flügeldecken und der Schwanz in Weiß (wenn auch eventuell verschmutzt) in starkem Kontrast zu den schwarzen Schwungfedern. Die Beine sind hellrosa.
Juvenil: Das Federkleid variiert von fast schwarzbraunen bis zu sehr hellen Exemplaren, die an immature und adulte Vögel erinnern. Sie unterscheiden sich jedoch durch den gezackten Flügelhinterrand ohne Anzeichen einer Mauser und eine bläuliche Wachs-und Gesichtshaut.
Immatur: Siehe Beschreibung des Flugs.

GESCHLECHT

Die Wachshaut beim Männchen ist kräftiger gefärbt. Es ist jedoch nur vom Weibchen zu unterscheiden, wenn man das Paar zusammen sieht.

UNTERARTEN

Neben der Nominatform *N. p. percnopterus* in Europa, Asien und Afrika kann *N. p. majorensis* auf den Kanarischen Inseln beobachtet werden. In Indien und Nepal kommt *N. p. ginginianus* vor.

ÄHNLICHE ARTEN

Ein juveniler Vogel ist leicht mit Adlern zu verwechseln. Bei genauerer Betrachtung erkennt man ihn jedoch an seiner speziellen Kopf- und Schwanzform, den rechteckigen Flügen ohne gebeugten Arm, den fünf langen Fingern und einem kurzen sechsten Finger (Adler haben sechs bis sieben lange Finger).

ZUG

Hauptsächlich Zugvogel, der im September ins Winterquartier in die Sahelzone zieht, die zwischen dem tropischen Afrika und der südlichen Sahara und Arabien liegt. Ein Teil der europäischen Jungvögel verbringt den Sommer dort und kehrt erst im dritten Lebensjahr ins Brutgebiet zurück. Adulte Vögel kommen bereits im Februar im Brutgebiet an.

BRUTBIOLOGIE

Der Schmutzgeier brütet primär im Zeitraum April bis Mai, wobei das monogame Paar ein großes Nest auf einem Felsen oder in einer Höhle anlegt oder erneut verwendet, in seltenen Fällen in einem Baum.

Das Nest wird mit Wolle, Stoff- und Federresten ausgepolstert. Das Paar brütet einzeln mit ausreichender Entfernung zum nächsten Brutpaar, und die beiden Eier (eventuell auch nur eins oder sogar drei) werden von beiden Geschlechtern 39 bis 45 Tage lang ausgebrütet. Die Jungen erlangen nach 70 bis 90 Tagen ihre Flugfähigkeit und sind nach ca. einem weiteren Monat unabhängig.

Die Nahrung besteht aus einer abwechslungsreichen Kost aus Fleischresten von Kadavern, toten Vögeln und Kleintieren sowie Exkrementen. Der Schmutzgeier ist dafür bekannt, Werkzeuge in Form von Steinen zum Knacken der Schale größerer Eier zu verwenden. Die gleiche Technik wird bei kleineren Schildkröten verwendet.

Kann in Gefangenschaft ein Alter von bis zu 37 Jahren erreichen.

Adulter Schmutzgeier in seinem unverwechselbaren schwarz-weißen Federkleid mit gelbem Gesicht setzt zur Landung an. Spanien. 1.6. LG

Ein adulter Seeadler droht einem Schwarm necklustiger Raben in der Nähe von Aas. Raben und Seeadler treffen häufig aufeinander. Die Raben finden oft eine Beute, die der Seeadler stiehlt, und dort, wo der Seeadler eine Beute abgelegt hat, bleiben häufig Reste übrig. Der Rabe hegt jedoch keine freundschaftlichen Gefühle für den Seeadler und plündert gerne dessen Nest mit Eiern und Jungen, wenn sich die Gelegenheit ergibt. Schweden. 28.2. LG.

ADLER, *AQUILA*, UND ANDERE GATTUNGEN

Der Adler steht als Symbol für Stärke, Macht und Unbesiegbarkeit. Er wird für seine imposante Flügelspannweite und seinen majestätischen Flug bewundert und sorgt für Erstaunen, wenn man in einem überraschenden und seltenen Moment Zeuge seiner kraftvollen und beeindruckenden Fähigkeiten bei der Jagd nach Beute wird. Adler gelten weltweit in der Vogelwelt als Spitzenprädatoren und umfassen viele verschiedene Arten. In Europa gibt es zehn Adlerarten, die in drei Gattungen unterteilt sind. Acht meist dunkle und unterschiedlich große Arten gehören zur Gattung *Aquila*, die als echte Adler bezeichnet werden, während Seeadler, *Haliaeetus albicilla,* und Schlangenadler, *Circaetus gallicus,* ihre jeweiligen Gattungen repräsentieren.

Am Ende des Abschnitts wird der Fischadler, *Pandion haliaetus,* behandelt, dessen Familie monotypisch ist. Aufgrund seiner Ähnlichkeit mit einigen der kleineren und hellen Adler wird er aus Gründen der Übersichtlichkeit mit aufgeführt.

SEEADLER

Haliaeetus albicilla

BEDEUTUNG DES NAMENS

Hali-, griechisch für «vom Meer», und *aetos*, griechisch für Adler
albicilla, aus lateinisch *albus,* weiß, und *cilla*, Schwanz

Die Silhouette des Seeadlers zieht in der Landschaft sofort Aufmerksamkeit auf sich. Es besteht kein Zweifel, dass es sich um einen Adler handelt, und mit etwas Übung ist die Art an ihren sehr breiten Flügeln und der charakteristischen Schwanzform leicht zu erkennen. Hier ist ein adulter Vogel mit weißem Schwanz zu sehen. Dänemark. 17.1. LG.

GESAMTEINDRUCK

L. 66–90 cm. Fs. 180–244 cm.
Der Seeadler ist der größte Greifvogel Nordeuropas. Er ist dank seiner breiten Flügel mit tief eingekerbten Fingern, kurzem, keilförmigem Schwanz und großem Kopf mit hohem, kräftigem Schnabel nahezu unverwechselbar. Der Flug ist langsam, fast träge mit flachen Flügelschlägen, ab und zu in kurze Gleitflüge übergehend mit leicht angehobenem Arm und abgesenkter Hand, die den Flügeln einen leichten «Knick» verleihen.

Der Segelflug erfolgt auf ebenen oder leicht angehobenen Flügeln, im Gegensatz zum Segelflug des ähnlich großen Steinadlers, *Aquila chrysaetos*, der in einem flachen V kreist. Insgesamt erscheint der Seeadler schwer und träge, aber der Schein trügt. Aus dem anscheinend trägen Flug ohne jeglichen Plan kann der Vogel in wenigen Sekunden mit überraschend starkem Flügelschlag auf bis zu 70 km/h beschleunigen und im Flug leicht eine Stockente überholen.

Im Sitzen ist der Seeadler kompakt mit kräftigem Körper, großem Kopf mit einem starken, gebogenen Schnabel und kurzem Schwanz, der von den Flügeln fast verdeckt wird. Er erspäht seine Beute gerne von Bäumen, einem großen Stein in einer Landzunge oder einer Eiskante neben einem Eisloch aus.

Adult. Älterer Vogel mit sehr heller Iris, blassgelbem Schnabel und grauweißem Kopf, Nacken und grauweißer oberer Brust sowie komplett weißem Schwanz. Finnland. 19.6. LG.

Adult. Jüngerer Altvogel mit kräftig gelbem Schnabel und dunklerer Iris. Zu beachten ist, dass die Oberschwanzdecken mit den dunklen Spitzen nicht auf das Alter zurückzuführen sind und auch bei sehr alten Tieren zu sehen sind. Dänemark. 28.9. LG.

Juveniler Vogel, 2. KJ. Noch typischer Jungvogel mit erhaltenen gezackten Armschwingen. Zu beachten ist die helle Flügelbinde entlang der mittleren Unterflügeldecken, die die Art von anderen großen Adlern unterscheidet. Außerdem ist der Schwanz dunkel, er weist jedoch schwarz-weiße Fahnen auf, wenn er ausgebreitet wird. Norwegen. 27.3. JL.

Immatur, 3. KJ, mit charakteristischem, weiß geflecktem Unterkörper und gelber Wachshaut, neuen inneren Handschwingen, einzelnen, neuen äußeren Armschwingen und den noch vorhandenen gezackten juvenilen Armschwingen. Norwegen. 14.5. JL.

Juveniler Seeadler, 1. KJ. Ist an dem einzigartigen Rand der gezackten Armschwingen von den juvenilen Federkleidern anderer Jungvögel zu unterscheiden. Zu beachten sind die weißlichen Achselfedern, die ein typisches Merkmal juveniler Seeadler sind. Dänemark. 18.9. LG.

Juveniler Vogel, 1. KJ, in frischem Federkleid mit einheitlich gezacktem Armflügelhinterrand, dunkelbraunem Kopf, dunkler Iris und schwarzem Schnabel sowie einheitlich beigen und mittelbraunen Rücken-, Schulter- und Flügeldecken. Dänemark. 19.9. LG.

Immatur, 4. KJ, mit hellerem Schnabel, leicht geflecktem Körper und schwach markierter Flügelbinde. Sämtliche Schwungfedern sind erneuert, mit Ausnahme der äußersten, juvenilen Handschwingen (P10) und einzelnen, hervorstehenden, juvenilen Armschwingen. Norwegen. 26.3. JL.

Immatur, 5. KJ (Subadult, 4 Jahre alt). Kopf und obere Brust sind heller als der Körper, der Schnabel ist gelb, während die Iris braungelb ist. Auf der Brust sind noch immer helle Federn zu erkennen, der Schwanz variiert von dunkel bis fast weiß. Norwegen. 26.3. JL.

HABITAT UND VERBREITUNG

Seeadler bewohnen gewässerreiche Landschaften wie Seen, Flüsse und Küsten, wo sie in nahe gelegenen Wäldern und in Felswänden brüten. Im Winter haben sie den gleichen Lebensraum und leben dann oft in kleinen Trupps an Orten mit gutem Nahrungsangebot.

Die Verbreitung erstreckt sich über Nord-, Mittel- und Osteuropa, wobei die größten Populationen in Nord- und Osteuropa zu verzeichnen sind. Außerhalb Europas erstreckt sich die Verbreitung quer durch Russland bis zum Pazifischen Ozean. Der europäische Bestand wird auf 18 000 bis 24 600 Paare geschätzt. In Norwegen sind 33 %, in Schweden 6 %, in Finnland 4 %, in Deutschland 6 %, in Polen 11 % und in Russland 23 % anzutreffen. Die westlichsten europäischen Bruthabitate und Verbreitungsgebiete des Seeadlers befinden sich in Island und Schottland, wo der Bestand wieder zunimmt, während die Art in den anderen nordeuropäischen Ländern nur in geringer Zahl vorhanden ist und im übrigen West- und Südeuropa überhaupt nicht brütet.

MAUSER

Die Mauser adulter Vögel findet vor allem während der Brutzeit von April bis Oktober statt. Wie bei anderen großen Greifvögeln dauert die Entwicklung des Federkleides vom juvenilen bis zum adulten Vogel bis zu sechs Jahre oder mehr. Das Gefieder wird in fünf Mauserzyklen erneuert, vom juvenilen bis zum adulten Federkleid, wobei die dazwischenliegenden drei immaturen Federkleider je nach geografischem Vorkommen variieren und nur schwer eine genaue Altersbestimmung zulassen. Weitere Details siehe Beschreibung des Flugs.

KLEIDER

Adult: Der Seeadler ist im Alter von sechs bis sieben Jahre ausgefärbt. Sein Gefieder ist überwiegend dunkelbraun mit hellen, gefleckten Rücken-, Schulter- und Flügeldecken. Der Schwanz ist weiß, Schnabel und Iris sind gelb. Bei älteren Tieren sind Kopf, Hals, Mantel und obere Brust nahezu grauweiß, der Schnabel ist ausgeblichen und die Iris weißlich.

Juvenil: Überwiegend dunkelbraun mit dunkler Iris und schwarzem Schnabel und hellen nougatfarbenen, gefleckten Decken- und Körperfedern, die im Kontrast zu den schwarzbraunen Schwungfedern stehen. Der Schwanz ist hell mit schwarzen Außenfahnen. Es ist zu beachten, dass ein juveniler Vogel längere Schwung- und Schwanzfedern hat als adulte Vögel. Weitere Federkleider oder Details zum Gefieder finden Sie in der Beschreibung des Flugs.

GESCHLECHT

Das adulte Weibchen ist häufig um ein Viertel größer als das Männchen, was deutlich auffällt, wenn das Paar in der Brutzeit gemeinsam zu sehen ist.

UNTERARTEN

Die Art ist monotypisch.

ÄHNLICHE ARTEN

Adulte Seeadler sind durch ihren weißen Schwanz unverwechselbar, während juvenile und immature Seeadler mit anderen größeren, dunklen Adlern verwechselt werden können. Sie unterscheiden sich jedoch von diesen durch weiße Achselfedern, helle Flügelbinden und einen gefleckten Körper.

ZUG

Der Seeadler ist primär ein Standvogel. Es gibt jedoch auch Seeadler, die im Winterhalbjahr vom nördlichsten Innenland an die Küste und zu eisfreien Seen ziehen. Jungvögel ziehen häufiger umher als adulte Vögel.

BRUTBIOLOGIE

Der Seeadler brütet normalerweise im Alter von fünf Jahren zum ersten Mal, manchmal auch eher. Die Bindung zwischen Paaren ist stark, sie leben jahrelang zusammen, wenn die Harmonie nicht durch Krankheit oder einen stärkeren Rivalen zerstört wird. Das Paar legt in Bäumen oder an Felswänden ein oder mehrere Nester an, die wechselweise genutzt werden, selten auf dem Boden. Die Nester werden Jahr für Jahr wieder genutzt und bestehen aus einer riesigen Zweigkonstruktion, die mehrere Meter tief sein und einen Durchmesser von mehreren Metern erreichen kann.

Nach einer gellenden Balz und Luftspielen mit Sturzflügen und Scheinangriffen legt das Weibchen ein bis drei Eier, häufig zwei, die das Paar abwechselnd im Laufe von 38 Tagen ausbrütet. An der Aufzucht der Jungen beteiligt sich das Männchen genauso wie das Weibchen. Die Jungen sind nach 70 bis 90 Tagen flugfähig und noch für weitere 30 Tage von ihren Eltern abhängig.

Die Nahrung des Seeadlers richtet sich nach dem Angebot, die am leichtesten zugänglichen Ressourcen werden zuerst genutzt wie zum Beispiel gestrandeter Fisch und verletzte Vögel, die aus kilometerweiter Entfernung gesichtet werden. Der Speiseplan besteht zudem aus Eiern und Vogeljungen, die zum Beispiel in Möwenkolonien erbeutet werden, Fischen, die an der Wasseroberfläche gefangen wer-

den, Wasservögeln und Enten sowie selten kleineren Beutetieren und Aas im Winterhalbjahr. Das Jagdverhalten des Seeadlers variiert von Sitzwarten und gezielten Überraschungsangriffen aus Bäumen und Felsnischen bis hin zu Such- oder Patrouillenflügen entlang der Anspülzone, um nach kleineren Beutetieren Ausschau zu halten.

Direktangriffe über weite Strecken auf Enten und andere Wasservögel werden ebenso praktiziert wie Kurzstrecken- und Rüttelflüge über beispielsweise Blesshühner, die sich den Angriffen durch Abtauchen entziehen. Durch den immer wieder angreifenden Adler werden sie so lange zum Tauchen gezwungen, bis sie völlig erschöpft sind. Seeadlerpaare jagen in manchen Fällen auch gemeinsam und wurden bei einer speziellen Form der Möwenjagd beobachtet, wobei sie abwechselnd im Sturzflug dicht an den Möwen vorbeifliegen und diese durch den Sog immer weiter nach unten zur Meeresoberfläche gezogen werden, wo ihnen dann der direkte Angriff droht.

Der Seeadler kann in der freien Natur bis zu 27 Jahre alt werden. In Gefangenschaft kann er ein noch höheres Alter erreichen.

Adultes Seeadler-Paar. Zu beachten ist der Größenunterschied und die kräftigen Proportionen beim Weibchen mit größerem Körper, Kopf und insbesondere dem hohen Schnabel, was ein genereller biologischer Unterschied bei Greifvögeln ist. Im Winter fressen Seeadler gerne Aas und erhalten dabei häufig Gesellschaft von Raben. Schweden. 28.2. LG.

STEINADLER
Aquila chrysaetos

BEDEUTUNG DES NAMENS
Aquila, von lateinisch *aquilus*, dunkel gefärbt
chrysaetos, aus griechisch *khrusos*, golden, und *aetos*, Adler

Juveniler Vogel, 2. KJ, in Drohhaltung auf dem Weg zum Aas, um einen jungen Seeadler, *Haliaeetus albicilla,* zu vertreiben, was auch gelingt.

Das Alter des Vogels ist an dem frischen, unausgeblichenen Gefieder und den erhaltenen juvenilen, leicht abgenutzten Handschwingen und abgenutzten Schwanzfedern zu bestimmen.

Die weißen Gefiederpartien an den Flügeln und am Schwanz sind sowohl auf der Unter- als auch auf der Oberseite zu erkennen und von Vogel zu Vogel unterschiedlich.

Die weißen Stellen sind auf der Oberseite kleiner, können sich aber auf der Unterseite einiger Vögel keilförmig von den Armschwingen bis zum Körper erstrecken. Bei anderen Vögeln können die weißen Gefiederbereiche fehlen, während der weiße Schwanz mit der mehr oder weniger breiten Endbinde charakteristisch für die Art ist.

Zu beachten ist, dass der Umfang der weißen Färbung bzw. der fehlenden weißen Färbung nicht zwingend eine Altersbestimmung zulässt. Auch bei einigen adulten Vögeln sind noch weiße Gefiederbereiche zu erkennen.
Schweden. 28.2. LG.

GESAMTEINDRUCK
L. 66–90 cm. Fs. 180–234 cm.
Die Flugsilhouette und der Segelflug des Steinadlers sind einzigartig unter den europäischen Adlern. Der Schwanz ist lang und breit, die Flügel haben eine schmale Hand und einen breiten, ausgestreckten Arm, der zum Körper hin schmaler wird. (Die schmale Hand ist am stärksten bei Jungvögeln zu erkennen, die breitere Flügel haben als adulte Vögel.)

Der Steinadler ist ein im Gesamteindruck kraftvoller, sportlicher und eleganter Adler, der mit erhabenen, aber leichten, tiefen Flügelschlägen fliegt, die durch kurze Gleitflüge mit leicht angehobenem Armflügel und horizontal gehaltenem Handflügel unterbrochen werden. Der Segelflug erfolgt auf erhöhten Flügeln in einem flachen V.

Bei sitzenden Vögeln ist der Schwanz länger als die zusammengefalteten Flügelspitzen. Auf dem Boden sitzt der Vogel waagerecht auf langen, befiederten Beinen.

Steinadler jagen vom Ansitz aus oder im Suchflug, wobei die Beute überrascht und entweder in der Luft oder am Boden geschlagen wird.

Adult mit heller Iris und breitem, dunklem Flügelhinterrand und dunklem Schwanz sowie unregelmäßiger Bänderung an Arm- und Handschwingen. Zu beachten ist die einzigartige Silhouette mit einer Verengung zum Handflügel und Körper auf beiden Seiten des breiten Armflügels sowie der lange Schwanz. Dänemark. 9.8. NLJ.

Adult, gleicher Vogel wie links. Bei den hellen Stellen handelt es sich um Daunenfedern unter den ausgefallenen Armdecken. Zu beachten ist der gefüllte Kropf, eine Aufwölbung der Speiseröhre, die als zwischenzeitlicher Lagerplatz dient. Dänemark. 9.8. NLJ.

Juveniler Vogel, 2. KJ, mit dunkler Iris, gleichmäßiger Flügelfärbung, rotbrauner Krone und charakteristischen weißen Gefiederpartien an Flügeln und Schwanz. Schweden. 28.2. LG.

Jungvogel, 2. KJ, mit dunkelbraunen Flügeldecken und noch nicht abgeworfenen Schwungfedern. Die weißen Stellen sind charakteristisch für sowohl juvenile als auch immature Vögel und variieren in der Größe. Zu beachten ist die helle Iris bei diesem Vogel. Dänemark. 10.3. AM.

Altvogel in frischem Federkleid und deutlicher rotbrauner Färbung, die besonders bei nordeuropäischen Vögeln zu erkennen ist. Mittel- und südeuropäische Vögel sind dunkler, und es fehlt die rotbraune Färbung. Finnland. 25.2. HS.

Adult. Oberseite graubraun mit goldenem Kopf/Nacken und hellem Fleck an den mittleren Armdecken. Schwanz und Schwungfedern sind grau, mit ungleichmäßiger Bänderung und dunklem, breitem Rand. Bulgarien. 6.3. SP.

Immatur, vermutlich 4. KJ, mit nicht abgeworfenen, juvenilen P10, 9 und 8 sowie einigen erhaltenen mittelbraunen, spitzen, juvenilen Armschwingen und kurzen, abgenutzten Schwanzfedern. Oman. 18.1. SP.

Vermutlich subadulter Vogel mit weißen Mustern an den Armschwingen und im Schwanz. Zu beachten ist, dass die Schwungfedern bei einigen adulten Vögeln weiße Muster aufweisen können. Norwegen. 27.3. JL.

HABITAT UND VERBREITUNG

Der Steinadler ist in einer Vielzahl von Habitaten zu Hause, von der Halbwüste bis zur Steppe und Tundra und von Küstengebieten bis zu bewaldeten Tälern und bergigem Gelände. Die Wahl des Brutgebietes hängt von einem entscheidenden Faktor ab, nämlich Ruhe und Ungestörtheit von Menschen.

Die Ausbreitung und das Vorkommen des Steinadlers in Europa beschränken sich deshalb primär auf Länder, in denen die Art nicht gejagt wird und es ungestörte und schwer zugängliche Naturgebiete gibt. Der gesamte europäische Bestand beträgt 9300 bis 12 300 Paare, davon 16 % in Spanien, 13 % in Norwegen, 7 % in Russland, 6 % in Schweden, 5 % in Italien und 2 % in der Schweiz. In Mitteleuropa ist der Steinadler ein spärlich verbreiteter, aber regelmäßiger Brutvogel in den Alpen.

Außerhalb Europas ist der Steinadler nahezu überall auf der Nordhalbkugel verbreitet mit kleineren Populationen in Nordafrika, Arabien und im Nahen Osten und größeren Populationen im Bereich quer durch Asien und Nordamerika.

MAUSER

Adulte Vögel werfen ihre Federn während der Brutzeit von März bis Oktober ab, während die erste Mauser bei Jungvögeln im Sommer des 2. Lebensjahrs stattfindet. Adulte Vögel erneuern in zwei Mauserzyklen ihr komplettes Gefieder, während es bei jungen Vögeln bis zu fünf Jahre dauert, bis sie ihr adultes Federkleid erhalten haben.

KLEIDER

Adult: Der Kopf hat eine gold-braune Krone. Die Iris ist hellgelb bis braun. **Oberseite:** Graubraun mit helleren mittleren Armdecken, die im Kontrast zu einer schwarzen Flügelbinde entlang der großen Flügeldecken stehen. Die Finger sind schwarz und heben sich von den gräulichen, quer gestreiften inneren Hand- und Armschwingen mit breitem, dunklem Flügelhinterrand ab. Der Schwanz ist grau mit schmalen Querstreifen und breiter, dunkler Schwanzbinde. **Unterseite:** Bei nordeuropäischen Vögeln weisen Körper und Flügeldecken oft eine rotbraune Färbung auf. Südeuropäische Vögel sind dunkler und nicht rotbraun gefärbt.
Juvenil und Immatur: Siehe Bildunterschriften und Beschreibung der Flugbilder.

GESCHLECHT

Das Weibchen ist oft größer als das Männchen. Die Geschlechter sind jedoch schwierig zu unterscheiden, selbst wenn sie im Brutgebiet zusammen gesehen werden.

UNTERARTEN

Die Nominatform *chrysaetos* dominiert in den meisten europäischen Verbreitungsgebieten, während die dunklere, etwas kleinere und schlankere Unterart *homeyeri* auf der Iberischen Halbinsel und den größeren Inseln des Mittelmeers zu sehen ist.

ÄHNLICHE ARTEN

Die einzigartige Flugsilhouette des Steinadlers und seine Flügelhaltung im Segelflug sind unverwechselbar und unterscheiden ihn deutlich von ähnlich großen und dunklen Adlern.

Er ist am ehesten mit dem Östlichen Kaiseradler, *Aquila heliaca,* und dem Spanischen Kaiseradler, *Aquila adalberti,* zu verwechseln, die beide nicht so elegant gebaut sind und rechteckigere Flügel, einen kürzeren Schwanz und einen kräftigeren Kopf haben.

ZUG

Der Steinadler ist meist Standvogel. Vögel aus nördlichen Populationen sind teilweise Zugvögel aufgrund von Nahrungsmittelknappheit in den Wintermonaten. Juvenile und immature Vögel streifen häufiger umher.

BRUTBIOLOGIE

Steinadlerpaare wechseln zwischen zwei bis drei oder sogar mehr Nestern, die aus Zweigen in Felsnischen oder älteren Bäumen gebaut werden. Die Nester haben, wie bei anderen großen Adlern, einen enormen Umfang. Sie können mehrere Meter breit und tief sein.

Der Steinadler brütet normalerweise im Alter von fünf bis sechs Jahren zum ersten Mal, der Partner kann dabei etwas jünger sein. Steinadlerpärchen bleiben ein Leben lang zusammen. Nach dem Paarungs- und Balzflug zu Beginn des Frühlings mit abrupten Sink- und Sturzflügen zum Partner, wobei sie sich an den Fängen halten, legt das Weibchen normalerweise zwei Eier (ein bis drei), die innerhalb von 43 bis 45 Tagen alleine vom Weibchen ausgebrütet werden. Die Jungen bleiben bis zu 80 Tage im Nest und sind nach dem Ausfliegen noch bis zu zwei Monate von den Eltern abhängig.

Aufgrund seiner Stärke und der herausragenden Jagdfähigkeiten war der Steinadler jahrhundertelang der am meisten verfolgte Greifvogel, vor allem wegen seiner Fähigkeit, größere Säugetiere zu fangen, wozu leider, wenn auch nur selten, junge Nutztiere wie Rentiere und Hausschafe gehören.

Die Nahrung variiert je nach Angebot und Lebensraum und umfasst ein breites Spektrum an Beutetieren von Landschildkröten, die aus großer Höhe gegen Felsen geworfen werden, über große Insekten bis hin zu Kälbern von Rothirschen. Steinadler bevorzugen jedoch mittelgroße Beutetiere wie Murmeltiere, Hasen und junge Füchse sowie unter den Vögeln vor allem Raufußhühner, Tauben, Enten, Möwen, Gänse und ab und zu Kraniche.

Steinadler können ein hohes Alter erreichen und in der freien Natur bis zu 38 Jahre und in Gefangenschaft bis zu 50 Jahre alt werden.

Der Steinadler kann sich mit einer Beute von vier bis fünf Kilo erheben. Deshalb kann der juvenile Vogel vor Ort vom toten Fuchs fressen und ihn gegen einen immaturen Seeadler, *Haliaeetus albicilla*, 4. KJ, verteidigen. Schweden. 28.2. LG.

SPANISCHER KAISERADLER

Aquila adalberti

BEDEUTUNG DES NAMENS

Aquila, von lateinisch *aquilus*, dunkel gefärbt

adalberti, nach Adalbert Wilhelm Georg Ludwig, Prinz von Bayern (1828–1875)

Der hohe, kräftige Schnabel und das fast schwarze Federkleid verleihen dem Spanischen Kaiseradler ein grimmiges Aussehen. Die Art war fast ausgestorben und ist Europas seltenster Greifvogel. Erfreulicherweise nimmt der Bestand dank Artenschutz- und Zuchtprogrammen in Spanien, wo fast alle Brutpaare leben, wieder zu. Adult. Spanien. 13.11. JMB.

GESAMTEINDRUCK

L. 74–85 cm. Fs. 177–220 cm

Großer, dunkler Adler, ähnlich groß wie der ähnliche Steinadler, *Aquila chrysaetos*. Der Spanische Kaiseradler unterscheidet sich jedoch durch einen größeren Kopf und einen sehr kräftigen Schnabel (der größte unter den europäischen *Aquila*-Adlern) und eine eher rechteckige Flügelform ohne die markante Verengung zum Körper hin, wie es beim Steinadler der Fall ist.

Der Segelflug erfolgt auf geraden Flügeln und nicht in einem flachen V wie beim Steinadler, dem einzigen Adler im Verbreitungsgebiet des Spanischen Kaiseradlers, der diesem ähnelt. Zu beachten ist, dass der adulte Spanische Kaiseradler einen markanten, zweifarbigen Schwanz in Schwarz und Grau und häufig eine weiße Flügelvorderseite und weiße Schulterfedern hat. Der Steinadler dagegen weist einen gräulichen, gefleckten Schwanz mit schwarzer Binde, aber keine weißen Federn an der Flügelvorderseite oder den Schultern auf.

Adult. Ein sehr dunkler, fast schwarzer Adler mit gold-weißer Krone und schwachem Kontrast zwischen den schwarzbraunen Flügeldecken und schwarzgrauen Schwungfedern. Die weiße Flügelvorderseite, die jedoch nicht bei allen Vögeln dieser Art zu sehen ist, unterscheidet den Spanischen Kaiseradler sowohl vom Steinadler, *Aquila chrysaetos,* als auch vom Östlichen Kaiseradler, *Aquila heliaca.* Spanien. PM.

Juvenil. Die Oberschwanzdecken sind weißlich und die Körperfedern und Flügeldecken orangebraun und ungebändert und weisen den gleichen Kontrast auf wie zwischen den Flügeldecken und Schwungfedern an der Unterseite. Die inneren Handschwingen sind leicht keilförmig wie beim Östlichen Kaiseradler, *Aquila heliaca.* Spanien. FS.

Juvenil, 2. KJ. Wie beim juvenilen Östlichen Kaiseradler, *Aquila heliaca,* sind die Unterflügeldecken ungebändert, und die schmalen Bruststreifen beschränken sich auf den oberen Teil der Brust. Ein juveniler Spanischer Kaiseradler kann theoretisch auch mit einem juvenilen Steppenadler, *Aquila nipalensis,* verwechselt werden, die beiden Arten kommen aber in der Regel nicht nebeneinander vor. Spanien. RT.

Adult. Die Oberseite mit weißen Partien an Schulter und Flügelvorderseite, die diagnostische schwarzbraune Oberseite und die rechteckigeren Flügel unterscheiden den Spanischen Kaiseradler von dunklen Steinadlern. Spanien. 11.12. JMB.

Vermutlich jüngerer Altvogel mit grau melierten/gebänderten Handschwingen, die bei älteren Vögeln häufig ungebändert sind. Man beachte den leicht grau gestreiften Schwanz mit breiter Schwanzendbinde. Spanien. 11.12. JMB.

Immatur im charakteristischen, gesprenkelten Übergangskleid, mit fehlenden juvenilen Körperfedern, die durch schwarzbraune adulte Federn ersetzt werden. Der Vogel trägt das Federkleid ab dem dritten Herbst, im 4. KJ, bis zum Frühling des 6. KJ, wenn er ein Alter von fünf Jahren erreicht hat. Spanien. Juni. ASP.

HABITAT UND VERBREITUNG

Der Spanische Kaiseradler kommt nur auf der Iberischen Halbinsel vor. Er brütet in hügeligen, bewaldeten Gebieten, die vorzugsweise an flache Ebenen und Feuchtgebiete angrenzen, reagiert aber sehr sensibel auf menschliche Störungen.

Die Art ist nicht nur die seltenste europäische Greifvogelart, sondern zählt sogar zu den seltensten Greifvogelarten überhaupt. In den 60er-Jahren des 20. Jahrhunderts erreichte die Art ihren kritischen Tiefpunkt mit nur noch 30 Paaren. Die Bedrohung war, wie für so viele andere Greifvogelarten, auf Jagd und Vergiftung zurückzuführen, aber vor allem auf tödliche Elektroschocks von Hochspannungsmasten, die seitdem modernisiert wurden.

Der aktuelle Bestand des Spanischen Kaiseradlers wird auf 370 bis 380 Paare geschätzt, von denen 96 % in Spanien und 4 % in Portugal brüten.

MAUSER

Die Mauser findet in der Brutsaison von April bis Oktober statt.

KLEIDER

Adult, Oberseite: Hat einen kräftigen, grauen Schnabel mit gelber Wachshaut. Die Iris ist hell beigebraun und passt zu dem beigen bis fast weißen, ausgeblichenen Scheitel und Nacken. Der Flügelvorderrand der dunklen Flügel und einige Schulterfedern sind in unterschiedlichem Maße weiß gefärbt. Bei einigen Vögeln ist die weiße Färbung sehr markant, bei anderen fehlt sie. Flügel und Rücken sind schwarz bis mittelbraun gefärbt. Der Schwanz ist grau bis dunkel gefleckt und hat eine breite, dunkle Endbinde. **Unterseite:** Sehr dunkel mit schwarzbraunen Flügeldecken und Körperfedern in leichtem Kontrast zu graubraunen Schwungfedern, die bei jüngeren Adulten grob gebändert sein können.

Juvenil, Oberseite: Hell orangebraunes Körpergefieder und gleich gefärbte kleinere und mittlere Flügeldecken. Die großen Flügeldecken sind dunkel mit hellen Spitzen, die so eine weiße Flügelbinde bilden. So entsteht ein starker Kontrast zu den schwarzen Armschwingen und den helleren grauschwarzen Handschwingen mit hellem Keil. Bei frisch juvenilen Vögeln sind der Hinterflügel und der dunkle Schwanz auffällig weiß gerandet. **Unterseite:** Orangebraun wie die Oberseite und in der Regel ungestrichelt, allenfalls an der oberen Brust schwach gestrichelt. Die Flügeldecken sind ebenfalls schwach gestrichelt oder ungestrichelt mit hellen großen Flügeldecken, die eine Flügelbinde bilden. Die inneren Handschwingen sind aufgehellt und bilden einen markanten, hellen Keil in der schwach gebänderten Hand. **Wissenswertes:** Der juvenile Östliche Kaiseradler, *Aquila heliaca,* ist eher sandfarben und sowohl an der Ober- als auch an der Unterseite markant gestreift. Außerdem ist der helle Keil in der Hand bei ihm weniger stark ausgeprägt.

Immatur: Ab 3. KJ bis 4. KJ mit zunehmend gesprenkeltem Gefieder und dunklen Federn, bis im Alter von fünf bis sechs Jahren (6. KJ–7. KJ) das adulte Federkleid erreicht wird. Weitere Details siehe Beschreibung des Flugs.

GESCHLECHT

Wenn Männchen und Weibchen zusammen beobachtet werden, fällt auf, dass das Weibchen deutlich größer ist als das Männchen und einen kräftigeren Schnabel besitzt.

UNTERARTEN

Die Art ist monotypisch.

ÄHNLICHE ARTEN

Insbesondere der Östliche Kaiseradler, *Aquila heliaca,* der in östlicheren Regionen verbreitet ist, wurde früher für ein und dieselbe Art gehalten. Ein adulter Spanischer Kaiseradler unterscheidet sich durch seine weiße Flügelvorderseite von seinem «Zwilling», die jedoch nicht bei allen Vögeln weiß gefärbt ist. Außerdem gibt es kleinere strukturelle Unterschiede in Form von kürzeren Flügeln und einem etwas längeren Schwanz. Der größte Unterschied ist jedoch das Verbreitungsgebiet.

Der Spanische Kaiseradler kann auch mit dem dunklen, südeuropäischen Steinadler, *Aquila chrysaetos,* verwechselt werden, wobei der Spanische Kaiseradler einen größeren Kopf und kräftigeren Schnabel, einen kürzeren Schwanz sowie rechteckigere Flügel hat, die im Segelflug allenfalls leicht angehoben werden.

ZUG

Adulte Spanische Kaiseradler sind Standvögel, während die Jungvögel herumstreifen, insbesondere nach Nord- und Nordwestafrika.

BRUTBIOLOGIE

Das Nest, das aus einer großen und tiefen Zweigkonstruktion besteht, wird hauptsächlich in größeren Bäumen wie Korkeichen und Föhren angelegt.

Das Paar kann zwischen mehreren Nestern wechseln, und die Brut besteht aus zwei bis vier Eiern, die innerhalb von 43 bis 44 Tagen hauptsächlich vom Weibchen ausgebrütet werden.

Juveniler Spanischer Kaiseradler, *Aquila adalberti,* und Elster. Junge Spanische Kaiseradler sind im begrenzten Verbreitungsgebiet in Bezug auf Größe und das orangebraune Federkleid einzigartig. Weiter östlich könnte der Spanische Kaiseradler jedoch mit dem Östlichen Kaiseradler, *Aquila helica,* und der hellen Form des Schelladlers, *Aquila clanga fulvescens,* verwechselt werden. Spanien. ASP.

Die Jungen sind nach 63 bis 75 Tagen flugfähig. Sie halten sich für weitere vier bis fünf Monate in dem Territorium auf.

Der Spanische Kaiseradler jagt entweder im Sturzflug aus hoher Höhe oder vom Ansitz aus. Er ernährt sich hauptsächlich von Wildkaninchen sowie mittelgroßen Vögeln wie Graugans, Blesshuhn und Ringeltaube.

ÖSTLICHER KAISERADLER

Aquila heliaca

BEDEUTUNG DES NAMENS

Aquila, von lateinisch *aquilus*, dunkel gefärbt
heliaca, von griechisch *helios*, Sonne

Immaturer Östlicher Kaiseradler mit zunehmend schwarzem Federkleid. Man beachte den kräftigen Kopf und Schnabel, der beim ähnlichen Steinadler, *Aquila chrysaetos*, kleiner und etwas schlanker ist. Ein Wüstenrabe wartet auf eine Möglichkeit, Reste vom Kadaver zu ergattern. Oman. 14.11. KB.

GESAMTEINDRUCK

L. 72–84 cm. Fs. 180–215 cm.

Der Östliche Kaiseradler ist ein großer, dunkler Adler, nur wenig kleiner als der Steinadler, *Aquila chrysaetos*, der ihm am ähnlichsten ist. Im Gegensatz zum Steinadler hat der Östliche Kaiseradler einen längeren und kräftigeren Kopf mit gröberem Schnabel und eine rechteckige Flügelform ohne die typische Verengung des Armflügels zum Körper hin. Der Schwanz ist kürzer als beim Steinadler.

Insgesamt zeigt das Flugbild des Östlichen Kaiseradlers einen großen Adler mit rechteckigen, breiten Flügeln und einem fast symmetrischen Körper. Der Kopf ist halb so lang wie der Schwanz, im Gegensatz zum Steinadler, bei dem die Kopflänge nur 1/3 der Länge des langen Schwanzes ausmacht.

Der aktive Flug erfolgt mit tiefen, kräftigen Flügelschlägen, während der Segelflug auf geraden, waagerechten Flügeln erfolgt. Im Gleitflug wird der Arm nur leicht ohne «Knick» nach vorne gebeugt.

Adultes Männchen (dem Fotografen seit mehr als zehn Jahren bekannt). Einheitlich schwarzbraunes Gefieder mit goldenem Scheitel/Nacken und Kontrast zwischen dunklen Unterflügeldecken und hellen Schwungfedern ohne Bänderung. Bulgarien. 3.2. MLA.

Der adulte Vogel ist oberseits ganz anders gefärbt, mit weißen Schulterfedern, die jedoch nicht bei allen Vögeln vorhanden sind. Man beachte die ungestrichelten Schwungfedern und den gräulichen, gebänderten Schwanz mit breitem, schwarzem Subterminalband. Oman. 19.1. HJE.

Juveniler Vogel mit diagnostischer Unterseite in Form von gestreiften Körper- und Flügeldecken, hellem Keil in der Hand und breitem, hellem Flügelhinterrand, der die Art von anderen größeren juvenilen Greifvögeln unterscheidet. Oman. 8.11. ISA.

Juveniler Östlicher Kaiseradler. Sowohl Ober- als auch Unterseite sind einzigartig mit gestreiften Rücken-, Schulter- und Flügeldecken sowie zwei hellen Flügelbinden, die durch weiße Spitzen an den mittleren und großen Flügeldecken gebildet werden. Oman. 25.1. KB.

Jüngerer Altvogel, mit noch gebänderten Schwungfedern und markantem, schwarzem Flügelhinterrand. Die graue Bänderung nimmt mit dem Alter ab und ist letztendlich nur noch auf den Handschwingen zu erkennen. Oman. 12.1. HJE.

Subadult mit weißen Schulterflecken und beigen inneren Armdecken. Der breite, schwarze Rahmen um den grauen und dicht gebänderten Schwanz unterscheidet die Art vom ähnlichen Steinadler, *Aquila chrysaetos*. Ungarn. 1.4. HS.

2. KJ, Herbst. Ähnelt dem juvenilen Vogel. Das Alter lässt sich jedoch anhand des abgenutzten, weißen Flügelhinterrandes, den erhaltenen juvenilen Schwungfedern und der neuen inneren Handschwingen mit weißen Spitzen bestimmen. Oman. 25.11. KB.

Immatur mit charakteristischen schwarz gefleckten Körper- und Flügeldecken mit adulten Schwungfedern mit breiten, schwarzen Spitzen an Schwanz und Armflügel. Oman. 10.2. HJE.

HABITAT UND VERBREITUNG

Der Östliche Kaiseradler bewohnt sowohl innerhalb als auch außerhalb der Brutzeit offene Steppen mit einzelnen Baumgruppen und bewachsene Talsenken mit Feuchtwiesen und bewaldete Berggebiete bis zu 2000 Meter Höhe.

Die Verbreitung erstreckt sich vom zentralen Osteuropa in Richtung Osten durch Russland und Kasachstan bis in die nördliche Mongolei und China.

Der europäische Bestand wird aufgrund der Verfolgung und der Zerstörung geeigneter Lebensräume auf nur 1300 bis 1900 Paare geschätzt. In Russland leben 64 %, in der Türkei 12 %, in Ungarn 9 % und in der Ukraine 4 % des europäischen Bestands. Aufgrund von Artenschutzprogrammen in einigen osteuropäischen Ländern wächst der Bestand jedoch. In Mitteleuropa ist der Östliche Kaiseradler nur sehr selten zu Gast.

MAUSER

Die Mauser der adulten Vögel findet während der Brutzeit von März bis Oktober statt. Bei den juvenilen Vögeln (2. KJ) findet die Mauser nach dem gleichen Muster, jedoch etwas später im Frühling, statt. Die darauffolgenden zwei hellen und gestreiften Federkleider unterscheiden sich durch die Anzahl der erhaltenen juvenilen Schwungfedern. Anschließend folgen zwei weitere immature Federkleider, bis der Vogel in seinem siebten Lebensjahr das braunschwarze adulte Federkleid erreicht.

KLEIDER

Adult, Oberseite: Leicht am fast einheitlichen, braunschwarzen Federkleid mit auffälligem hellen Scheitel und Nacken sowie meist mit weißen Schulterfedern unterschiedlicher Ausbreitung zu erkennen. Der Schwanz ist grau mit leichter Bänderung mit breiter, schwarzer Endbinde. **Unterseite:** Körper- und Flügeldecken braunschwarz im Kontrast zu grauschwarzen Armschwingen und gebänderten inneren Handschwingen. (Bei jüngeren adulten Vögeln sind die Armschwingen ebenfalls gebändert, und der Flügelhinterrand ist dunkel.) Die Unterschwanzdecken sind hellbeige mit oder ohne dunkle Akzente, der Schwanz ist grau mit schwacher, dunkler Bänderung und breiter, schwarzer Schwanzendbinde.

Juvenil: Von allen anderen und ähnlichen juvenilen großen Adlern im Verbreitungsgebiet an dem gestreiften Muster an Körper und Unterflügeldecken zu unterscheiden.

Immatur: An dem charakteristischen, dunkel gesprenkelten Gefieder mit hellem Grundton von juvenilen, adulten und immaturen Federkleidern anderer großer Adler zu unterscheiden. Juvenile und immature Kleider siehe Beschreibung des Flugs.

GESCHLECHT

Das Weibchen ist größer und kräftiger als das Männchen, der Unterschied ist im Freiland jedoch schwer erkennbar.

UNTERARTEN

Die Art ist monotypisch.

ÄHNLICHE ARTEN

Sehr ähnlich dem Spanischen Kaiseradler, *Aquila adalberti*, der früher für die gleiche Art gehalten wurde. Die Verbreitungsgebiete überschneiden sich jedoch nicht.

Die juvenilen und immaturen Federkleider beider Arten können mit anderen großen Adlern im entsprechenden Altersstadium verwechselt werden. Weitere Details finden Sie in der Beschreibung des Flugs und der entsprechenden Federkleider.

ZUG

Der Östliche Kaiseradler ist überwiegend Zugvogel, und der europäische Bestand überwintert in Nord- und Ostafrika sowie im Nahen Osten und in Arabien.

BRUTBIOLOGIE

Der Östliche Kaiseradler brütet, bevor er im Alter von sechs Jahren sein vollständiges adultes Federkleid erhalten hat. Die Paare bleiben normalerweise ein Leben lang zusammen.

Das Paar ist zu Beginn des Frühlings bei Balzflügen zu beobachten, die aus Sturzflügen und akrobatischen Rollen mit ineinander verhakten Fängen bestehen, wobei die Vögel laut rufen. Die Nester (eines bis drei, die wechselweise genutzt werden) bestehen aus einer tiefen und breiten Zweigkonstruktion, die hoch oben in alten Bäumen, selten an Felshängen, angelegt wird.

Die Brut besteht aus zwei bis drei Eiern, die innerhalb von 43 bis 45 Tagen primär vom Weibchen ausgebrütet werden. Beide Eltern kümmern sich um die Aufzucht der Jungen. Die Jungen sind nach 65 bis 77 Tagen flugfähig und bleiben bis zum nächsten Frühjahr bei den Eltern.

Das Paar jagt oft zusammen. Die Nahrung besteht hauptsächlich aus kleinen oder mittelgroßen Nagetieren wie dem Europäischen Ziesel oder dem Feldhamster, während mittelgroße Vögel und größere Säugetiere wie ein Fuchs und Kriechtiere wie Amphibien und Insekten in geringerem Umfang zur Beute gehören.

Die Beute wird häufig nach Ansitzjagd oder Suchflug am Boden geschlagen.

Der Östliche Kaiseradler erreicht ein höheres Alter als andere größere Greifvögel.

Östlicher Kaiseradler im vermutlich dritten Federkleid (3. KJ, Herbst). Das immature Federkleid unterscheidet sich vom charakteristischen gestreiften juvenilen Federkleid durch die schwarz gefleckten und schwarzen Körper- und Flügeldecken. Die Schwungfedern sind eine Mischung aus neuen und gebänderten Armschwingen mit schwarzen Spitzen und noch vorhandenen einfarbigen Federn vorheriger Federkleider. Oman. 26.11. KB.

STEPPENADLER

Aquila nipalensis

BEDEUTUNG DES NAMENS

Aquila, von lateinisch *aquilus*, dunkel gefärbt

nipalensis, von Nepal

Steppenadler, subadult. An den großen Armdecken sind noch einige orangebraune Spitzen und am Schwanz dunkelbraune Federn zu erkennen. Im adulten Federkleid sind diese Federn grau mit dunkler Bänderung. Der sitzende Steppenadler ist unter anderem anhand seines charakteristischen Adlerkopfes mit kräftigem Schnabel und langem, gelbem Schnabelwinkel vom ähnlichen Schell- und Schreiadler zu unterscheiden. Die Kopfform der Schell- und Schreiadler ist nicht so kantig und erinnert eher an einen Bussard. Der Schnabelwinkel geht bei diesen beiden Arten im Gegensatz zum Steppenadler selten über die Mitte des Auges hinaus.

Der Schelladler, *Aquila clanga,* hat außerdem einen fülligen Nacken mit gesträubten Federn, und der Schreiadler, *Aquila pomarina*, hat im Gegensatz zu den anderen beiden Arten eine gelbliche Iris. Oman. 22.1. KB.

GESAMTEINDRUCK

L. 60–81 cm. Fs. 165–214 cm.

Der Steppenadler ist ein großer, starker und dunkler Adler mit einem kräftigen Schnabel. Die Flügel sind lang und breit mit sieben langen und tief gekerbten Fingern, die an einen Geier erinnern. Der aktive Flug erfolgt mit tiefen, kräftigen Flügelschlägen, während der Segelflug auf flach gehaltenen Flügeln mit leicht abgesenkter Hand erfolgt.

Beim sitzenden Vogel ist ein schlanker Kopf mit einem großen und kräftigen Schnabel ohne die sogenannte Federholle des Schelladlers zu erkennen.

Der Schnabelwinkel ist gelb und lang und reicht häufig bis hinter das Auge. Die Nasenlöcher sind oval/vertikal im Vergleich zu den runden Nasenlöchern von Schelladler, *Aquila clanga,* und Schreiadler, *Aquila pomarina.*

Der Steppenadler ähnelt mehreren großen dunklen Adlern unterschiedlichen Alters. Siehe Vergleichstafeln auf den Seiten 284–287 für weitere Details.

Adult mit grob gestreiften Schwungfedern und breitem, dunklem, gezacktem Flügelhinterrand. Zu beachten ist der helle Halbmond am Karpalgelenk, der an einen Schelladler, *Aquila clanga,* erinnert. Oman. 13.11. HJE.

Juveniler Steppenadler. Leicht erkennbar mit breiter, weißer Flügelbinde entlang der großen Armdecken und weißem Flügelhinterrand und weißer Schwanzbasis. Einige Vögel haben eine gräuliche Flügelbinde, bei anderen Individuen fehlt diese ganz. Oman. 25.11. KB.

Jüngerer Altvogel mit einer Mischung aus neuen Schwungfedern mit schwarzbraunen Spitzen und älteren graubraunen Federn, die dem Vogel noch nicht die markante schwarzbraune Färbung am Flügelhinterrand verleihen, die bei älteren adulten Steppenadlern zu sehen ist. Oman. 18.11. KB.

Juveniler Vogel mit doppelter, weißer Flügelbinde entlang der Flügeldecken, weißem Flügelhinterrand, weißer Schwanzbasis und weißen Oberschwanzdecken, die gemeinsam mit dem Band des Unterflügels entlang der Flügeldecken diagnostisch sind. Oman. 18.11. KB.

Subadult mit weißem Rücken wie beim adulten Vogel, jedoch noch mit weißen Oberschwanzdecken und kontrastreicher mit bräunlichen Immaturfedern und schwarzbraunen Adultfedern sowie einigen Schwungfedern ohne schwarze Zacken. Oman. 14.2. HJE.

Subadult mit einzelnen weißen großen Unterflügeldecken und helleren Spitzen an mehreren Schwungfedern. Man beachte den gezackten Flügelhinterrand, der bei immaturen Schelladlern fast genauso aussieht. Oman. 11.1. HJE.

Immatur, 3. KJ, mit neuen, dunklen Kopffedern, die eine dunkle Haube bilden. Neue innere Hand- und Armschwingen und sehr abgenutzte juvenile, mittlere und große Flügeldecken und mittlere Armschwingen. Schweden. 8.11. NLJ.

Immatur, 5. KJ, mit einer Mischung aus schwarzen und weißen Federn in der Flügelbinde, neuen Körperfedern, Schwungfedern dreier Mauserstadien und mehreren neuen adulten Armschwingen mit schwarzen Spitzen. Oman. 22.1. KB.

HABITAT UND VERBREITUNG

Der Steppenadler besiedelt Steppen, Halbwüsten, offene mit Gebüsch bewachsene Ebenen und ist in östlicher Richtung auch in bergigem Gelände anzutreffen.

Die Verbreitung erstreckt sich vom europäischen Teil Russlands in östliche Richtung durch Kasachstan, China und die Mongolei. Die Art ist in Europa durch die Zerstörung der Steppen, die Verfolgung durch Jagd und Vergiftung von Kadavern bedroht.

Der europäische Bestand wird auf 800 bis 1200 Paare geschätzt, die alle in Russland brüten. In Mitteleuropa ist der Steppenadler ein sehr seltener Irrgast.

MAUSER

Die Mauser findet beim Steppenadler primär im Sommerhalbjahr und sekundär im Winterhalbjahr statt, in dem die letzten Schwungfedern durch neue ersetzt werden. Die Alterskleider werden in fünf Generationen unterteilt, vom juvenilen Federkleid über drei immature Federkleider bis zum adulten Federkleid. Für weitere Details siehe Beschreibung des Flugs und die Vergleichstabellen.

KLEIDER

Adult, Oberseite: Einige Vögel haben einen unterschiedlich ausgeprägten beigefarbenen Nackenfleck, der einen Kontrast zur allgemeinen braunschwarzen bis mittelbraunen Oberseite mit weißem Rückenkeil und graubraunen Armschwingen mit dunkler Bänderung bildet. Der Handflügel ist oft gräulich mit klarer, dunkler Bänderung. Der Schwanz ist gräulich mit dunkler Bänderung und schwarzer Endbinde. **Unterseite:** Die Farbe der Körper und Flügeldecken variiert von hellbraun bis braunschwarz im Kontrast zu den breiten, gebänderten, graubraunen Schwungfedern. Die Schwungfedern haben breite, schwarze und abgerundete Spitzen, die einen breiten, dunklen und deutlich gezahnten Flügelhinterrand bilden. Zu beachten ist, dass dunkle Vögel einen hellen Halbmond am Karpalgelenk aufweisen können und deshalb mit dem Schelladler zu verwechseln sind.

Juvenil, Oberseite (1. KJ–2. KJ, erster Winter): Die Farbe variiert von hellem Kaffeebraun über Graubeige bis Dunkelbraun. Die großen Flügeldecken, Schwungfedern und der Schwanz sind dunkelbraun mit dichter, dunkler Bänderung. Vögel im frischen Federkleid haben ein breites, weißes Flügelband entlang der großen Flügeldecken und Armschwingen und eine weiße ovale Schwanzbasis. **Unterseite:** Die Bestimmung erfolgt am einfachsten anhand einer breiten, weißen Flügelbinde, die von den großen Flügeldecken, dem breiten, weißbeigen Flügelhinterrand und den weißbeigen Unterschwanzdecken gebildet wird. Zu beachten ist, dass einige Vögel sowohl im juvenilen als auch im ersten immaturen Federkleid keine weiße Binde am Unterflügel aufweisen und deshalb mit dem Schreiadler, *Aquila pomarina,* zu verwechseln sind. Weitere Details siehe Schreiadler.

Immatur: Die drei Übergangskleider zwischen juvenilem und immaturem Federkleid unterscheiden sich in der Mauser und im allmählichen Übergang zum adulten Federkleid. Der junge Vogel verliert im Verlauf langsam die typisch weiße Binde am Unterflügel, das Gefieder wird nach und nach dunkler und erhält einen deutlich dunklen Flügelhinterrand.

Weitere Details siehe Beschreibung des Flugs.

GESCHLECHT

Der Größenunterschied zwischen dem kleineren Männchen und größeren Weibchen ist nur in der Brutzeit zu erkennen, wenn das Paar gemeinsam beobachtet wird.

UNTERARTEN

Die Art gilt als monotypisch, war früher jedoch unterteilt in *A. n. orientalis* in Europa und Kasachstan und *A. n. nipalensis* im übrigen Asien.

ÄHNLICHE ARTEN

Ist abhängig vom Gefieder und der Variation im Federkleid in erster Linie mit dem Schelladler, *Aquila clanga,* und dem Schreiadler, *Aquila pomarina,* manchmal auch mit dem Östlichen Kaiseradler, *Aquila heliaca,* zu verwechseln. Siehe Vergleichstafeln S. 284–287.

ZUG

Der Steppenadler ist ein Zugvogel. Die europäischen Adler verlassen die Brutgebiete Ende August und im September und ziehen sie über Land in die Winterquartiere im Nahen Osten, Arabien und Ost- und Südafrika. Die Rückwanderung erfolgt primär im Zeitraum von Februar bis April.

BRUTBIOLOGIE

Durch die Zerstörung der Steppen wird das Nest heute nicht mehr ausschließlich auf einer Erhöhung am Boden angelegt, sondern auch auf Steinen, Felsen, in Ruinen oder Bäumen in der Landschaft. Das Weibchen legt ein bis drei Eier (selten bis fünf), die innerhalb von 45 Tagen ausgebrütet werden. Die Jungen sind nach etwa 60 Tagen flugfähig.

Steppenadler, *Aquila nipalensis,* juvenil. Ein sehr dunkler und schwierig zu bestimmender Vogel mit graubrauner, fast fehlender Flügelbinde, die zu Verwechslung mit dem Schreiadler, *Aquila pomarina,* führen kann.

Zu beachten ist, dass eine Bänderung der Schwungfedern bei diesem dunklen Steppenadler nur zu erahnen ist und dass P4 lang und spitz ist, während der juvenile Schreiadler deutlicher gebänderte Schwungfedern besitzt und P4 bei diesem kurz und abgerundet ist. Oman. 25.11. KB.

In Bezug auf die Nahrung ist der Steppenadler einer der spezialisiertesten Greifvögel. Der Beginn der Brutsaison, die Größe des Territoriums und die Anzahl der ausgeflogenen Nachkommen sind an die Hauptnahrung angepasst, die bevorzugt aus dem Kleinziesel, *Spermophilus pygmaeus,* besteht. In zweiter Linie werden kleinere Säugetiere, Vögel, Kriechtiere, Amphibien und Insekten gefressen.

Der Steppenadler erblickt seine Beute bei Gleitflügen, oft schwebend im Gegenwind, oder während er von einem Ansitz aus oder am Boden an den Löchern der Nagetiere Ausschau hält. Der Steppenadler jagt auch andere Greifvögel und nimmt ihnen die Beute ab. Im Winter ist er an Mülldeponien anzutreffen, wo er Aas frisst

SCHELLADLER
Aquila clanga

BEDEUTUNG DES NAMENS
Aquila, von lateinisch *aquilus*, dunkel gefärbt
clanga, von griechisch *klangos*, Adler, oder lateinisch *clangere*, schreien

GESAMTEINDRUCK
L. 59–71 cm. Fs. 155–180 cm.
Der Schelladler ist ein mittelgroßer, schwarzbrauner und breitflügeliger Adler. Aufgrund seiner dunklen und markanten Erscheinung wirkt er häufig größer, als er ist.

Der aktive Flug ist schnell mit tiefen Flügelschlägen, während der Segelflug wie beim Mäusebussard, *Buteo buteo,* mit ausgestreckten Flügeln und gebeugtem Arm mit hängendem Handflügel und angehobenen, gespreizten Fingern erfolgt.

Adulte Schelladler sind leicht mit dem Schreiadler, *Aquila pomarina,* und dem Steppenadler, *Aquila nipalensis,* zu verwechseln. Der Schelladler ist an den Proportionen und seiner kompakten und größeren Silhouette mit breiteren Flügeln mit längeren und schmaleren Fingern und einem typisch flachen Adlerkopf und kräftigem Schnabel vom Schreiadler zu unterscheiden. Der Schreiadler, der kleinste unter den großen Adlern, ist deutlich kleiner, und die Proportionen sowie Kopf- und Schnabelform erinnern bei ihm eher an einen Bussard.

Im Vergleich zum etwas größeren Steppenadler, der kräftigere Proportionen und eine Hand mit sieben sehr langen Fingern aufweist, unterscheiden sich sowohl Schell- als auch Schreiadler durch einen kürzeren siebten Finger und dadurch, dass die Fänge an den langen Beinen bis an den Rand der Unterschwanzdecken oder gar darüber hinaus reichen, was beim Steppenadler und Östlichen Kaiseradler, *Aquila heliaca,* nicht der Fall ist. Weitere Details siehe Beschreibung des Flugs und Vergleichstafeln, Seite 284–287.

Der sitzende Schelladler ist langbeinig mit martialischem Aussehen, was unter anderem auf den breiten Nacken mit oft gespreizten Nackenfedern zurückzuführen ist. Die Nasenlöcher sind rund, und der gelbe Schnabelwinkel reicht oft nur bis zur Mitte der Unterseite des Auges. Zu beachten ist, dass Schelladler und Schreiadler teilweise miteinander hybridisieren, was eine Artbestimmung des Schelladlers unmöglich machen kann.

Schelladler, juvenil, in seinem charakteristischen schwarzbraunen Gefieder mit weißbeigen «Tropfen» an den Spitzen der mittleren und großen Oberflügeldecken, die beim fliegenden Vogel zwei Flügelbinden entlang der Flügeldecken an der einheitlichen, dunklen Oberseite bilden. Oman. 11.11. KB.

Subadult mit einheitlich dunklem Körper und nur leichtem Kontrast zwischen dunkelbraunen Flügeldecken und schwarzbraunen Schwungfedern, die breiter gebändert sind als beim juvenilen Vogel und Vögeln im 2. KJ. Ältere Altvögel haben eine ganz einheitliche Unterseite ohne gebänderte Schwungfedern. Zu beachten ist die dunkle Iris, die beim Schreiadler, *Aquila pomarina,* hellgelblich ist, und das einzelne helle Oval, welches das Karpalgelenk an den inneren Handschwingen umfasst. Oman. 10.3. HJE.

Juveniler Schelladler. Unterseite mit ein bis zwei Ovalen auf und am Karpalgelenk, schwarzbraunen Flügeldecken und silbergrauen Schwungfedern mit charakteristischer schmaler Bänderung, die 1/3 des hellen Flügelhinterrandes ausmacht. Oman. 25.11. KB.

Der juvenile Vogel hat eine fast schwarze Oberseite mit leichtem Kontrast zwischen Deck- und Schwungfedern und auffälligen und unterschiedlichen «Perlenreihen», die durch die hellen Spitzen an den mittleren und großen Flügeldecken gebildet werden. Oman. 21.11. HJE.

Vermutlich Subadult mit mehreren helleren Spitzen an den Flügeldecken. Zu beachten sind die weißen Federschäfte an den mittleren Handschwingen, an denen der Schreiadler, *Aquila pomarina,* im Gegensatz weiße Fahnen zeigt. Oman. 13.1. KB

Adult mit breiten, rechteckigen Flügeln und einfarbiger Unterseite. Die Bänderung an den Schwungfedern kann bei Vögeln in allen Gefiederstadien fehlen. Die Vögel haben jedoch den charakteristischen weißen «Flash» am Karpalgelenk und eine dunkle Iris. Oman. 16.1. HJE.

2. KJ, mit abgenutzten, juvenilen äußeren Schwungfedern (P10–6) und vier neuen inneren, noch erhaltenen juvenilen Armschwingen. Viele juvenile Vögel haben einen gestreiften, orangebraunen Bauch. Zu beachten sind die langen Beine. Ägypten. 21.11. DO.

Juveniler Vogel, *fulvescens*, seltene östliche Form mit beigen bis orangebraunen Körper- und Flügeldecken. Zu beachten sind die nicht gestreiften Schwungfedern, die dunkle Flügelbinde entlang der großen Flügeldecken und das helle Oval am Karpalgelenk. Oman. 27.11. HJE.

HABITAT UND VERBREITUNG

Der Schelladler bewohnt in erster Linie abwechslungsreiche Landschaften und feuchte Wälder mit angrenzenden Wiesen, Seen, Mooren und ähnlichen Landschaften an Flussauen. Den Winter verbringt er in ähnlichen Habitaten und in Reisfeldern, Sümpfen und an Mülldeponien mit reichhaltigem Angebot an Kadavern.

Die Verbreitung erstreckt sich von Osteuropa weiter östlich durch Russland, das nördliche Kasachstan und die Mongolei bis ins östliche China. Der europäische Bestand wird auf lediglich 770 bis 1000 Brutpaare geschätzt, davon leben 77 % in Russland, 16 % in Weißrussland, 4 % in der Ukraine, 2 % in Polen und 1 % in Estland. Der Schelladler wird als gefährdete Art geführt aufgrund von Abholzung, Entsumpfung der Brutgebiete, Jagd und Vergiftung von Aas. Es bestehen jedoch Artenschutzprogramme in verschiedenen europäischen Ländern. In Mitteleuropa ist der Schelladler nur selten zu Gast, wird im Winter aber fast alljährlich an großen Alpenseen beobachtet.

MAUSER

Die Mauser der Schelladler findet im Gegensatz zu den meisten anderen Adlern sowohl in der Brutsaison als auch im Winterquartier statt. Der komplette Gefiederwechsel erfolgt somit innerhalb von 12 Monaten. Es werden vier Altersklassen unterschieden: vom juvenilen Federkleid über zwei immature Federkleider bis zum adulten Federkleid. Weitere Details siehe Beschreibung des Flugs.

KLEIDER

Adult, Oberseite: Nahezu einheitlich dunkelbraun bis schwarzbraun mit schwachem Kontrast zwischen den Deck- und Schwungfedern ohne Bänderung. (Die Schwungfedern in den Federkleidern während des Übergangs vom juvenilen über das immature Federkleid bis zum jüngeren adulten Federkleid sind sowohl an Ober- als auch Unterseite leicht gebändert.) Die Iris ist dunkelbraun, und die einzelnen hellen Stellen bestehen aus weißen Oberschwanzdecken und einem durch die graubraunen Handschwingen und weißen Schafte gebildeten hellen Fenster im Handflügel. (Beim Schreiadler, *Aquila pomarina,* sind ein klarer Kontrast zwischen helleren braunen Flügeldecken und schwarzbraunen Schwungfedern und mehreren markanten Fenstern in der Hand sowie eine gelbe Iris zu erkennen.) **Unterseite:** Ohne oder mit schwachem Kontrast zwischen dunklen Flügeldecken und dunkleren Schwungfedern. Ältere Vögel können einfarbige Schwungfedern ohne die charakteristische grobe Bänderung haben, die bei jüngeren Vögeln zu sehen ist. Die einzigen auffälligen Kontraste sind der helle Halbmond rund um das Karpalgelenk an der Basis der Handschwingen, der mehr oder weniger ausgeprägt sein kann, und die gelben Füße. (Beim Schreiadler sind oft klar abgezeichnete Halbmonde am Karpalgelenk und an den äußeren Handschwingen und einer außerhalb der inneren Schwungfedern zu erkennen.)

Adult, *fulvescens*: Selten hell gefärbt. Dies ist in erster Linie bei den östlich verbreiteten Schelladlern zu beobachten.

Juvenil, Oberseite: Die Oberseite ist schwarzbraun mit weißbeigen Spitzen in unterschiedlicher Größe an den mittleren und großen Flügeldecken. Sie bilden eine doppelte Flügelbinde, die aus weiter Entfernung zusammen mit den weißen Oberschwanzdecken und den Federschäften an den Handschwingen hervorsticht. **Unterseite:** Die Unterseite ist für juvenile Schelladler charakteristisch. Die schwarzbraunen Flügeldecken heben sich deutlich von den leuchtenden gräulichen Schwungfedern mit schmaler, dunkler Bänderung ab, die 2/3 der Flügelbreite abdecken, im Kontrast zu der nicht gestrichelten, hellen Partie, die 1/3 des Flügelhinterrandes einnimmt. Die inneren, helleren Handschwingen bilden einen hellen Keil in der Hand. Der Körper ist dunkelbraun mit beigen Streifen, der Bauch und die Unterschwanzdecken sind heller. Man beachte, dass an der Hand des juvenilen Schreiadlers häufig zwei helle Halbmonde zu sehen sind. Diese haben gebänderte Schwungfedern, wobei die Bänderung ganz bis zum Flügelhinterrand reicht.

Juvenil, *fulvescens*: Hat eine nahezu schwarz-weiße Oberseite mit sehr hellen Deck- und Rückenfedern, die einen Kontrast zu den dunklen Schwungfedern und dem dunklen Schwanz bilden. Kopf, Hals und Unterseite sind charakteristisch beige bis orangebraun und stehen im Kontrast zu den dunklen Schwanz- und Schwungfedern ohne oder mit nur schwacher Bänderung. Zu beachten ist die dunkle Flügelbinde, die die großen Armdecken und die hellen Ovalen an den inneren Handschwingen am Karpalgelenk bilden, die *fulvescens* von den übrigen hellen Adlern unterscheidet.

Immatur: Weitere Details siehe Beschreibung des Flugs.

GESCHLECHT

Die Geschlechter sind schwer zu unterscheiden. Wenn man das Paar zusammen beobachtet, fällt auf, dass das Weibchen größer und kompakter ist.

Schelladler, *fulvescens*, subadult. Im Laufe des Alters wird das helle orangebraun gefärbte Federkleid durch ein braunrotes Federkleid mit Flecken und Streifen ersetzt. Wichtige Merkmale sind das kompakte Aussehen, die Füße, die leicht über die Unterschwanzdecken hinausragen, die fast ungebänderten Schwungfedern und die mehr oder weniger ausgeprägten hellen Ovale am Karpalgelenk. Oman. 25.11. KB.

UNTERARTEN

Monotypisch. Paart sich auch mit dem Schreiadler, *Aquila pomarina,* wodurch es unmöglich sein kann, einen beobachteten Adler der einen oder anderen Art zuzuordnen.

ÄHNLICHE ARTEN

Steppenadler, *Aquila nipalensis,* und insbesondere Schreiadler, *Aquila pomarina*. Weitere Details siehe Beschreibung des Flugs und Vergleichstafeln.

ZUG

Der Schelladler ist in der Regel ein Zugvogel und verbringt den Winter in Ägypten, im Nahen Osten, in Arabien und zieht in weiter östlich gelegene Gebiete durch den Iran und Indien zum Stillen Ozean. Vögel, die in anderen Gefilden überwintern, werden auch am Rande des Brutgebietes angetroffen, und einige Vögel streifen im Winterhalbjahr in West- oder Nordeuropa umher. Der Zug erstreckt sich über eine breite Front von den Brutgebieten im Laufe von September bis November. Die Rückwanderung findet von März bis April statt.

BRUTBIOLOGIE

Die Brutbiologie dieser Art ist noch nicht ausreichend erforscht, aber das Paar ist zu Beginn des Frühlings bei lautstarken Luftspielen im Territorium zu beobachten. Die ein bis drei Nester können Jahr für Jahr wieder genutzt werden. Sie werden in erster Linie in Laubbäumen im Wald angelegt und mit frischen Ästen oder Gras ausgeschmückt. In waldarmen Gebieten werden Nester in Felswänden, kleineren Gebüschen oder am Boden angelegt.

Das Weibchen brütet die ein bis drei Eier innerhalb von 41 bis 44 Tagen alleine aus. Die Jungen sind nach 60 bis 65 Tagen flugfähig und noch ca. 30 Tage von ihren Eltern abhängig.

Die Nahrung besteht primär aus kleineren Nagetieren und mittelgroßen Vögeln, Amphibien, Kriechtieren, Fischen, Eiern und Insekten. Die Jagd erfolgt mittels hoher Gleitflüge, vom Ansitz aus und gelegentlichem Absuchen von wasserreichen Gebieten und entlang Flussauen.

SCHREIADLER

Aquila pomarina

BEDEUTUNG DES NAMENS

Aquila, von lateinisch *aquilus*, dunkel gefärbt

pomarina, von Pommern, einer Region an der Ostsee, die durch die Oder geteilt wird und zum Teil in Deutschland und in Polen liegt

Schwarzmilan, *Milvus migrans,* juvenil, und Schreiadler, *Aquila pomarina,* juvenil. Zu beachten sind das ähnliche Federkleid der beiden juvenilen Greifvögel und der minimale Größenunterschied. Trotz der Ähnlichkeit unter den dunklen Adlern weist der Schreiadler dennoch typische Adlereigenschaften auf wie den kompakten Körper, einen verhältnismäßig kurzen Schwanz und sehr breite Flügel. Israel. 13.10. LK.

GESAMTEINDRUCK

L. 55–67 cm. Fs. 146–168 cm.

Der Schreiadler ist der kleinste unter den dunklen Adlern, nur wenig größer als ein Raufußbussard, und hat einen Bussard-artigen, freundlichen Kopf mit kleinem Schnabel. Dennoch weist er typische Adlermerkmale auf: einen kompakten Körper, breite Flügel mit sechs tief eingekerbten Fingern und einem kürzeren siebten Finger.

Der aktive Flug erfolgt mit schnellen Flügelschlägen, die an einen Bussard erinnern, während der Gleitflug auf leichten, gewölbten, fast ebenen Flügeln mit schwach gesenkter Hand und nach oben gebeugten Fingern erfolgt. Der Schreiadler gleitet auf abgeknickten Flügeln mit nahezu zusammengehaltener Hand ohne gespreizte Finger. Der sitzende Altvogel ähnelt einem erwachsenen Mäusebussard, *Buteo buteo*, mit heller gelber Iris, runden Nasenlöchern und langen, gefiederten Beinen. Wesentliche Unterschiede zum ähnlichen Schelladler sind das eher an einen Bussard erinnernde Aussehen, ein schnellerer Flug, der Segelflug auf fast ebenen Flügeln, ein größerer Kontrast im Federkleid und die helle Iris beim immaturen/adulten Vogel. Weitere Details siehe Beschreibung des Flugs und Vergleichstafeln. Zu beachten ist, dass Schelladler und Schreiadler sich miteinander paaren, was eine Artbestimmung unmöglich machen kann.

Älterer adulter Schreiadler in typischem Federkleid mit Kontrast zwischen den hellbraunen Flügeldecken und den dunkelbraunen, nicht gebänderten Schwungfedern, jedoch mit schwarzbrauner Bänderung an den großen Flügeldecken. Die Iris ist hell und die Flügelform rechteckig. Israel. 7.10. KB.

Juveniler Vogel mit dunklem Körper und minimalem Kontrast zwischen Deck- und Schwungfedern, Bänderung bis zur Flügelrückseite. Einige Vögel haben eine helle Flügelbinde, wie auch hier zu sehen ist. Man beachte die langen Beine. 7.10. KB.

Adult mit heller Iris, Kontrast zwischen helleren Flügeldecken und dunkleren Schwungfedern. Man beachte den hellen «Flash» im inneren Teil der Hand, der typisch für den Schreiadler ist. Bulgarien. 25.5. MLA.

Juvenil mit typischer ockerfarbiger Nackenpartie, gesprenkelter, zweifarbiger Oberseite mit Flügelbinde und gebänderten Schwungfedern bis zum Flügelhinterrand. Die Iris ist bei Vögeln im ersten Lebensjahr dunkel, anschließend heller. Israel. Ägypten. 16.10. DO.

Jüngerer adulter Schreiadler mit heller Iris und hell gesprenkelten großen Flügeldecken und deutlicher Bänderung der Schwungfedern. Zu beachten ist, dass der Flügelhinterrand fast gleichmäßig und nicht gezahnt ist wie beim Steppenadler, *Aquila nepalensis,* sowie die eventuellen Halbmonde dieses Vogels innerhalb und außerhalb des Karpalgelenks. Man sollte auch der kurzen und abgerundeten P4 oder dem siebten Finger Aufmerksamkeit schenken, der beim Schelladler länger und spitzer ist. Israel. 1.10. KB.

Immatur, 3. KJ, Herbst, mit einer ausgefallenen juvenilen Handschwinge, einigen neuen und schwarzbraunen Armschwingen und einer Mischung aus juvenilen und dunkelbraunen neuen Körperfedern. Zu beachten ist die gelbbraune Iris. Israel. 1.10. KB.

Subadult mit gelbbrauner Iris und adultem Federkleid mit Kontrast zwischen den beigebraunen Körper- und mittleren Flügeldecken und den schwarzbraunen Schwung- und Schwanzfedern, jedoch ohne die hellen Flecken im Gefieder der Jungvögel. Israel. 27.10. LK.

HABITAT UND VERBREITUNG

Der Schreiadler brütet in sumpfigen Waldgebieten mit Seen, Flüssen, feuchten Wiesen und in geringerem Maße in der Nähe von Ackerland sowie in trockenen, bewaldeten Bergen bis zu 2000 Meter Höhe. Schreiadler überwintern in feuchten Gebieten.

Der Schreiadler kommt überwiegend in Europa vor, und seine Verbreitung erstreckt sich über Waldgebiete in Deutschland bis zu den Balkanländern und Richtung Süden bis zum Kaukasus in Russland. Der europäische Bestand wird auf 16 400 bis 22 100 Paare geschätzt. Die größte Population gibt es in Lettland mit 20 %, Weißrussland 19 %, Rumänien 14 %, Polen 13 %, Litauen 12 % und Russland 6 %.

MAUSER

Die Mauser der Schreiadler findet im Gegensatz zu den meisten anderen Adlern sowohl in der Brutsaison als auch im Winterquartier statt. Der komplette Gefiederwechsel erfolgt somit innerhalb von 12 Monaten. Es werden vier Altersklassen unterschieden vom juvenilen Federkleid über zwei immature Federkleider bis zum adulten Federkleid. Weitere Details siehe Beschreibung des Flugs.

KLEIDER

Adult, Oberseite: Dunkel, aber mit deutlichem Kontrast zwischen den beigebraunen bis graubraunen kleinen und mittleren Flügeldecken und den dunkelbraunen großen Deck- und Schwungfedern. (Der Kontrast ist bei dunkleren Vögeln geringer.) Die Oberschwanzdecken bilden ein weißes «Hufeisen», und an den inneren Handschwingen ist ein deutlicher, weißer «Flash» am Karpalgelenk zu erkennen. Die Iris ist hellgelblich. (Der Schelladler, *Aquila clanga,* ist dunkler und ohne deutlichen Kontrast zwischen den Federgruppen im Flügel, mit diffusem oder nicht vorhandenem «Flash» und dunkler Iris.) **Unterseite:** Mittelbraun und fast einfarbig mit schwachem Kontrast zwischen hellen Flügeldecken und dunkleren Schwungfedern getrennt von einer dunklen Bänderung an den großen Flügeldecken. Subadulte/jüngere adulte Vögel haben häufig gebänderte Schwungfedern, die bei älteren adulten Vögeln einfarbig sind. Helle Halbmonde am Karpalgelenk, von denen sich einer im inneren Teil der großen Handschwingen und ein weiterer an der Basis der äußeren Handschwingen befindet. P4 ist verhältnismäßig klein und abgerundet. (Der Schelladler ist kontrastreicher, ohne dunkle Flügelbinde, hat nur einen Halbmond, und P4 ist länger und spitzer.) Zu beachten ist, dass sowohl Anzahl und Deutlichkeit der Halbmonde sowie Form und Länge von P4 aufgrund der Hybridisierung dieser beiden Arten allein keine eindeutige Zuordnung ermöglichen.

Juvenil, Oberseite: Die Oberseite ist variabel und weist eine hell- bis dunkelbraune Färbung auf. Allerdings besteht immer ein deutlicher Kontrast zwischen dem helleren Körper sowie dem Vorderflügel und den großen schwarzbraunen Deck- und Schwungfedern. Der Schreiadler hat eine markante, helle Flügelbinde entlang der großen Flügeldecken, manchmal auch eine schwächer ausgeprägte Binde entlang der mittleren Flügeldecken sowie ein weißes «Hufeisen» an der Schwanzoberseite und ein deutlich helles Fenster am inneren Handflügel. Variable, ockerfarbene Nackenpartie, die unter den juvenilen *Aquila*-Adlern einzigartig ist. Die Iris ist dunkel bis hell graubraun. **Unterseite:** Dunkler Körper und dunkle Schwungfedern im Kontrast zu helleren Flügeldecken mit oder ohne deutliche, helle Flügelbinde entlang der großen Flügeldecken. Die Unterschwanzdecken sind weißlich. Rund um das Karpalgelenk sind ein oder zwei Halbmonde zu sehen, einer davon an den großen Handschwingen und ein weiterer an der Basis der Handschwingen. Der Schreiadler unterscheidet sich vom Schelladler durch die Bänderung der Schwungfedern, die ganz bis zum hellen Flügelhinterrand reicht.

Immatur: Ganz anderes Aussehen als Altvogel mit variabler Ausdehnung der hellen Flecken an sowohl Ober- als auch Unterseite. Weitere Details siehe Beschreibung des Flugs.

GESCHLECHT

Das Männchen ist kleiner als das Weibchen, die Geschlechter lassen sich im Freiland jedoch nur unterscheiden, wenn sie in der Brutsaison gemeinsam zu sehen sind.

UNTERARTEN

Die Art ist monotypisch.

ÄHNLICHE ARTEN

Insbesondere Schelladler, *Aquila clanga,* in gewissem Maße Steppenadler, *Aquila nipalensis,* sowie Östlicher Kaiseradler, *Aquila heliaca.* Weitere Details siehe Vergleichstafeln.

ZUG

Der Schreiadler ist ein Langstreckenzieher, der bis zum östlichen und südlichen Afrika vom Sudan durch Kenia und Tansania bis unter anderem Botswana und Namibia zieht. Die Brutgebiete werden

von August bis Oktober verlassen mit primärem Zug über die östliche Zugroute über den Bosporus durch Israel und den Suezkanal nach Afrika. Die Frühjahrswanderung erreicht ihren Höhepunkt im April.

BRUTBIOLOGIE

Brütet vermutlich im Alter von vier bis fünf Jahren das erste Mal. Das Paar bleibt viele Jahre zusammen. Nach seiner Ankunft im Brutgebiet kann das Männchen bei beeindruckenden Sturzflügen hoch über dem Territorium beobachtet werden, bei denen er häufig ruft.

Das Nest wird gerne in hohen und fast ausschließlich großen Bäumen angelegt. Die Brut mit ein bis drei Eiern (am häufigsten zwei Eier) wird innerhalb von 38 bis 41 Tagen vom Weibchen ausgebrütet. Das zuerst geschlüpfte Junge ist sehr aggressiv und schnappt in den ersten sechs Wochen nach allem, was sich bewegt. Das führt dazu, dass es außer in nagetierreichen Jahren, in denen ein Überschuss an leicht zugänglicher Nahrung herrscht, das jüngste Junge frisst. Der «Kannibale» ist nach ca. 60 Tagen flugfähig.

Die Nahrung richtet sich nach dem Angebot und besteht hauptsächlich aus kleineren Nagetieren, Amphibien und Kriechtieren und sekundär aus Vogeljungen und Insekten. Der Schreiadler jagt – wie viele andere Adler – im Gleitflug und vom Ansitz aus und kann außerdem beim gelegentlichen Suchen auf gefiederten Beinen nach kleinerer Beute auf dem Boden beobachtet werden.

Der älteste registrierte Vogel wurde 26 Jahre alt.

Schreiadler, immatur, mit recht heller Iris und gerade gefangenem Nagetier. Die Streifen am Kopf und oberer Brust sind unterschiedlich ausgeprägt, an diesem verhältnismäßig hellen Vogel jedoch markant. Die Streifen können bei mittelbraunen und dunklen Vögeln fehlen. Israel. 27.10. LK.

SCHLANGENADLER

Circaetus gallicus

BEDEUTUNG DES NAMENS

Circaetus, Zusammensetzung des griechischen *kirkos*, Habicht, und *aetos*, Adler *gallicus*, lateinisch für die römische Provinz Gallien, das heutige Frankreich

Bis zu 80 % der Nahrung des Schlangenadlers bestehen aus meist ungiftigen Schlangenarten bis zu einer Länge von 1,80 m. Adult. Israel. 29.5. LK.

GESAMTEINDRUCK

L. 62–70 cm. Fs. 166–188 cm.

Der Schlangenadler ist ein mittelgroßer, eleganter Adler, der an einen sehr großen und hellen Mäusebussard, *Buteo buteo,* erinnert.

Während der Nahrungssuche über dem Gelände wirkt er im Verhalten manchmal wie eine Mischung aus einem Schwarzmilan, *Milvus migrans,* und einem Mäusebussard, wenn er den Schwanz wie ein Ruder benutzt oder mit schweren, flatternden Flügelschlägen im Rüttelflug aus großer Höhe nach unten sinkt. Der Körper ist gut proportioniert mit langen, breiten Flügeln, langem Schwanz und einem breiten, eulenförmigen, nach vorne ragenden Kopf. Am auffälligsten ist der große Kopf beim sitzenden Vogel. Schlangenadler sind häufig beim Ansitz auf Pfählen, Masten und Baumkronen zu beobachten.

Die helle Erscheinung des Schlangenadlers und sein besonderer, aktiver Flug mit tiefen elastischen Flügelschlägen reichen oft für eine genaue Artbestimmung aus weiter Entfernung aus. Der Segelflug erfolgt auf gerade ausgestreckten Flügeln mit leicht angehobenen Fingern, der Gleitflug hingegen auf geknickten Flügeln mit nach vorne gestrecktem Karpalgelenk und nach hinten gerichteter Hand.

Adult mit deutlichem, gräulichem Flügelhinterrand, zwei markant gebänderten Reihen an den Schwungfedern und ungestricheltem, dunklem Kopf und oberer Brust. Zu beachten sind die drei markanten Schwanzbinden. Spanien, 28.4. HS.

Adult mit deutlich markierter Unterseite und gräulicher Haube. Zu beachten sind die bernsteinfarbene Iris und die grauen Beine, die die Art von fast allen anderen Greifvogelarten unterscheiden. Spanien. 8.5. NLJ.

Juvenil ohne Anzeichen einer Mauser und nur mit angedeuteter Bänderung der Schwungfedern. Zu beachten sind die gelbe Iris und das helle, orangebraune Muster am Kopf sowie die gleich gefärbten Flecken an Körper und Flügeldecken. Ägypten. 2.10. DO.

Juveniler Schlangenadler mit hellgelber Iris, warm orangebraunem Nacken und Oberseite und klarem Kontrast zwischen den hellen mittleren und kleinen Flügeldecken und den großen Decken und Schwungfedern. Ägypten. 1.10. DO.

Adult mit diffus gefiederter Oberseite und kühler Erscheinung. Nur schwacher Kontrast zwischen den gräulichen kleinen und mittleren Flügeldecken und den schwarzbraunen Schwungfedern. Das Gefieder der juvenilen Vögel hat einen wärmeren Schimmer und weist einen klaren Kontrast zwischen den hellbeigen und mittelbraunen Partien auf. Spanien. 3.5. HS.

Das Gefieder von juvenilen Vögeln kann unterschiedlich gefärbt sein. Es gibt sehr helle Exemplare mit fast komplett weißer Unterseite bis zu deutlich gezeichneten Vögeln wie diesem im 2. KJ während des Frühjahrszuges im abgenutzten juvenilen Federkleid mit neuen inneren Handschwingen und neuen mittleren Schwanzfedern. Israel. 23.4. KB.

HABITAT UND VERBREITUNG

Schlangenadler sind von einem heißen und trockenen Klima und ausreichendem Nahrungsangebot an Schlangen und anderen Kriechtieren abhängig. Der Schlangenadler brütet in offener Landschaft mit vereinzeltem Baumwuchs in felsigem und trockenem, bewaldetem Tiefland und offener Wüsten- und Berglandschaft mit einzelnem Baum- und Buschwuchs bis auf 2300 Meter Höhe. Die Art ist außerhalb der Brutzeit in offenen, trockenen Gebieten wie bewaldeter Savanne und Halbwüste anzutreffen. Umherstreifende Vögel werden jährlich in Nordeuropa beobachtet.

Die Verbreitung erstreckt sich von der Iberischen Halbinsel, Süd- und Osteuropa über Russland, Teile des Nahen Ostens und Kasachstans bis nach Nordwestchina und in die Mongolei. Der europäische Bestand wird auf 17 600 bis 20 900 Paare geschätzt. Davon leben 55 % in Spanien, 14 % in Frankreich, 5 % in Portugal und 6 % im europäischen Teil der Türkei. Die dichteste Population besteht somit in Südwesteuropa. In Mitteleuropa ist der Schlangenadler ein seltener Gast.

MAUSER

Juvenile Vögel tragen während des Herbstzuges ihr frisches Federkleid, während adulte und immature Vögel ihre Flügel- und Schwanzdecken sowohl in den Sommermonaten als auch im Winterhalbjahr vermausern. Juvenile Vögel verlieren oft einzelne Schwungfedern im Laufe des ersten Winters und werden somit während des Frühjahrszuges in einem etwas abgenutzten Federkleid mit einzelnen neuen inneren Armschwingen angetroffen.

KLEIDER

Adult, Oberseite: Dunkel mit schwarzbraunen Schwungfedern und großen Flügeldecken, die im Kontrast stehen zu den gräulichen mittleren und kleinen Flügeldecken, dem grauen Schwanz mit zwei diffusen, dunklen Schwanzbinden und einer breiten dunklen Schwanzendbinde. **Unterseite:** Die «Haube» ist graubraun und die Iris hell bernsteinfarben. Die obere Brust ist bräunlich, während der Rest des Körpers und die Flügeldecken unterschiedlich gefärbt sind: von kräftig gesprenkelt bis sehr hell mit nur wenigen Flecken. Der Altvogel zeigt im Vergleich zu jüngeren Vögeln eine komplette Bänderung der Schwungfedern und einen klar abgegrenzten, breiten, grauen Flügelhinterrand.

Juvenil, Oberseite: Schwungfedern und große Flügeldecken in warmen Farbtönen im Kontrast zu den beigen mittleren und kleinen Flügeldecken. Die großen Decken haben helle Spitzen, die so eine schmale, helle Flügelbinde bilden. **Unterseite:** Die Iris ist hellgelb, und die Haube und obere Brust sind hellbraun. Körper- und Flügeldecken können fast weiß sein, aber auch kräftig gesprenkelt wie beim adulten Vogel. Der ausschlaggebende Unterschied ist die sehr schwach ausgeprägte oder fehlende Bänderung der Schwungfedern, der diffuse, gräuliche Flügelhinterrand mit hellem Randstreifen und das frische Federkleid ohne Anzeichen einer Mauser.

Immatur: Hat häufig einen fast weißen Kopf, der mit dem Alter grauer wird. Die obere Brust wird dunkler, und die Schwungfedern sind markanter gebändert.

GESCHLECHT

Die Geschlechter sind schwer voneinander zu unterscheiden. Das Weibchen ist jedoch etwas größer als das Männchen.

UNTERARTEN

Die Art ist monotypisch.

ÄHNLICHE ARTEN

Unterscheidet sich von anderen Greifvögeln gleicher Größe durch die sehr helle, fast weißliche Flügelunterseite ohne markante, schwarze Zeichnungen an zum Beispiel Flügelhinterrand, Flügeldecken, Karpalgelenk usw. Siehe Vergleichstafel auf S. 288.

ZUG

Schlangenadler sind ausgeprägte Zugvögel und überwintern in der Sahelzone südlich der Sahara. Die Art zieht alleine umher, im Herbst sind jedoch von August bis November ziehende Trupps hauptsächlich in Gibraltar und am Bosporus zu sehen, insbesondere von Ende September bis Anfang Oktober. Der Frühjahrszug findet von Ende Februar bis Anfang Mai statt und erreicht seinen Höhepunkt von März bis April.

BRUTBIOLOGIE

Das Paar bleibt mehrere Jahre zusammen und bindet sich in einem girlandenähnlichen Balzflug mit steilen Aufstiegen und rasanten Sturzflügen über dem Gebiet.

Das kleine Nest wird jedes Jahr neu in Bäumen angelegt und nur selten in Felsnischen. Das Weibchen legt nur ein Ei, das innerhalb von 45 bis 47 Tagen ausgebrütet wird. Das Junge ist nach 60 bis 80 Tagen im Nest flugfähig.

Schlangenadler sind nicht immun gegen Schlangengift und wählen deshalb am häufigsten ungiftige Schlangen als Beute. Sie jagen entweder vom Ansitz im Gelände aus oder im Rüttelflug und töten die Schlangen mit einem Biss in den Nacken. In Regenzeiten, wenn das Angebot an Kriechtieren eingeschränkt ist, wird die Nahrung durch Nagetiere, kleinere Säugetiere und Vogeljunge ersetzt.

Das Alter des ältesten registrierten Vogels betrug 17 Jahre.

Adulter Schlangenadler mit Palästinaviper, *Vipera palaestinae*. Obwohl die Art nicht gegen Schlangengift immun ist und hauptsächlich ungiftige Schlangen auswählt, stehen manchmal auch Giftschlangen auf dem Speiseplan. Der Vogel ist jedoch durch die knochigen Beine und Füße vor Schlangenbissen geschützt, während Bisse gegen den Körper oft durch das Gefieder abgehalten werden. Zu beachten sind die grauen Beine des Schlangenadlers im Gegensatz zu anderen Greifvögeln. Israel. 4.6. YS.

ZWERGADLER

Hieraaetus pennatus

BEDEUTUNG DES NAMENS

Hieraaetus, Zusammensetzung aus dem griechischen *hierax*, Bussard, und *aetos*, Adler

pennatus, lateinisch für gefiedert

Zwergadler, dunkle Morphe, im Gleitflug bei der Jagd. Zu beachten sind die charakteristischen, weißen «Positionslichter» innen an der Flügeloberseite, die die Art von allen anderen Adlern und Greifvögeln gleicher Größe unterscheidet. Aus der Ferne betrachtet gibt es jedoch Ausnahmen, wie beispielsweise adulte Männchen und Weibchen der Rohrweihe, *Circus aeruginosus*, die helle Vorderflügel haben und Schulterpartien mit unterschiedlicher Färbung, oder den dunklen juvenilen Wespenbussard, *Pernis apivorus,* der ebenfalls helle Oberschwanzdecken hat und weiße Flecken an den Schultern. Beide Arten unterscheiden sich aber durch fehlende Adlergestalt und anderes Flugverhalten vom Zwergadler. Oman. 26.12. HJE.

GESAMTEINDRUCK

L. 42–51 cm. Fs. 113–138 cm.

Der kleinste europäische Adler hat die Größe eines Mäusebussards, *Buteo buteo*, mit dem er verwechselt werden kann, da es den Zwergadler in einer hellen und einer dunklen Morphe gibt. Trotz seines Status als «Benjamin» unter den Adlern ist die Art dennoch ein typischer Adler mit sechs langen, gekerbten Fingern (die *Buteo*-Arten haben fünf Finger) und breiten, relativ langen, rechteckigen Flügeln und einem langen Schwanz.

Der Segelflug erfolgt auf leicht nach vorne gestreckten, geraden Flügeln mit deutlich nach oben gebogenen Fingern, während der aktive Flug und Gleitflug abhängig vom Wind auf mehr oder weniger geknickten Flügeln mit nach vorne gestrecktem Karpalgelenk und nach hinten gerichteter Hand erfolgen. Er ist auf Aussichtsposten bei der aktiven Suche nach Nahrung über der Landschaft und «hängend» im Wind mit gesenkten Beinen und bei charakteristischen halsbrecherischen Sturzflügen auf die Beute bei der Jagd zu beobachten.

Adult, helle Morphe. Unverkennbar an seinem zweifarbigen, fast schwarz-weißen Gefieder mit dunkler Haube und schwarzer Bruststrichelung. Spanien. 1.4. HS.

Adult, dunkle Morphe. Ähnelt aus der Ferne dem Mäusebussard, *Buteo buteo*, ist aber an den sechs Fingern und dem ungestrichelten Körper zu bestimmen. Israel. 6.9. KB.

Juvenile Zwergadler sind durch ein frisches, nicht abgenutztes Federkleid ohne Anzeichen einer Mauser vom Altvogel zu unterscheiden, außerdem durch das Körpergefieder und die Decken mit wenigen oder keinen Streifen/Flecken und durch den schmalen, ununterbrochenen Flügel- und Schwanzhinterrand. Ägypten. 16.10. DO.

Juveniler Zwergadler, helle Morphe. Einzigartig mit charakteristischem und ästhetischem Federkleid mit weißen «Positionslichtern» und weißbeigen Schulter- und Flügeldecken sowie feinem, hellem Rand an Hinterflügel und Schwanz. Italien. 7.11. DO.

Adult, dunkle Morphe. Das Gefieder ist ähnlich wie bei anderen dunklen Greifvögeln, doch ist der Zwergadler immer an der hellen Bänderung entlang der mittleren Flügeldecken und den beiden weißen «Positionslichtern» an den Schultern zu erkennen. Israel. 17.3. LK.

Juveniler Vogel, dunkle Morphe, kann mit dem juvenilen Habichtsadler, *Aquila fasciata,* verwechselt werden, aber hat nicht dessen markante schmale Bänderung der Schwung- und Schwanzfedern. Mongolei. 28.5. MP.

Adult, helle Morphe. Der Unterschied zwischen der hellen und dunklen Morphe ist auf der Oberseite minimal und reicht zur exakten Bestimmung nicht aus. Dennoch ist in diesem Winkel ein wenig von der hellen oberen Brust zu erkennen. SA.

Juveniler Vogel, dunkle Morphe. Die Oberseiten der hellen und dunklen Morphe unterscheiden sich lediglich in Nuancen, die dunkle Morphe zeigt jedoch meist einen dunkleren Kopf. Italien. 7.11. DO.

HABITAT UND VERBREITUNG

Der Zwergadler bewohnt offene Wald- und Buschlandschaften sowohl im Flachland als auch in hügeligem und leicht bergigem Gelände.

Die Verbreitung erstreckt sich mosaikartig von Frankreich und der Iberischen Halbinsel, wo die Art gebietsweise recht häufig ist, von Ost- und Südeuropa durch unter anderem die Türkei und Kasachstan bis zur Mongolei.

Der europäische Bestand wird auf 23 100 bis 29 100 Paare geschätzt, wobei 73 % der Population in Spanien, 10 % in Portugal, 6 % in Russland, 4 % im europäischen Teil der Türkei und 3 % in Frankreich leben. In Mitteleuropa ist der Zwergadler ein seltener Gast.

MAUSER

Beginnt in der Brutsaison, wird während des Zuges unterbrochen und im Winterhalbjahr fortgesetzt.

KLEIDER

Adult, Oberseite: Hat eine für die Art charakteristische Oberseite mit weißen «Positionslichtern» am inneren Vorderflügel, helle, U-förmige Zeichnung an den Oberschwanzdecken und helle mittlere Flügeldecken, die eine breite Binde auf der Flügeloberseite bilden, die im Kontrast zu den mittelbraunen Vorderflügeln und den schwarzbraunen Schwungfedern mit schmalem, hellem, ungleichmäßigem Flügelhinterrand stehen. Der Schwanz ist graubraun mit dunkler Bänderung und schmalem, hellem Rand. Der Kopf hat einen steinadlerähnlichen hellen Scheitel und Nacken. Die Iris ist unterschiedlich gefärbt von hellgolden bis bernsteinfarben. **Hinweis:** Die Färbung der Oberseite ist bei der hellen und dunklen Morphe praktisch gleich. Bei der dunklen Morphe ist der Kontrast lediglich etwas geringer. **Unterseite, helle Morphe:** Weiß bis weißbeige an Körper und Flügeldecken. Kehle und Hals sind dunkel. Die kleinen Flügeldecken und die obere Brust sind unterschiedlich braun gestrichelt. Die schwarzbraunen Schwungfedern sind gebändert und werden von einem hellen Keil in der Hand unterbrochen. Man beachte die gefiederten Beine bis zu den Zehen. **Unterseite, dunkle Morphe:** Variiert von fast einfarbigen, schwarzbraunen Formen bis zu rostroten mit oder ohne markante Strichel an Decken- und Körperfedern. Mittlere und große Flügeldecken bilden eine breite, mehr oder weniger markante dunkle Flügelbinde.

Juvenil: Gleicht dem adulten Vogel, was charakteristisch für die Art ist. Allerdings präsentiert sich das frische Jugendkleid mit einer der ästhetischsten Oberseiten aller Greifvogelarten: Sie ist kontrast- und detailreich mit hellen Rahmen der großen Decken, der Schwung- und Schwanzfedern. Die Iris ist dunkelbraun bis hell-kastanienbraun. Die Oberseite ist bei der dunklen Morphe ein bisschen kontrastärmer, insbesondere an Kopf und Hals. **Unterseite, helle Morphe:** Wie beim adulten Vogel, aber weniger gestrichelt und oft mehr oder weniger beige. Ist außerdem am frischen Gefieder ohne Mauserzeichen und gleichmäßigem Hinterflügel mit schmalem, hellem Rand zu unterscheiden. **Unterseite, dunkle Morphe:** Wie beim adulten Vogel, nur mit deutlich hellerem Flügel- und Schwanzhinterrand.

Immatur: Ist bis zum 2. KJ an den erhaltenen juvenilen Hand- und Armschwingen von adulten Vögeln zu unterscheiden, die erst im Laufe des nächsten Winters ausfallen (2.–3. KJ).

GESCHLECHT

Die Geschlechter sehen gleich aus.

UNTERARTEN

Die Art ist monotypisch, kommt aber in zwei Morphen vor, eine helle und eine dunkle Variante, Letztere variiert von schwarzbraun bis rostbraun.

ÄHNLICHE ARTEN

Die dunkle Morphe kann mit dem Schwarzmilan, *Milvus migrans*, Weibchen und Jungvögeln der Rohrweihe, *Circus aeruginosus*, und dem immaturen Habichtsadler, *Aquila fasciata*, verwechselt werden, der jedoch einen (durch verbliebene juvenile Schwingen unterbrochenen) breiten, schwarzen Flügelhinterrand hat.

ZUG

Die Art kommt in geringem Maße als Standvogel in Spanien vor, während die meisten europäischen Brutvögel im September ins Winterquartier nach Afrika südlich der Sahara über Gibraltar, den Bosporus und den Nahen Osten über den Suez-Kanal ziehen. Die östliche Population überwintert hauptsächlich in Indien. Europäische Zwergadler kommen im Zeitraum von März bis April in das Brutgebiet zurück.

BRUTBIOLOGIE

Das Paar beginnt die Brutsaison mit Balz-Sturzflügen über dem Territorium und legt das voluminöse Nest aus Zweigen, das mit frischen Laubhölzern ausgeschmückt wird, in guter Höhe in einem Laubbaum oder einer Kiefer an.

Die ein bis drei Eier werden innerhalb von 37 bis 40 Tagen vom Weibchen ausgebrütet, während das Männchen während der Brutzeit und Aufzucht der Jungen damit beschäftigt ist, Nahrung zu beschaffen. Die Jungen sind nach 50 bis 54 Tagen flügge, aber noch für weitere eineinhalb Monate von den Eltern abhängig.

Die Nahrung variiert im Verhältnis zum Habitat, besteht jedoch hauptsächlich aus kleinen und mittelgroßen Vögeln und Nagetieren, Eichhörnchen und Wildkaninchen. Kriechtiere und Insekten stehen ebenfalls auf dem Speiseplan, wenn sie zahlreich vorhanden sind, zum Beispiel in den Wintermonaten in Afrika, wo schwärmende Termiten eine proteinreiche Ergänzung zur Nahrung darstellen.

Der älteste registrierte Zwergadler wurde 22 Jahre und 6 Monate alt.

Zwergadler, adult, dunkle Morphe, mit gerade erbeutetem Kuhreiher, *Bubulcus ibis*. Es ist eine Herausforderung, den sitzenden Zwergadler zu bestimmen. Dabei ist auf bestimmte Details zu achten, insbesondere die Größe, die bernsteingelbe Iris und das helle Band im Mittelflügel. Israel. 17.3. LK.

HABICHTSADLER
Aquila fasciata

BEDEUTUNG DES NAMENS
Aquila, von lateinisch *aquilus*, dunkel gefärbt
fasciatus, lateinisch für gestreift

Habichtsadler, adultes Männchen. Sitzende Vögel erinnern mehr an einen zu großen Habicht, *Accipiter gentilis,* als an einen Adler, deshalb passt auch der Name so gut. Spanien. 3.6. LG

GESAMTEINDRUCK
L. 55–57 cm. Fs. 143–176 cm.
Ein kleiner, aber kräftiger und unterseits markant gezeichneter Adler mit breiten Flügeln mit sechs Fingern und einem auffällig langen Schwanz. Trotz der typischen Adlereigenschaften kommt der Gesamteindruck dennoch eher einem Vertreter der Gattung *Accipiter* nah, sowohl in der Luft als auch im Sitzen. Der Habichtsadler erinnert am ehesten an einen sehr großen Habicht, *Accipiter gentilis*, besonders bei der gewandten Jagd, wenn er mittelgroße Vögel im Flug erbeutet.

Im Segelflug ist die Silhouette charakteristisch mit breiten Flügeln, die sich zum Körper hin verengen, dem langen, breiten und rechteckigen Schwanz mit scharfen Ecken und dem verhältnismäßig kleinen und habichtartigen Kopf, der auch auf einen Wespenbussard, *Pernis apivorus*, schließen lassen könnte.

Adulter, ausgefärbter Vogel ohne Bänderung der Schwungfedern, die noch bei immaturen und jüngeren adulten Habichtsadlern zu sehen ist. Bei dem Vogel handelt es sich vermutlich um ein Weibchen mit dunklen «Hosen» und dunkel gebänderten Unterschwanzdecken. Israel. 13.3. KB.

Adult. Die Oberseite ist fast einfarbig graubraun und schwarzbraun mit schwachem Kontrast zwischen Decken und Schwungfedern. Zu beachten sind der weiße Rückenfleck von unterschiedlicher Größe und der graue Schwanz mit breiter dunkler Endbinde. Oman. 6.3. HJE.

Juveniler Vogel. Hat im Gegensatz zu anderen juvenilen Adlern helle und deutlich schmal gebänderte Schwung- und Schwanzfedern. Die großen Unterhanddecken sind dunkel, unterschiedlich intensiv gefärbt und können eine Flügelbinde bilden. Zu beachten ist der lange Schwanz. Israel. 10.9. KB.

Juveniler Habichtsadler. Hat wie der adulte Vogel eine fast einfarbige Oberseite mit helleren Federrändern. Der helle Rückenfleck ist bei den meisten Jungvögeln zu sehen, während die Schwungfedern und der Schwanz markant gebändert sind. Zu beachten ist die gelbbraune Iris. Oman. 21.11. HJE.

Adultes Männchen mit hellem Körper, hellen Hosen und weißen Unterschwanzdecken. Spanien. 3.6. LG.

Adultes Weibchen mit dunklen, schwarzbraunen Hosen und dunkel gebänderten Unterschwanzdecken. Spanien. 3.6. LG.

Immatur (2. KJ) in der Mauser zum ersten adulten Federkleid, mit einer Mischung aus juvenilen und neuen adulten Federn. Der Körper ist wie beim Altvogel gestrichelt, und die neuen adulten Schwanz- und Schwungfedern sind auffällig mit breiter, schwarzer Spitze. Zu beachten sind die vier auffälligen, bräunlichen Handschwingen. Israel. 7.12. LK.

Adult, jüngerer Vogel mit gebänderten Schwungfedern und breitem, dunklem Flügelhinterrand. Mit dem Alter wird der Körper weißer, und die Bänderung der Schwungfedern verschwindet, indem sie nach und nach durch einheitlich schwarzbraune Federn ersetzt werden. Oman. 13.11. HJE.

HABITAT UND VERBREITUNG

Der Habichtsadler bevorzugt eine abwechslungsreiche, tief liegende Berg- und Felslandschaft mit Busch- und Baumbewuchs, Hängen und Schluchten, vorzugsweise mit Flüssen und Bächen. Er wird bei Jagdflügen auch in offenerem und trockenerem, mit Büschen bewachsenem Gelände und landwirtschaftlich genutzten Gebieten beobachtet.

Die europäische Verbreitung konzentriert sich auf die Iberische Halbinsel und von hier aus hauptsächlich ostwärts durch Südfrankreich, über Sardinien und Sizilien bis zum Balkan und nach Griechenland. Der Habichtsadler ist einer der seltensten europäischen Greifvögel. Der Bestand wird auf lediglich 1100 bis 1200 Paare geschätzt, davon leben 66 % in Spanien, 12 % in Portugal, 10 % in Griechenland, 4 % auf Zypern, 3 % in Frankreich und 2 % in Italien.

Außerhalb Europas ist die Art in Nordafrika anzutreffen, unter anderem im Nahen Osten und Arabien und weiter östlich in Pakistan, Indien und China.

MAUSER

Die Mauser findet im Laufe der Brutsaison statt. Der juvenile Vogel hat ein markantes Gefieder bis zum Herbst des 2. KJ, wo er im ersten adulten Federkleid an den erhaltenen juvenilen Hand- und Armschwingen zu erkennen ist. Das kontrastreiche und typisch gestrichelte volle adulte Federkleid wird im Laufe mehrerer Jahre angelegt.

KLEIDER

Adult, Männchen, Oberseite: Flügeldecken und Rücken sind graubraun, manchmal hell gefleckt und mit einem mehr oder weniger ausgeprägten weißen Rückenfleck, der im Kontrast zu den schwarzbraunen Schwungfedern und dem hellgrauen, diffus gebänderten Schwanz mit breiter, dunkler Subterminalbinde steht. Die Iris ist graugelb. **Unterseite:** Eine fast schwarz-weiße Unterseite mit weißem, schwarz gestricheltem Körper und breiter, schwarzer Flügelbinde, die von den großen und mittleren Flügeldecken gebildet wird und im Kontrast zum hellen Flügelvorderrand und dunkelbraunen Schwungfedern steht. Aufhellung im Handflügel durch weiße Innenseite der äußeren Handschwingen. Die Hosen und Unterschwanzdecken sind beim Männchen am hellsten.

Adult, Weibchen: Wie beim Männchen, aber mit dunkleren und stärker gebänderten Hosen und Unterschwanzdecken.

Juvenil, Oberseite: Wie beim adulten Vogel, aber mit beigen Rändern an den Flügeldecken, kleinerem weißen Rückenfleck und deutlicher gebänderten Schwung- und Schwanzfedern. **Unterseite:** Markant mit orangebraunem Körper und Flügeldecken im Kontrast zu den hellgrauen Schwung- und Schwanzfedern, die fein gebändert sind. Die Hand weist oft ein helles Fenster auf. Die Dunkelheit und Länge der durch die großen und mittleren Decken gebildeten Flügelbinde variiert stark. Bei einigen Individuen fehlt die Flügelbinde praktisch vollständig. Die Iris ist braungelb.

Immatur: Ab Herbst des 2. KJ mit hellem, aber dunkel gestricheltem Körper und einer Mischung aus erhaltenen juvenilen und dunkleren erneuerten Schwungfedern mit schwarzen Spitzen, die einen unterbrochenen dunklen Flügelhinterrand bilden können.

GESCHLECHT

Das Männchen ist kleiner und schlanker als das Weibchen und hat hellere Unterschwanzdecken und Hosen (die Federn an Tibia und Tarsus, Unterschenkel und Mittelfuß).

UNTERARTEN

Wird mit der Nominatform in zwei Unterarten aufgeteilt: *A. f. fasciata* in Europa und *A.f. renschi* auf den Inseln Indonesiens.

ÄHNLICHE ARTEN

Adulte Habichtsadler sind aufgrund ihrer typischen Silhouette und Farbzeichnung leicht zu erkennen. Juvenile Vögel können mit dem juvenilen Adlerbussard, *Buteo rufinus,* und der dunklen Morphe des Zwergadlers, *Hieraaetus pennatus,* verwechselt werden, sind jedoch sowohl an der charakteristischen Silhouette als auch an der charakteristischen Bänderung der Schwung- und Schwanzfedern zu erkennen.

ZUG

Die Art ist ein ausgeprägter Standvogel, dennoch streifen Jungvögel in ihrem ersten Lebensjahr umher.

BRUTBIOLOGIE

Der Habichtsadler brütet häufig bereits, bevor er vollständig ausgefärbt ist. Das Paar bleibt ein Leben lang zusammen und hält sich das ganze Jahr über im Territorium auf. Zu Beginn der Brutsaison werden die Vögel beim Balzflug beobachtet, wo sie beide rufen und Sturzflüge aufeinander zu unternehmen. Das voluminöse Nest aus Zweigen wird an Felsvorsprüngen, selten in Bäumen, angelegt und am Rand mit grünem Laub ausgeschmückt. Das Paar kann mehrere Nester haben, die von Jahr zu Jahr wechselseitig genutzt werden. Die zwei Eier (ein bis drei) werden innerhalb von 37 bis 41 Tagen in erster Linie vom Weibchen ausgebrütet, und die Jungen sind innerhalb von 60 bis 70 Tagen flugfähig.

Das Männchen sorgt zu Beginn der Brutzeit für die Nahrung. Sie besteht hauptsächlich aus Säugetieren und mittelgroßen Vögeln wie unter anderem Wildkaninchen und Rothühnern. Je nach Nahrungsangebot werden auch kleinere Nagetiere, Eichhörnchen, Rabenvögel, Möwen und Reiher gejagt. Außerhalb der Brutzeit jagt das Paar häufig zusammen, und es werden sowohl die Ansitzjagd als auch die typisch für den Habicht verwendete Überraschungstaktik mit halsbrecherischen Sturzflügen aus großer Höhe eingesetzt, wobei der Adler die Beute in der Luft oder am Boden schlägt.

Ein Habichtsadler kann ein Alter von bis zu 20 Jahren erreichen.

Ein juveniler Habichtsadler kann aus der Ferne leicht mit einer rotbraunen Form des Adlerbussards, *Buteo rufinus,* verwechelt werden, ist jedoch an dem kräftigeren Kopf, Schnabel und Fängen und befiederten Tarsen zu erkennen. Spanien. 3.6. AK.

FISCHADLER
Pandion haliaetus

BEDEUTUNG DES NAMENS
Pandion, Name einer griechischen Sagenkönigin, deren Kinder in einen Vogel verwandelt wurden
hali-, griechisch für «vom Meer», und *aetos*, griechisch für Adler

Adulter Fischadler im Sturzflug mit abgenutzten und neuen Schwanzfedern. Dänemark. 14.7. NLJ.

Der Fischadler frisst fast ausschließlich Fisch, und zwar bis zu zwei Kilo. Er erbeutet ihn in der Regel nach dem Rüttelflug über sowohl Süß- als auch Salzwasser und mit anschließendem schnellem Sturzflug, wobei der Vogel unter der Oberfläche verschwinden kann, bevor er den Fisch mit den Fängen ergattert und an Land fliegt. Adultes Weibchen. Dänemark. 6.8. NLJ.

GESAMTEINDRUCK
L. 52–60 cm. Fs. 152–174 cm.
Der Fischadler hat eine ganz eigene, leicht erkennbare Flugsilhouette. Körper und Schwanz sind verhältnismäßig kurz, und der Kopf ist klein.

Im aktiven Flug haben die langen, schmalen Flügel mit vier freien Fingern einen charakteristischen Knick, was dem Flügelprofil das Aussehen eines flachen M verleiht. Der Flug erfolgt auf langsamen, kräftigen Flügelschlägen, die durch lange Gleitflüge unterbrochen werden, während der Segelflug auf leicht angehobenem Arm und langer abgesenkter Hand erfolgt. Bei der Nahrungssuche wird oft der Rüttelflug angewandt, und der Angriff selbst kann aus schwindelerregender Höhe mit großer Geschwindigkeit erfolgen. Der sitzende Fischadler wird oft auf Zweigen, Pfählen oder Steinen in der Nähe von Wasser beobachtet.

Adultes Männchen mit weißer Flügelvorderseite, begrenztem schwarzem Feld um das Karpalgelenk und diffusem Brustband. Im Vergleich zum Weibchen hat das Männchen schmalere Flügel, einen kleineren Körper und Schnabel. Norwegen. 21.6. HS.

Adultes Weibchen mit kräftigem Brustband und schwarzbraunen Reihen entlang der mittleren Flügeldecken. Die beiden Kennzeichen unterscheiden das Männchen vom Weibchen, die Merkmale überlappen sich jedoch, was eine Bestimmung des Geschlechts erschweren kann. Schweden 2.5. JL.

Juveniles Männchen mit schwachem Brustband, reinweißen Flügeldecken mit ockerfarbigem Schimmer und typischen Merkmalen des Jungvogels wie rotgelber Iris, «Klaviertasten» an den großen Flügeldecken und hellen Spitzen an Schwung- und Schwanzfedern. 4.11 HS.

Juveniles Weibchen mit deutlichem Brustband und Reihe dunkler Flecken an den Unterflügeldecken, die bei juvenilen Vögeln ockerfarbig sind. Zu beachten ist die Irisfarbe, die bei einigen Jungvögeln sehr hell sein kann. Schweden. 9.9. NLJ.

Adultes Weibchen mit Schleie, *Tinca tinca*. Der Vogel ist an dem breiten, deutlichen Brustband und den Flecken entlang der Unterflügeldecken zu bestimmen. Dänemark. 15.7. NLJ.

Adult mit weißem Nacken, gelber Iris und einfarbiger, mittelbrauner Oberseite mit einer Mischung aus abgenutzten, neuen und wachsenden Federn, die typisch für die adulten Vögel sind, bei denen die Mauser das ganze Jahr über stattfindet. Dänemark. 9.8. NLJ.

Juveniler Vogel, vermutlich Männchen, in der charakteristischen Flügelstellung der Art im aktiven Flug, wobei das Profil einem flachen M ähnelt. Zu beachten ist, dass juvenile Weibchen und Männchen dieselben Unterschiede in Struktur und Gefieder zeigen wie adulte Vögel, diese Merkmale bei juvenilen Vögeln jedoch diffuser sind. 27.8. HS.

Juveniler Fischadler mit charakteristischer «schuppiger» Oberseite, die bis zum Winter erhalten bleibt, bis die hellen Spitzen nach und nach abnutzen. Zu beachten ist die Irisfarbe, die von orangegelb bis weißgelb variieren kann. Dänemark. 25.8. KB.

HABITAT UND VERBREITUNG

Wird fast ausschließlich in wasserreicher Umgebung beobachtet, in Brutgebieten an Waldseen, Sümpfen, Flüssen und Küsten. Während des Zuges ist die Art sowohl an Land als auch am Meer anzutreffen.

Der Fischadler brütet primär in Nord- und Osteuropa, in kleineren Beständen auch in Südeuropa unter anderem in Frankreich und Spanien. Der gesamte europäische Bestand wird auf zwischen 8400 und 12300 Paare geschätzt, davon sind 40 % der Brutpaare in Schweden zu Hause, im Anschluss folgt Russland mit 28 %, Finnland mit 12 % und Norwegen mit 5 %.

Der Fischadler ist ein Kosmopolit, und die weltweite Verbreitung erstreckt sich von Europa Richtung Osten zum Pazifik und quer über den nordamerikanischen Kontinent nach Mittelamerika, große Teile Südostasiens und Küstengebiete in Australien. In Mitteleuropa ist der Fischadler ein spärlicher Brutvogel, aber ein regelmäßiger Durchzügler im Herbst und Frühjahr.

MAUSER

Adulte Vögel mausern ihr Gefieder wie andere Langstreckenzieher im Laufe der Brutzeit. Die Mauser setzt während des Zugs aus. Die Mauser beginnt bei juvenilen Vögeln mit den ersten Schwungfedern bereits zum Ende des 1. KJ. Die hellen Spitzen an der Oberseite nutzen im Laufe des Frühjahrs im 2. KJ ebenfalls ab, sodass es schwierig ist, sie von adulten Vögeln zu unterscheiden.

KLEIDER

Beim Fischadler ist es möglich, die Geschlechter zu unterscheiden, sowohl bei adulten als auch juvenilen Vögeln. Zu beachten ist jedoch, dass die beschriebenen Merkmale einander überlappen und beim juvenilen Vogel diffuser sind.

Adult Männchen, Oberseite: Mittelbraune, deutlich dunklere, neue Federn und ausgeblichene, hellere, ältere Federn, was darauf zurückzuführen ist, dass sich der Fischadler konstant in der Mauser befindet. Die Iris ist gelb. **Unterseite:** Der Körper ist weiß mit einem variablen dunklen Brustband, oft diffuser als beim Weibchen. Der Vorderflügel ist weiß (manchmal mit einer Reihe schwacher dunkler Flecken) mit einer grauschwarzen Flügelbinde, die von den großen Flügeldecken gebildet wird. Am Karpalgelenk ist ein dunkles, rechteckiges Feld zu sehen, das bei vielen Männchen zu den kleinen Handschwingen abgegrenzt ist. Die Schwungfedern sind gräulich und unregelmäßig gebändert mit hellerem Fenster in der Hand im Kontrast zu den dunklen Fingern. Der Schwanz ist breit und hat eine dunkle Endbinde.

Adultes Weibchen, Oberseite: Wie beim Männchen. **Unterseite:** Unterscheidet sich vom Männchen durch breites, dunkles Brustband und oft zweireihig gefleckte Unterflügeldecken.

Juvenil, Oberseite: Recht «schuppig» mit hellen Federspitzen, die im Laufe des Herbstes und ersten Winters nach und nach abnutzen. Die Iris ist orangegelb bis hellgelb. **Unterseite:** Unterscheidet sich vom adulten Vogel durch ockerfarbigen Schimmer des weißen Vorderflügels und ein klares Klaviertastenmuster entlang der großen Flügeldecken. Der Schwanz ist gebändert mit hellem Rand und hat keine breite, dunkle Schwanzbinde wie beim adulten Vogel. Je nach Lichtverhältnissen sind im frischen Federkleid helle Spitzen an den Schwungfedern zu erkennen.

GESCHLECHT

Männchen und Weibchen sind primär an dem unterschiedlich ausgeprägten Brustband und bräunlichen Flecken an mittleren Unterflügeldecken zu erkennen.

UNTERARTEN

In Europa kommt die Nominatform *P. h. haliaetus* vor, während die übrigen Unterarten den Rest der Welt abdecken.

ÄHNLICHE ARTEN

Der Fischadler kann aufgrund seiner dunklen Oberseite und hellen Unterseite für eine Mantelmöwe oder andere große Möwe gehalten werden, insbesondere aus weiter Entfernung. Ansonsten ist die Silhouette des Fischadlers unverwechselbar.

ZUG

Der Fischadler ist in Europa ausschließlich Zugvogel mit Ankunft im Brutgebiet zwischen März und Mitte Juni. Der Zug erfolgt über eine breite Front im Frühjahr, wobei sich die Vögel ohne längere Zwischenstopps an den Brutplätzen einfinden. Der Zug im Herbst erreicht seinen Höhepunkt im August bis September mit längeren Aufenthalten an fischreichen Gewässern. Einige Vögel werden bis in den November in Nordeuropa beobachtet, und ein Teil überwintert im Mittelmeergebiet, während der Großteil der europäischen Population nach Afrika in Richtung Äquator und südlicher zieht.

BRUTBIOLOGIE

Der Fischadler leitet die Brutsaison mit auf- und absteigenden Balzflügen aus großer Höhe ein, während er häufig ruft und sich mit jedem Sturzflug dem Nest immer weiter nähert. Der Fischadler ist im Alter von drei Jahren geschlechtsreif, das Paar bleibt ein Leben lang zusammen und nutzt das gleiche Nest Jahr für Jahr. Das Nest aus Zweigen ist bis zu 150 cm breit und wird häufig hoch oben und gerne in der Krone eines umgeknickten Baumes oder wie in Südeuropa an Felsnischen in der Nähe des Meeres angelegt. Alternativ erfolgt der Bau auch an Telefonmasten und Hochspannungsmasten.

Die drei Eier (eins bis vier) werden innerhalb von 37 bis 41 Tagen hauptsächlich vom Weibchen ausgebrütet, und das Männchen sorgt für die Nahrung der ganzen Familie während der Aufzucht, bis die Jungen im Alter von 50 bis 60 Tagen flugfähig sind. Die Jungen halten sich noch weitere ein bis zwei Monate im Nest oder in dessen Nähe auf, wo sie mit lauten Bettelrufen auf sich aufmerksam machen und von beiden Elternvögeln gefüttert werden.

Die Hauptnahrung besteht aus Fisch. Andere Beute wie Muscheln, Kriechtiere, Amphibien, Insekten, kleine Säugetiere und Vögel werden nur bei mangelndem Fischbestand gefressen.

Die vermutliche Lebenserwartung beträgt 25 Jahre.

Juveniler Fischadler mit gelbbrauner Iris und hellen Federspitzen während des Zugs in Richtung Afrika. Dänemark. 11.9. LG.

Mäusebussard, *Buteo buteo,* juvenil, 2. KJ, mit heller Iris, gestricheltem Körper und diffuser Flügelendbinde an den Armschwingen und inneren Handschwingen. Bussarde fressen gerne Aas, insbesondere im Winter, wenn eine anhaltende Schneedecke Nagetiere und Regenwürmer bedeckt. Hier sind die Reste eines im Straßenverkehr getöteten Fuchses zu sehen. Dänemark. 12.2. LG.

BUSSARDE, *BUTEO*

Zur Gattung der Bussarde zählen 27 Arten, die auf fünf Kontinente verteilt sind (ausgenommen Australien). In Europa kommen nur drei Arten vor, der Mäusebussard, *Buteo buteo,* der Raufußbussard, *Buteo lagopus,* und der Adlerbussard, *Buteo rufinus.* Bussarde sind mittelgroße Greifvögel, die an ihrer kompakten Form mit breiten Flügeln, dem verhältnismäßig kurzen Schwanz und dem runden Kopf mit kurzem Schnabel leicht als solche zu erkennen sind. Während des Zuges bedienen sie sich gerne der thermischen Aufwinde, insbesondere dort, wo das Land auf das Meer trifft, wie zum Beispiel in Falsterbo in Schweden, am Bosporus in der Türkei und in Gibraltar in Südspanien. Da es in Europa nur drei Arten gibt, erscheint die Artbestimmung recht übersichtlich, insbesondere Mäusebussarde und Adlerbussarde sind jedoch sehr variabel gefärbt. Es gibt sie in sehr hellen und auch sehr dunklen Formen. Da sich die Verbreitungsgebiete der beiden Arten überlappen und es somit zu einer Hybridisierung kommen kann, stellt die exakte Artbestimmung eines Bussards oft eine besondere Herausforderung dar.

Der Wespenbussard, *Pernis apivorus,* der einzige Vertreter seiner Familie in Europa, wird aus Gründen der Übersichtlichkeit und wegen seiner Ähnlichkeit mit der Gattung *Buteo* am Ende des Kapitels über Bussarde beschrieben.

MÄUSEBUSSARD

Buteo buteo

BEDEUTUNG DES NAMENS

Buteo, lateinischer Name unklaren Ursprungs, wird als Bezeichnung für Habichte und falkenähnliche Vögel verwendet. Speziesbezeichnung für den Mäusebussard. Carl von Linné, 1758.

GESAMTEINDRUCK

L. 40–52 cm. Fs. 109–136 cm.
Mittelgroßer Greifvogel mit kompaktem Körper, großem Kopf auf kurzem Hals, breiten Flügeln und mittellangem Schwanz. Die breite und länglich ovale Silhouette des Mäusebussards ist in der offenen Landschaft häufig zu sehen, wenn er auf einem niedrig hängenden Zweig im Wald oder auf anderen geeigneten Aussichtsposten wie zum Beispiel Pfählen, Straßenschildern und Maulwurfshaufen sitzt, um nach Beute Ausschau zu halten.

Im Flug: Die Flugsilhouette zeigt einen kompakten, mittelgroßen Greifvogel mit breiten Flügeln und abgerundeter Hand mit fünf Fingern, mittellangem Schwanz und klarem Kopfprofil. Im aktiven Flug wird der gesamte Flügel genutzt. Die zwischenzeitlichen Gleitflüge erfolgen mit deutlich angewinkelten Flügeln und nach vorne gerichtetem Karpalgelenk. Der Segelflug erfolgt mit ausgestreckten und charakteristisch nach oben gerichteten Flügeln mit gespreiztem Schwanz. Mäusebussarde sind während des Zugs im Frühjahr und im Herbst zu beobachten, wenn sie sich mithilfe der Thermik in den Himmel hochschrauben. Zur Brutzeit sieht man Mäusebussarde bei steilen Girlandenflügen während der Balz, die von typischen Rufen begleitet werden, oder beim Rüttelflug nahe über dem Erdboden.

Rechts: Zwischenform und typischer Jungvogel mit heller Iris und helleren mittleren Armdecken, die einen Kontrast zum Oberflügel bilden. Die markante, dunkle Endbinde am Schwanz ist noch nicht vorhanden, der Hals ist gefleckt und die Brust mit einer hellen, ovalen «Kette» versehen. Dänemark. 3.3. LG.

Links: Der Mäusebussard ist Europas häufigster Greifvogel. Die Art dient folglich als Referenz für alle mittelgroßen Greifvögel. Bei dem auf der linken Seite abgebildeten Mäusebussard (3. KJ) handelt es sich um ein helles Exemplar mit schwach gestrichelter Brust, dunkler Iris und breitem, dunklem Subterminalband am Schwanz. Dänemark. 22.3. LG.

Typischer Altvogel mit fast schwarzer Iris, Oberseite ohne markante Farbkontraste, aber mit unregelmäßigem Gefieder aufgrund der unterschiedlichen Mauserstadien, auffälliger und dichter Bänderung am Schwanz sowie breitem, dunklen Subterminalband. Dänemark. 10.10. HS.

Adult, dunkle Form. Die Altersbestimmung ist anhand der dunklen Iris, der klar abgegrenzten Flügelendbinde und der gebänderten Flügeldecken möglich. Dänemark. 11.10. JL.

Typischer juveniler Mäusebussard mit heller Iris, sauber gezeichneten Federgruppen mit hellen Rändern und charakteristischem Kontrast zwischen hellerem Rücken und mittleren Flügeldecken und dunkelbraunen großen Decken und Armschwingen. Zu beachten sind der geschwungene Armflügel und der längere Schwanz ohne dunkles Subterminalband. Dänemark. 16.10. HS.

Jüngerer Altvogel. Zwischenform mit mittelbrauner Iris und einer Mischung aus neuen und abgenutzten Hand- und Armschwingen. Dänemark. 4.10. HS.

Jungvogel, 2. KJ, Herbst. Ähnelt nach dem ersten Federwechsel einem adulten Vogel, unterscheidet sich jedoch durch die mittelbraune Iris und die langen, ausgeblichenen und erhaltenen juvenilen Handschwingen, P7 und P6. Dänemark. 18.10. HS.

Juvenil, helle Form. Das Alter wurde aufgrund der hellen Iris und des frischen Gefieders mit hellen Federrändern bestimmt. Die hellen juvenilen und adulten Vögel können aus der Ferne aufgrund der weißen Oberschwanzdecken mit dem Raufußbussard, *Buteo lagopus,* verwechselt werden. Dänemark. 17.09. HS.

Juvenil, helle Form. Erinnert stark an einen Raufußbussard, unterscheidet sich jedoch von diesem durch den weißen Kopf, die hellen Oberflügeldecken, dunklen Armschwingen und den fehlenden dunklen Bauchfleck. Dänemark. 17.9. HS.

Juvenil. Die hellen Formen variieren stark. Die Verbreitung der hellen Bussarde konzentriert sich auf Länder an beiden Seiten der südlichen Ostsee. Von dort aus verbreiten sie sich im Winterhalbjahr. Schweden. 25.10. JL.

Adult, dunkle Form, dunkle Iris, gebänderte Flügel- und Schwanzunterseite, prägnante Flügelendbinde und breites Schwanzsubterminalband. 7.10. HS.

Subadult, 4. KJ, ähnelt einem Altvogel, jedoch mit mittelbrauner Iris, leicht ausgeblichener und abgenutzter P7 am rechten Flügel und P8 und P9 auf der linken Seite. 24.2. JL.

3. KJ. Dieser immature Vogel ähnelt einem adulten Mäusebussard und dem Falkenbussard, *Buteo buteo vulpinus*. Er hat jedoch gebänderte Handschwingen und eine ganz helle Iris. 28.3. KB.

2. KJ, Herbst, ähnelt einem Altvogel, aber mit mittelbrauner Iris, gebänderter Brust, gebänderten Flügeldecken und juveniler P7 und P6. 18.10. HS.

Juvenil, 1. KJ, helle Iris, Körper und Flügeldecken mit Längsstreifen, diffuse Flügelendbinde, fehlendes Schwanzsubterminalband. 14.10. LG.

Juvenil, 1. KJ. Immer mit frischem Federkleid ohne ausgeblichene Federn und Mauserlücken im Flügel. Zu beachten ist der breite, geschwungene Armflügel. 8.10. HS.

Adult. Helle, dem Raufußbusssard ähnelnde Form während des Zuges im Herbst mit dunkler Iris und ausgeblichenen, nicht abgeworfenen adulten Handschwingen. Helle Bussarde sind an der Unterseite aufgrund des fehlenden dunklen Bauchflecks, des fein gebänderten Schwanzes und der düsteren Armschwingen immer vom Raufußbussard, *Buteo lagopus*, zu unterscheiden. Dänemark. 8.10. HS.

Adult. Sehr helle Form mit breiter, dunkler Schwanzendbinde und charakteristischen, dunklen Halbmonden rund um das Karpalgelenk. Helle Mäusebussarde sind am häufigsten in Ländern auf beiden Seiten der südlichen Ostsee zu sehen. Schweden. 28.3. JL.

Adult. Die seltenen, ganz weißen Exemplare sind aus weiter Entfernung in der Landschaft zu erkennen. Aus der Nähe ist oft ein ockerfarbiger Schimmer im Körpergefieder zu erkennen. Dänemark. 15.7. HS.

Adult. Deutlich abgegrenzter, dunkler Flügelhinterrand, schmal gebänderte Schwungfedern und deutlich gefleckte bis gebänderte mittlere und große Flügeldecken.

Adult. Schwanzunterseite mit charakteristischem schwarzem Subterminalband und schmaler Bänderung.

Juveniler Vogel mit schwach abgegrenztem Flügelhinterrand, breit gebänderten Schwungfedern und geflecktem, ungleichmäßigem Muster an den Flügeldecken.

Juvenil. Schwanzunterseite mit fehlendem oder schwach ausgeprägtem Subterminalband und schmaler, enger Bänderung.

HABITAT UND VERBREITUNG

Der Mäusebussard bewohnt vor allem Waldgebiete mit angrenzenden offenen Landschaften.

Er ist der häufigste Greifvogel Mitteleuropas und ganz Europas mit einem Bestand von schätzungsweise 815 000 bis 1 385 000 Paaren. Die meisten Mäusebussarde leben in Russland (30 %), anschließend folgen Frankreich (12 %), Deutschland (10 %) und die Britischen Inseln (6 %). Die Verbreitung, mitsamt der Unterarten, erstreckt sich von den Britischen Inseln bis nach Südeuropa, einschließlich der atlantischen Inseln, und verläuft weiter östlich durch Europa bis zum Ural und nach Zentralasien. Der Mäusebussard ist auf den Britischen Inseln und im Großteil von Mittel- und Südeuropa ein Standvogel.

MAUSER

Die Mauser findet bei adulten Vögeln normalerweise in den Sommermonaten (während der Brutzeit) von April bis September/Oktober statt. Vögel, die im Herbst ihre Brutgebiete mit ausgefallenen/neuen Federn verlassen, sind somit nie juvenile Vögel, da die Mauser erst im 2. KJ im ersten Sommer/Herbst stattfindet. Immature Vögel im 2. KJ können bis zum nächsten Frühjahr im 3. KJ aufgrund der erhaltenen und ausgeblichenen äußeren Handschwingen von adulten Vögeln unterschieden werden. Subadulte von adulten Vögeln zu unterscheiden, ist jedoch sehr schwierig.

KLEIDER

Starke Variation im Federkleid, von fast schwarzbraun über mittelbraun (Normalform) und rotbraun bis zu hellen Formen mit gelbbeiger bis weißer Unterseite.

Adult: Die Oberseite ist normalerweise dunkel, unregelmäßig und kontrastlos mit breiter, dunkler Schwanzendbinde. Die Unterseite variiert. Die Brust ist häufig gebändert, Flügelhinterrand und Schwanzendbinde sind schwarz und breit. Die Iris ist dunkelbraun bis fast schwarz.

Juvenil: Deutlicher Kontrast an der Oberseite zwischen helleren Armdecken und dunklerer Hand, helle Ränder an allen Federgruppen und am Schwanz, ohne oder mit nur schwach markierter Schwanzendbinde. Die Iris variiert von weiß über gelb bis dunkel, aber nicht schwarzbraun wie beim adulten Vogel, bei dem die Pupille

nur aus der Nähe und bei guten Lichtverhältnissen von der Iris abzugrenzen ist. **Unterseite:** Der Körper ist längs (mitunter tropfenförmig) gestreift mit mehr oder weniger markantem Brustband. Der dunkle Flügelhinterrand ist schwach ausgeprägt, und der Schwanz hat häufig keine Endbinde.

Immatur: Die Oberseite ähnelt der des adulten Vogels ab dem zweiten Herbst. Die Iris ist mittelbraun. Auch die Unterseite ist ähnlich wie beim adulten Vogel.

GESCHLECHT

Kein sichtbarer Unterschied zwischen den Geschlechtern.

UNTERARTEN

Die Art ist zurzeit in neun Unterarten unterteilt, von denen einige der südeuropäischen und atlantischen im Status umstritten sind.

ÄHNLICHE ARTEN

Die Nominatform überlappt sich mit Paarung zwischen den Arten mit dem Falkenbussard, *Buteo buteo vulpinus,* von Nordschweden durch Finnland und östlich des Baltikums bis ins östliche Griechenland, wo die Unterarten leicht zu verwechseln und teilweise unmöglich bis auf Unterartniveau zu bestimmen sind. Die anderen beiden Bussardarten, Adlerbussard, *Buteo rufinus,* und Raufußbussard, *Buteo lagopus,* ähneln im Gefieder stark dem Mäusebussard. Details siehe bei den entsprechenden Arten.

ZUG

Nord- und nordöstliche Bestände der Nominatform *Buteo buteo* ziehen im September bis November in Richtung Südwest- und Zentraleuropa und machen sich im März bis Mai auf den Rückweg. Die östliche Unterart Falkenbussard, *Buteo b. vulpinus,* die gesondert aufgeführt wird, zieht zur Überwinterung hauptsächlich ins östliche und südliche Afrika, teilweise nach Südeuropa und nach Südwestasien.

BRUTBIOLOGIE

Der Mäusebussard brütet in großen Bäumen in breiten Nestern aus Zweigen in der Nähe des Baumstammes, selten in Felsnischen. Die Brut besteht normalerweise aus zwei bis vier Eiern, die innerhalb von 33 bis 38 Tagen ausgebrütet werden. Die Jungen sind nach 50 bis 60 Tagen flugfähig.

Die Nahrung besteht primär aus Nagetieren, die vom Ansitz aus erspäht und am Boden erlegt werden. Der Mäusebussard kann Vögel bis Krähengröße schlagen und frisst bei Gelegenheit Amphibien, Regenwürmer und Insekten. Im Winter frisst er gerne Aas.

Die Lebenserwartung beträgt 25 Jahre und mehr.

Oben: Das charakteristische Flugbild ist in der offenen Landschaft und an Waldlichtungen häufig zu sehen, wo der Mäusebussard nach kleinen Tieren Ausschau hält. Beim sitzenden Vogel ist das gebänderte Brustband zu erkennen, das auf einen subadulten/adulten Vogel schließen lässt. Mitte Januar. LG.

Links: Der Mäusebussard frisst bei hartem Frost Aas. Zwei juvenile Vögel im 2. KJ im Kampf um ein im Straßenverkehr getötetes Reh. Dänemark. 16.2. LG.

FALKENBUSSARD
Buteo buteo vulpinus

BEDEUTUNG DES NAMENS
Buteo, lateinischer Name unklaren Ursprungs, wird als Bezeichnung für Habichte und falkenähnliche Vögel verwendet

Vulpinus, lateinisch für fuchsähnlich, eine Andeutung auf das fuchsrote Gefieder

Hinweis: Der Falkenbussard, *Buteo buteo vulpinus,* ist eine Unterart der Nominatform Mäusebussard, *Buteo buteo buteo,* und wird aufgrund seiner primär osteuropäischen/asiatischen Verbreitung und der großen Ähnlichkeit im Gefieder, vor allem in der Region, wo östliche und westliche Populationen sich überschneiden und die beiden Arten sich miteinander paaren, gesondert behandelt.

GESAMTEINDRUCK
Sieht dem Mäusebussard sehr ähnlich, mit ein wenig Erfahrung können sie jedoch auseinandergehalten werden. Der Falkenbussard ist kleiner, hat einen schnelleren Flug, schlankere Finger und einen schnelleren Flügelschlag.

Frühjahrszug von hauptsächlich adulten Falkenbussarden der schwarzbraunen, fuchsroten und dunkelbraunen Formen. Zu beachten sind der helle Unterflügel und das helle Fenster im Handflügel, die zum dunklen Flügelhinterrand kontrastieren. Eilat Mountains, Israel. 21.3. KB.

HABITAT UND VERBREITUNG
Das Verbreitungsgebiet überschneidet sich mit dem des Mäusebussards, wodurch es in einem breiten Gürtel von Nordostschweden und Finnland, östlich vom Baltikum bis ins östliche Griechenland, zu einer Hybridisierung mit dem Mäusebussard kommt. Innerhalb dieser Zone können nur die ganz typischen Individuen exakt einer spezifischen Unterart zugeordnet werden. Östlich davon, tiefer im asiatischen Raum, dominieren reine Formen des Falkenbussards.

MAUSER
Falkenbussarde sind Langstreckenzieher. Bei adulten Vögeln beginnt die Mauser in der Brutsaison, setzt während des Zuges aus und wird in den Wintermonaten fortgesetzt. Die Mauser bei juvenilen Vögeln findet zum ersten Mal im 1. und 2. KJ statt, entweder im Winterhalbjahr oder während des Frühjahrszuges, wenn einige Armschwingen und Handschwingen durch neue ersetzt werden. Der Mauserzyklus von Jungvögeln verläuft wie bei adulten Vögeln. Das erste adulte Federkleid (3. KJ) wird während des zweiten Frühjahrszuges erreicht. Es ist anhand der erhaltenen äußeren juvenilen Handschwingen meistens vom adulten Federkleid zu unterscheiden.

KLEIDER
Adult: Das Gefieder ist in unzähligen und komplexen Formen vorhanden. Außer den klar definierten Formen schwarzbraun, fuchsrot und dunkelbraun ohne Brustband gibt es auch hellere, ockerfarbene und eher Mäusebussard-ähnliche Formen mit Brustband und gebänderter Brust sowie unzählige Zwischenformen. Im Vergleich zum Mäusebussard ist die Flügelunterseite allgemein heller mit schmalerer Bänderung und einem hellen, ungebänderten Fenster im Handflügel, das im Kontrast zu den schwarzen Fingern und dem breiten, schwarzen Flügelhinterrand steht. Die Irisfarbe ist wie beim Mäusebussard ein guter Indikator für die Altersbestimmung. Juvenile haben helle, immature Vögel mittelbraune und adulte Vögel eine ganz dunkle, fast schwarze Iris.

Juvenil: Dunkle Armschwingen an der Oberseite, die im Kontrast zu hell graubraunem Rücken- und Flügeldecken mit hellen Rändern und fein gebändertem Schwanz stehen. Die Flügelunterseite ist hell mit gebändertem Arm und diffusem Hinterrand, rötlichen Flügeldecken mit Längsstreifen und gestricheltem Körper.

Immatur: Siehe Beschreibung des Flugs.

ÄHNLICHE ARTEN
Aufgrund der umfassenden Gefiedervariation ist die Art oft schwierig vom Mäusebussard, *Buteo buteo,* und dem Adlerbussard, *Buteo rufinus,* zu unterscheiden. Weitere Details siehe Beschreibung dieser Arten.

ZUG
Die meisten Vögel der nordöstlichen und östlichen Populationen folgen einer Zugroute östlich des Schwarzen Meeres mit Kurs Richtung Überwinterungsgebiete im östlichen und südlichen Afrika, teilweise auch in Osteuropa, Südwestasien und im Nahen Osten.

Adult in fortgeschrittener Mauser während des Zuges. Das Gefieder besteht das ganze Jahr über aus einer Mischung aus abgenutzten und neuen Federn. Das Subterminalband am Schwanz unterscheidet die Art unter anderem vom Adlerbussard, *Buteo rufinus*. Israel. 26.3. KB.

Juvenil, 2. KJ. Mit Resten abgenutzter, heller Ränder an den Decken und Rückenfedern im Kontrast zu den dunkleren Schwungfedern. Ältere Jungvögel sind an der Oberseite graubraun und oft mit hellerem Schwanzansatz. Israel. 29.34. KB.

Adult, schwarze Form mit klassischen adulten Merkmalen, zu der die dunkle Iris, der breite, scharf abgegrenzte Flügelhinterrand und das dunkle Subterminalband am Schwanz zählen. Bei den drei Formen schwarz, dunkelbraun und fuchsrot fehlt die bei den helleren Formen vorhandene Bänderung der Flügeldecken und am Bauch. Israel. 13.4. KB.

Juvenil, 2. KJ, mit gestricheltem Körper und weißem Fenster in der Hand, diffusem Flügelhinterrand und schwach markiertem Schwanzsubterminalband. Israel. 26.4. KB.

Adult. Eine typische fuchsrote Form. Zu beachten ist das helle, ungestrichelte, bei einigen Individuen schwach gestrichelte Fenster in der Hand, das den Falkenbussard von der Nominatform des Mäusebussards, *B. buteo buteo,* unterscheidet, der oft eine durchgängig markant gebänderte Hand hat. Israel. 16.3. KB.

Adult. Ein helleres, dem Mäusebussard ähnliches Exemplar, das im Vergleich zum Mäusebussard an den helleren Unterflügeln mit schmalerer Bänderung und den hellen, ungestrichelten Fenstern in der Hand zu erkennen ist. Israel. 17.3. KB.

Juveniler Falkenbussard, 2 KJ. Zu beachten sind die neuen inneren Handschwingen mit breiten, schwarzen Spitzen, die die ersten Federn des adulten Federkleides darstellen. Israel. 13.4. KB.

Oben: Falkenbussard, adulter Unterflügel mit feiner Bänderung und ungestricheltem Fenster in der Hand. K.B. Unten: Mäusebussard, adulte Unterflügel mit breiter Bänderung und deutlich gebänderter Hand und breiterem Flügel. HS.

ADLERBUSSARD
Buteo rufinus

BEDEUTUNG DES NAMENS

Buteo, lateinischer Name unklaren Ursprungs, wird als Bezeichnung für Habichte und falkenähnliche Vögel verwendet *rufinus*, aus lateinisch *rufus* für rot, rothaarig

GESAMTEINDRUCK

L 43–62 cm. Fs. 112–160 cm.
Der Adlerbussard ist der größte Bussard in der Gattung *Buteo*, etwas größer als der Mäusebussard, *B. buteo*, und der Raufußbussard, *B. lagopus*.

Der sitzende Vogel hat deutlich längere und kräftigere Beine mit kräftigeren Klauen als die anderen Bussarde, und aus der Nähe ist der kräftige, adlerartige Schnabel mit langer Spitze und langem, markantem, gelbem Schnabelwinkel zu erkennen. Der aktive Flug ist im Vergleich zu den übrigen Bussarden schwer und erinnert an einen Adler mit tiefen, schweren Flügelschlägen auf langen Flügeln. Der Segelflug erfolgt typischerweise auf angehobenen Flügeln in flacher V-Form und oft mit ausgestreckter Hand wie beim Mäusebussard. Der Rüttelflug erfolgt mit schweren, kraftvollen Flügelschlägen.

Links: Adult, typisch helle Form mit weißem Kopf und Körper im Kontrast zu den dunklen Flanken. Der breite und scharf abgegrenzte Flügelhinterrand und der ungebänderte, weiße Schwanz mit rotbrauner Tönung und die dunklen Augen unterscheiden den adulten vom juvenilen Vogel. Zu beachten ist außerdem der kräftige Schnabel, der den Adlerbussard von den anderen Bussarden unterscheidet, und das fast adlerartige Aussehen, das die Art von dem in vielen Fällen ähnlichen Falkenbussard, *Buteo b. vulpinus,* unterscheidet. Oman. 12.3. HJE.

Rechts: Adult, helle Form mit dunkler Iris und ungebändertem Schwanz. Der Adlerbussard jagt oft vom Ansitz aus in typisch aufrechter Position. Zu beachten sind der kräftige Schnabel, die langen Tarsen und die kräftigen Fänge.
Lesbos, Griechenland. 28.4. HS

Adult, helle Form. Zu beachten sind die dunkle Iris, der scharf abgegrenzte Flügelhinterrand, der weiße, ungebänderte Schwanz sowie der weiße Kopf und Körper. Oman. 12.3. HJE.

Adult, helle Form mit ockerfarbiger Tönung und Artkennzeichen wie kräftigem Schnabel, langem Schnabelwinkel und hellem, ungebändertem Schwanz. Türkei. 13.4. DO.

Juveniler Adlerbussard, 2. KJ, hat eine helle Iris, einen diffus abgegrenzten Flügelhinterrand, einen gräulich gebänderten Schwanz sowie einen gestrichelten Kopf und Körper. Unterscheidet sich vom juvenilen Raufußbussard, *B. lagopus,* und dem Falkenbussard, *B.b. vulpinus,* durch einen adlerartigen Gesamteindruck mit kräftigem Schnabel und gestrichelten, jedoch nicht klar abgesetzten kleinen Flügeldecken. Israel. 28.4. KB.

Juvenil, 2. KJ, helle Form. Selbst bei diesem ausgeblichenen Vogel ist ein deutlicher Kontrast zwischen den dunklen Armschwingen, großen Flügeldecken und dem helleren Vorderflügel zu sehen. Der gräuliche Schwanz mit dichter Bänderung unterscheidet den juvenilen vom adulten Vogel. Zu beachten sind der kräftige Schnabel und der lange Schnabelwinkel. Oman. 14.2. HJE.

Adult, rotbraune Variante, mit typisch hellem Schwanz. Zu beachten ist, dass der Schwanz ein dunkles Subterminalband haben kann wie bei der ähnlichen Form des Falkenbussards, *B.b. vulpinus.* Israel. 16.3. KB.

Juveniler Adlerbussard, dunkle Form, ähnelt der entsprechenden Form des Falkenbussards, jedoch mit adlerartigem Kopf, kräftigem Schnabel und langem Schnabelwinkel. Israel. 29.12. LK.

Immatur, 2. KJ, zweiter Winter mit abgenutztem Schwanz mit dunkler Bänderung, auffälligen juvenilen Handschwingen, P10-P5 und einer Mischung aus juvenilen und neuen Armschwingen. Die letzten juvenilen Federn fallen im 3. KJ aus. Israel. 24.12. LK.

Oben: Adult, Adlerbussard, *B. rufinus,* mit typisch hellem, durchscheinendem Schwanz ohne dunkles Subterminalband. Israel. 17.3. KB.
Unten: Falkenbussard, *B.b. vulpinus,* 3. KJ, mit typisch gebändertem Schwanz mit dunkler Subterminalbinde. Israel. 16.3. KB.

HABITAT UND VERBREITUNG

Der Adlerbussard besiedelt während der Brutzeit weite Grassteppen, trockene Halbwüsten mit abwechslungsreicher Vegetation, Flusstäler und bewaldete Landschaften in niedrig gelegenen Bergregionen. Außerhalb der Brutzeit ist die Art in einer Vielzahl von Habitaten von Wüste über Kulturland bis Wald anzutreffen.

Brütet in Europa in den Balkanländern, in Griechenland und weiter östlich in der Türkei und dem Nahen Osten bis ins nordwestliche China. Der europäische Bestand wird auf zwischen 11 800 und 19 200 Paare geschätzt. In Mitteleuropa ist der Adlerbussard ein seltener Gast.

MAUSER

Es sind drei unterschiedliche Federkleider zu unterscheiden: adultes, erstes adultes (immatures) und juveniles Federkleid. Adulte Vögel wechseln ihr Gefieder im Laufe der Brutsaison, während die Mauser der innersten Handschwingen bei juvenilen Vögeln (2. KJ) während des Frühjahrszuges einsetzt. Das erste adulte Federkleid ist an einzelnen erhaltenen, juvenilen Schwungfedern vom Herbst des 2. KJ bis zum nächsten Frühjahr (3. KJ) zu erkennen. Anschließend erhält der Vogel nach und nach sein adultes Federkleid.

KLEIDER

Das Gefieder des Adlerbussards ist sehr variabel und kann in drei Grundformen unterteilt werden: hell, rotbraun und dunkel. Zu beachten ist, dass der Übergang zwischen den Formen fließend verläuft und dass dunkle Formen eher in östlich gelegenen Regionen vorkommen, hauptsächlich außerhalb Europas. Die hellen Formen sind am leichtesten zu bestimmen, während die rotbraunen und insbesondere die dunklen Formen an den Falkenbussard, *B. b. vulpinus,* erinnern, wobei Größe, Proportionen und Verhalten wichtige Merkmale zur sicheren Artbestimmung sind.

Adult, helle Form, Oberseite: Heller Kopf mit dunkler Iris (jüngere adulte Vögel haben eine hellere Iris), sandfarbene bis ockerfarbene kleine und mittlere Flügeldecken im Kontrast zu dunklen großen Flügeldecken und dunklen, gebänderten Schwungfedern mit hellem Fenster im Handflügel. Der Schwanz ist charakteristisch weiß oder ockerfarben ohne Bänderung und dunklem Subterminalband. **Unterseite:** Körper weiß mit mehr oder weniger ausgeprägtem dunklen Bauchfleck und rotbraunen Flanken. Die Flügeldecken sind hell bis rotbraun mit dunklen Flecken am Karpalgelenk und stehen im Kontrast zu den hellen Schwungfedern mit schmaler Bänderung und der ungebänderten Hand. Breiter Flügelhinterrand mit deutlicher Abgrenzung. Der Schwanz ist weiß bis ockerfarben und im Gegenlicht durchscheinend.

Juvenil, helle Form, Oberseite: Heller Kopf mit rotbraunem Schimmer an Scheitel und Nacken und weißlicher Iris. Der Vorderflügel ist typisch hell und steht in deutlichem Kontrast zu den dunklen Schwungfedern. Im frischen Gefieder zeigt der junge Adlerbussard helle Ränder an den großen Flügeldecken. Der Schwanz ist typisch grau mit schmaler Bänderung, kann jedoch von weiß bis ockerfarben mit schwacher Bänderung variieren. **Unterseite:** Heller Körper mit dunkler Strichelung, die unterschiedlich ausgeprägt sein kann. Die Unterseite weist oft einen Bauchfleck und dunkle Flanken auf, ähnlich wie beim Raufußbussard. Der dunkle Flügelhinterrand ist im Vergleich zum Altvogel schwach abgegrenzt. Der Schwanz weist eine feine Bänderung auf.

Adult, rotbraune Form: Dunkle rotbraune Unterflügeldecken und ein dunkler Bauch. Der Schwanz ist ockerfarben und kann ein dunkles Subterminalband aufweisen, wie beim Falkenbussard, *B. b. vulpinus*.

Juvenil, rotbraune Form: Unterscheidet sich vom Altvogel, wie unter der hellen Form beschrieben.

Adult, dunkle Form: Dunkle Iris, dunkelbraune bis schwarze Oberseite, Körper und Unterflügeldecken. Der Schwanz ist gräulich mit Bänderung und breitem, dunklem Subterminalband.

Juvenil, dunkle Form: Wie Altvogel, aber mit weißer Iris und graubrauner, dichter Bänderung am Schwanz ohne Subterminalband.

GESCHLECHT

Es gibt keinen Unterschied im Gefieder zwischen den Geschlechtern, das Weibchen ist jedoch größer und kräftiger als das Männchen, was deutlich wird, wenn das Paar in der Brutzeit zusammen gesichtet wird.

UNTERARTEN

In Europa und Asien kommt die Nominatform *rufinus* vor, während die kleinere und eher dem Mäusebussard ähnelnde Unterart «Wüstenbussard» *cirtensis*, der in Nordafrika brütet, in Europa nur als Streifgast und sehr seltener Brutvogel in Südspanien vorkommt.

ÄHNLICHE ARTEN

Er ist leicht mit dem Mäusebussard, *Buteo buteo*, und insbesondere dessen Unterart, dem Falkenbussard, *B. b. vulpinus,* zu ver-

Adulter Adlerbussard der dunklen Form mit gebändertem Schwanz mit Endbinde. Fast identisch mit der dunklen Form des Falkenbussards. Zu beachten sind der kräftige Körper, die langen, breiten Flügel, der adlerartige Kopf und die diffus gebänderte Hand ohne weißes Fenster. Dunkle Formen kommen hauptsächlich in Osteuropa und Asien vor. Türkei. 2.5. DO.

wechseln. Außerdem ähnelt ein juveniler Adlerbussard an der Unterseite auch einem juvenilen Raufußbussard, *B. lagopus*. Details siehe Raufußbussard.

ZUG

Vögel aus dem nördlichen Teil des osteuropäischen Verbreitungsgebietes sind hauptsächlich Zugvögel, die im Winter Richtung Süden oder Südosten der Türkei, Nahen Osten und Nordostafrika über Arabien nach Pakistan und Indien ziehen. Die Vögel verlassen die Brutgebiete im Laufe des Augusts und ziehen im September bis Oktober weiter in die Winterquartiere. Die Rückwanderung erfolgt von März bis April. Vögel in Südosteuropa sind meist Standvögel.

BRUTBIOLOGIE

Bei Standvögeln beginnt die Brutsaison bereits im Januar mit Balzflügen und Nestbau oder Restaurierung älterer Nester. Die Nester aus Zweigkonstruktionen, die mit Graswurzeln, Wolle und anderen weichen Materialien ausgeschmückt werden, werden vorzugsweise an Felsen, Felsnischen an Erderhöhungen und in Ruinen in offener Landschaft angelegt, seltener in Bäumen oder am Boden. Die Brut mit zwei bis vier Eiern wird in erster Linie vom Weibchen ausgebrütet. Die Jungen schlüpfen nach 31 Tagen und erreichen nach 45 Tagen ihre Flugfähigkeit.

Die Nahrung ist vielfältig und besteht hauptsächlich aus kleineren Säugetieren. Kriechtiere, größere Insekten und kleinere Vögel stehen jedoch ebenfalls auf dem Speiseplan. Die Jagd erfolgt sowohl von höheren Ansitzen aus als auch direkt vom Boden. Es finden auch Segel- und Rüttelflüge statt, besonders im Gegenwind.

RAUFUSSBUSSARD

Buteo lagopus

BEDEUTUNG DES NAMENS

Buteo, lateinischer Name unklaren Ursprungs, wird als Bezeichnung für Habichte und falkenähnliche Vögel verwendet

lagopus, aus griechisch *lagos*, Hase, und *pous*, Fuß, eine Andeutung auf die befiederten Beine

GESAMTEINDRUCK

L 45–63 cm. Fs. 120–153 cm.

Der Raufußbussard ist in der Tundra oder im Winterquartier in Kulturlandschaften zu Hause. Man sieht ihn oft oben in einem Baum, auf einem Pfahl oder beim charakteristischen Rüttelflug über Grasflächen mit hängenden Beinen, den er sehr gut beherrscht. Der Raufußbussard hat lange Flügel und einen langen Hals, was am deutlichsten beim juvenilen Vogel zum Ausdruck kommt. Der Flug ist elegant und überlegen, insbesondere im Vergleich zum ähnlichen, aber kompakteren Mäusebussard, *Buteo buteo*. Dessen Flug wirkt eher flatternd, und er scheint immer damit zu kämpfen, sich beim Rüttelflug in der Luft zu halten. Das breite und artspezifische weiße Band im mittleren Teil des Schwanzes des Raufußbussards ist aus weiter Entfernung von hellen Mäusebussarden zu unterscheiden, die weiße Oberschwanzdecken haben können.

Juvenil, 2. KJ. Typischer Jungvogel mit breitem, dunkelbraunem Brustfleck und heller Iris, die im Alter dunkler wird. Zu beachten sind der zierliche, sichelförmige Schnabel und die befiederten Beine, die der Art ihren Namen verliehen haben. Dänemark. 22.2. LG.

Adultes Männchen am Brutplatz schleppt einen Zweig zum Nest. Zu beachten ist die fast einfarbig graubraune Oberseite, das typische weiße Mittelfeld am Schwanz und insbesondere die schmale, schwarze Bänderung hinter der breiten Schwanzendbinde, die typisch für männliche Raufußbussarde ist. Adulte Weibchen haben normalerweise nur eine breite, schwarze Schwanzendbinde. Norwegen. 2.5. JL.

Adultes Männchen in typischem Gefieder, mit Haube an Kopf und Hals. Brust und Bauch sind dunkel gefleckt, deutlich gebänderte Schwungfedern und mehrere Bänderungen am Schwanz. Die Geschlechter können einander ähneln. Schweden. 8.1. LG.

Juvenile Vögel haben drei markante dunkle Gefiederpartien, nämlich die beiden dunklen Karpalflecken und der dunkle Bauchfleck. Zu beachten sind die unmarkierten Flügeldecken, der diffuse Flügelhinterrand, die diffuse Schwanzbinde und die helle Iris. Schweden. 8.10. LG.

Adultes Weibchen. Erinnert an einen juvenilen Vogel, aber mit dunklerer Iris, gestrichelter oberer Brust und gestrichelten Flügeldecken, dunklem Flügelhinterrand und nur einem breiten Subterminalband am Schwanz. Schweden. 16.10. JL.

Wie alle Jungvögel der Gattung *Buteo* gibt es beim juvenilen Raufußbussard einen deutlichen Kontrast zwischen helleren Vorderflügeln und dunkleren Armschwingen. Die schwarze Endbinde variiert von schmal bis sehr breit. Schweden. 11.10. JL.

Adultes Männchen. Typisches Männchen mit dunkler Haube am Kopf und charakteristischem Schwanz mit deutlicher, schwarzer Bänderung hinter dem breiten Subterminalband. Norwegen. 20.10. JL.

Immatures Weibchen, 2. KJ, mit auffälligen juvenilen Handschwingen und einer Mischung aus juvenilen, ausgeblichenen Armschwingen einerseits, die einen Kontrast zu den neuen Armschwingen andererseits bilden. Typische Weibchen haben einen hellen Kopf und eine breite Schwanzendbinde. Schweden. 20.10. JL.

Juveniler Vogel. Die Jagdtechnik des Raufußbussards ist eine Mischung aus Ansitzjagd (oben in Bäumen oder auf einem Pfahl) und einem Absuchen des oft grasbewachsenen Geländes, wo unterschiedliche Nagetierarten beim Rüttelflug erspäht werden. Der Raufußbussard ist mit seinem weißen Schwanz mit schwarzer Endbinde häufig aus der Ferne zu erkennen. Von vorne erkennt man ihn leicht an der schmalen, weißen Flügelvorderseite. Der Rüttelflug erfolgt eleganter als beim Mäusebussard. Dänemark. 7.11. JL.

HABITAT UND VERBREITUNG

Der Raufußbussard brütet in der borealen Waldzone und in der Tundra in Nordeuropa. Er überwintert hauptsächlich im südlichen Teil Nordeuropas, von den Britischen Inseln bis in Richtung Osten zum Schwarzen Meer. In den Wintermonaten ist er häufig in offenen Kulturlandschaften anzutreffen wie Mooren, Wiesen und Grasflächen.

Der europäische Bestand wird auf zwischen 37 000 und 79 200 Paare geschätzt. Der Großteil des Bestands lebt in Russland (79 %), in Norwegen leben 13 % und in Schweden und Finnland 6 % bzw. 3 %. Die Verbreitung erstreckt sich weiter östlich durch Asien bis zum Pazifik und quer über den nordamerikanischen Kontinent. Der Raufußbussard brütet nicht in Mitteleuropa, ist dort jedoch recht häufig als Zugvogel oder Wintergast anzutreffen.

MAUSER

Bei adulten Vögeln setzt die Mauser früh in der Brutsaison ein und wird im Zeitraum von September bis Oktober beendet. Juvenile Vögel wechseln ihr Gefieder zum ersten Mal im 2. KJ während des Frühjahrszugs, wenn die inneren Handschwingen ausfallen und durch kürzere und dunklere ersetzt werden, die im Kontrast zu den erhaltenen, schmaleren und helleren Federn stehen.

KLEIDER

Adultes Männchen, Oberseite: Eine graubraune Oberseite mit dunkel geflecktem Körper, deutlich gebänderten Armschwingen mit auffälligem dunklen Hinterrand und weißem Schwanz mit breiter, schwarzer Subterminalbinde mit einer oder mehrerer Schwanzbinden. Ältere Männchen haben ein dunkles Auge. **Unterseite:** Kopf und Hals sind mit einer dunklen «Haube» versehen, die einen Kontrast zu der helleren oberen Brust, dem gefleckten Bauch und den gebänderten Flanken bildet. Die Flügeldecken sind häufig markant senkrecht gestreift und der charakteristische, dunkle Fleck um das Karpalgelenk herum wird durch weiße «Risse» und Flecken unterbrochen. Die Hand hat ein weißes Fenster, die Armschwingen haben markante Querstreifen und der Schwanz mehrere dunkle Binden.

Adultes Weibchen, Oberseite: Das typische Weibchen hat eine nahezu einheitlich graubraune Oberseite mit deutlich gebänderten Armschwingen und deutlichem dunklen Flügelhinterrand und weißem Schwanz mit nur einem breiten, schwarzen Subterminalband. Ältere Weibchen haben ein dunkles Auge. **Unterseite:** Erinnert an Männchen und Jungvogel. Unterscheidet sich vom Jungvogel durch die gestrichelte Halspartie, die helleren Schwungfedern, konzentrierte dunkle Binde am Karpalgelenk, den dunklen Bauchfleck und durch nur eine Binde am Schwanz (einige Weibchen haben eine zusätzliche, jedoch durchbrochene Schwanzbinde). Vom Jungvogel zu unterscheiden durch die senkrecht gestrichelten Flügeldecken, gebänderten Armschwingen und das markante, dunkle Subterminalband am Schwanz.

Hinweis: Einige adulte Weibchen erinnern sehr stark an ein adultes Männchen und können am leichtesten am Brutplatz im direkten Vergleich unterschieden werden.

Juvenil: Längere Flügel und längerer Schwanz als Altvogel. **Unterseite:** Sehr hell mit ungestrichelten Flügeldecken, diffusem Flügelhinterrand und schwach ausgeprägtem Subterminalband am Schwanz, aber mit charakteristischem dunklen Dreipunktmuster, das von den dunklen Karpalflecken und dem breiten, dunkelbraunen Bauchfleck in der Mitte gebildet wird. Die Iris ist hell.

Immatur: Ist am deutlichsten vom juvenilen und adulten Vogel zu unterscheiden durch ausgefallene, abgenutzte und ausgeblichene äußere Handschwingen sowie verbliebene juvenile Armschwingen ohne breite dunkle Spitze. Die Iris ist variabel von hell bis mittelbraun.

GESCHLECHT

Siehe Kleider.

UNTERARTEN

Ist in vier anerkannte Unterarten eingeteilt. Die Nominatform, *Buteo lagopus lagopus,* brütet in Europa und weiter östlich in Richtung der sibirischen Flüsse Ob und Jenisej. Dort gibt es die Unterart *B. l. menzbiere* im Nordosten Asiens und *B. l. kamtschatkensis* entlang der sibirischen Pazifikküste. Im breiten Gürtel quer über den nordamerikanischen Kontinent ist die Unterart *B. l. sanctijohannis* anzutreffen.

ÄHNLICHE ARTEN

Ähnlich sind: der Mäusebussard, *Buteo buteo*, insbesondere helle Individuen; der Falkenbussard, *Buteo buteo vulpinus;* der Adlerbussard, *Buteo rufinus*, insbesondere juvenile Vögel. Siehe die entsprechenden Artbeschreibungen für weitere Details. Der Raufußbussard ist generell an seinem weißen Schwanz mit einem oder mehreren dunklen Bändern und aus der Nähe an einem eher gesprenkelten Schnabel von den sonstigen Arten der Gattung *Buteo* zu unterscheiden.

ZUG

Der Raufußbussard ist hauptsächlich Zugvogel, der das Brutgebiet im Zeitraum von September bis Oktober verlässt und die Rückwanderung im April bis Mai antritt. Die Entfernung des südlichen Zuges richtet sich nach dem Angebot an Nagetieren und eventueller Schneedecke, die die Vögel zwingen, in den Süden zu ziehen.

BRUTBIOLOGIE

Der Raufußbussard brütet im Alter von zwei Jahren zum ersten Mal. Das Paar fliegt beim Balzflug in steilen Flügen und Sturzflügen über das Territorium. Das Nest, das aus einer voluminösen, mit Gras, Haaren und Federn gepolsterten Zweigkonstruktion besteht, wird an Felsnischen, in Bäumen oder direkt in der Tundra angelegt. Die Brut besteht normalerweise aus drei bis fünf Eiern. In Zeiten, in denen das Angebot an Nagetieren nicht ausreichend ist, kann es auch sein, dass weniger oder gar keine Eier gelegt werden. Wenn es viele Lemminge gibt (in sogenannten Lemmingjahren), werden bis zu sieben Eier gelegt, die fast ausschließlich vom Weibchen ausgebrütet werden. Die Jungen schlüpfen innerhalb von 28 bis 31 Tagen, erreichen nach 40 Tagen ihre Flugfähigkeit und sind nach weiteren drei bis fünf Wochen selbstständig.

Der Raufußbussard wird als echter Nagetierspezialist bezeichnet, frisst nach Bedarf jedoch auch andere Nahrung. Bei einem mangelnden Angebot an Nagetieren besteht die Nahrung fast ausschließlich aus Vögeln, zum Beispiel Schneehühnern, Enten, Watvögeln und Kleinvögeln. Sekundär werden Hasen, Wildkaninchen und Amphibien und bei dichter Schneedecke auch Aas gefressen. Das Alter des ältesten registrierten Vogels betrug 18 Jahre.

Der Raufußbussard ist über einen längeren Zeitraum im Winterhalbjahr in der Landschaft im südlichen Nordeuropa und Teilen Mitteleuropas zu beobachten, wo er sowohl vom Ansitz aus als auch in niedrigem Flug jagt. Juvenil, 2 KJ. Dänemark. 23.1. HS.

WESPENBUSSARD

Pernis apivorus

BEDEUTUNG DES NAMENS

Pernis, griechisch für eine Art Habicht
apivorus, aus lateinisch *apis*, Biene, und *-vorus*, essend, eine Andeutung auf die bevorzugte Nahrung, nämlich Larven von Wespen und Hummeln

GESAMTEINDRUCK

L. 52–60 cm. Fs. 118–150 cm.
Mittelgroßer Greifvogel, etwas größer als der Mäusebussard, *Buteo buteo*, dem er aus der Ferne ähnelt. Der Wespenbussard ist jedoch wohlproportionierter mit längeren Flügeln und längerem Schwanz. Er hat einen schlanken, taubenartigen Kopf, den er oft hochhält, dreht und nickt und dabei wie ein zu groß geratener Kuckuck wirkt, der die Landschaft beobachtet. Der aktive Flug erfolgt mit charakteristischen tiefen, flatternden und zeitlupenhaften Flügelschlägen mit gelegentlichem Gleiten auf gerade gehaltenen Flügeln mit nach vorn ausgestrecktem Karpalgelenk und nach hinten gerichteter Hand. Der Segelflug erfolgt auf ausgestreckten, aber leicht nach unten gebogenen Flügeln. Von unten sind leuchtende «Fenster» im Handflügel zu erkennen. Zieht gerne in großen Trupps und schraubt sich in thermischen Aufwinden nach oben.

Adultes Weibchen, zu erkennen an dem hellen, gestrichelten Kopf, der gelben Iris und der braunen Oberseite mit einer Mischung aus ausgeblichenen und neuen, dunkleren Federn. Zu beachten sind die dunkelbraunen Finger der herausstehenden Handschwingen am linken Flügel, wo die Zeichnung diffuser ist. Bei adulten Männchen sind die Fingerspitzen im Gegensatz dazu schwarz und scharf abgesetzt, als wären sie in Tinte getaucht. Israel. 3.9. KB.

Der Wespenbussard ist schlanker und hat einen längeren Hals als der kompaktere Mäusebussard. Der kleine, taubenartige Kopf mit dem schmalen Schnabel verleiht dem Wespenbussard ein freundliches Aussehen und unterscheidet ihn von anderen Greifvögeln.

Adultes Männchen, dunkle Form. Im Vergleich zum adulten Weibchen ist die Flügelunterseite immer sauberer gezeichnet mit breitem, dunklem Flügelhinterrand, der einen Kontrast zu den hellen Arm- und Handschwingen bildet. Die Bänderung der äußersten Handschwingen ist häufig nicht unterbrochen, wie es jedoch oft beim adulten Weibchen der Fall ist. Spanien. 4.5. HS.

Adultes Weibchen, dunkle Form. Zu beachten sind der unruhig gezeichnete Unterflügel und die gebänderte Hand mit «schmutzigen» Fingern. Dänemark. 29.8. HS.

Adult, normal gefärbtes Männchen mit fünf, «in Tinte getauchten» Fingern und breitem, hellem Feld zwischen dem dunklen Armflügelhinterrand und den Flügeldecken. Hand und Arm sind rund um das Karpalgelenk gebändert. Der unterste Streifen reicht selten bis zum Körper. Israel. 26.4. KB.

Adultes Weibchen, braune Form, mit typisch dunklem Armflügel mit Bänderung, die nicht von den Flügeldecken verdeckt wird und ganz bis zum Körper reicht. Israel. 1.5. KB.

Adult, helles Männchen mit typisch grauem Kopf und wie bei den meisten Männchen breitem Zwischenraum zwischen der Schwanzendbinde und der mittleren Binde, die etwas hinter den Unterschwanzdecken hervorguckt. Zu beachten ist, dass Männchen einen etwas längeren Schwanz und schmalere Flügel haben als Weibchen. Israel. 10.5. KB.

Adulte Weibchen haben oft einen hellen oder bräunlichen Kopf. Graue Nuancen sind auf das Gesicht begrenzt. Zu beachten ist die ausgeprägte Bänderung. Dänemark. 6.9. HS.

Adultes Männchen mit gleichmäßig grauer Oberseite und dem bereits beschriebenen Muster der Flügelunterseite. Leuchtend gelbe Iris und schwarzer Schnabel kennzeichnen adulte Vögel, und der kleine taubenartige Kopf unterscheidet die Art von anderen europäischen Greifvögeln. Dänemark. 25.5. JL.

Adulte Weibchen haben eine bräunliche und unruhigere Oberseite als adulte Männchen. Viele Weibchen haben zudem helle Oberschwanzdecken. Israel. 24.4. KB.

Jungvogel, dunkle Form. Das juvenile Federkleid des Wespenbussards ist eines der variationsreichsten Kleider unter den Greifvögeln. Die Färbungen erstrecken sich von fast schwarz bis fast ganz weiß. Schweden. 12.9. HS.

Juvenil, helle Form, mit sehr dunklen Armschwingen und klarer Kontrastgrenze zu den helleren Handschwingen mit dunklen Fingern. Zu beachten ist die Anzahl der Schwanzbinden. Schweden. 13.9. JL.

Die meisten juvenilen Vögel haben ein mittelbraunes Gefieder, das dunklere und hellere Nuancen mit Flecken und Stricheln aufweist. Schweden. 21.9. JL.

Jungvogel, helle Form, mit charakteristischer «Motorradbrille». Nur wenige Jungvögel sind so hell wie dieser, dann oft mit gestricheltem Körper, aber es gibt durchaus Vögel mit weißem Körper und weißen Unterflügeldecken. Schweden. 14.9. JL.

Juvenil, braune Form mit Flecken. Zu beachten sind die drei breiten Bänder an Arm und Hand, die die Art von allen ähnlichen Bussarden der Gattung *Buteo* unterscheidet. Schweden. 12.9. HS.

Juvenil. Die Oberseite ist variabel, häufig ist sie dunkel. Viele haben eine helle «weihenartig» U-förmige Zeichnung an den Oberschwanzdecken, die die Art immer von den ähnlichen *Buteo*-Arten unterscheidet. Schweden. 13.9. JL.

Juvenil, gestreifte Form. Zu beachten sind das dunkle Auge und die gelbe Wachshaut, die den juvenilen Vogel vom adulten Vogel unterscheidet, der eine gelbe Iris und graue Wachshaut hat. Schweden. 17.9. JL.

Juvenile sind nur im Herbst während des Zugs in Richtung Afrika zu sehen, wo der Großteil fast zwei Jahre südlich der Sahara herumstreift, bevor sie während des Frühjahrszugs im 3. KJ nach Europa zurückkehren. Schweden. 17.9. JL.

HABITAT UND VERBREITUNG

Der Wespenbussard brütet in vielen Regionen vom südlichen Europa bis zum Polarzirkel in Nordskandinavien sowie vom äußersten Westen Europas nach Osten bis ins südwestliche Sibirien. Er lebt in Laub- und Nadelwäldern mit Lichtungen und Wiesen und ist zur Brutzeit nicht in baumlosen, offenen Landschaften anzutreffen.

Der europäische Bestand wird auf zwischen 118 000 und 171 000 Paare geschätzt. Der größte Bestand ist in Russland mit 49 % und Frankreich (9 %) zu verzeichnen, danach folgen Weißrussland (7 %), Rumänien (5 %) und Schweden (5 %).

MAUSER

Der Wespenbussard ist ein Langstreckenzieher, weshalb die Mauser zur Zugzeit zwischenzeitlich aussetzt. Sie beginnt in der Brutsaison, pausiert während des Herbstzuges und wird im Winterhalbjahr in Afrika wieder fortgesetzt.

KLEIDER

Adultes Männchen: Unterscheidet sich generell vom Weibchen durch die graue Oberseite, den grauen Kopf, die etwas schmaleren Flügel und den längeren Schwanz. Die Unterseite ist durch weiße, schwach gebänderte Armschwingen gekennzeichnet, die im Kontrast zum breiten, schwarzen Flügelhinterrand und den «in Tinte getauchten» Fingerspitzen und der ungebänderten Hand stehen. Der Schwanz hat oft zwei Binden mit großem Zwischenraum.

Adultes Weibchen: Bräunliche Oberseite. Die Unterseite ist kontrastärmer mit diffusem dunklem Flügelhinterrand und «schmutzigen» Arm- und Handschwingen sowie häufig gebänderter Hand. Am Schwanz sind oft drei Binden mit gleich breiten Zwischenräumen zu erkennen.

Juvenil: Sehr variabel mit dunkler Iris. Siehe Beschreibung der Flugbilder.

Immatur: Ist an den erhaltenen juvenilen Federn zu unterscheiden. Diese Vögel sind jedoch in aller Regel nicht in Europa zu sehen, da sie bis zum Erreichen des ersten Adult-Federkleides im Winterquartier bleiben.

GESCHLECHT

Die Geschlechter unterscheiden sich im Gefieder (s. o.).

UNTERARTEN

Die Art ist monotypisch.

ÄHNLICHE ARTEN

Die Art ist leicht am Gesamteindruck und bei guten Sichtbedingungen insbesondere an der charakteristischen Flügelunterseite zu erkennen. Die juvenilen Vögel erinnern zum Teil an den Mäusebussard, *Buteo buteo,* und sorgen aufgrund des variablen Gefieders oft für Verwirrung.

ZUG

Zugvogel mit Überwinterungsgebieten in Afrika südlich der Sahara. Der Herbstzug erfolgt von Mitte August bis Mitte Oktober. Der Herbstzug bei adulten Vögeln erreicht seinen Höhepunkt von Ende August bis Anfang September und bei juvenilen Vögeln gegen Mitte September. Der Frühjahrszug findet ab Ende April bis Anfang Juni statt.

BRUTBIOLOGIE

Der Wespenbussard brütet zum ersten Mal im Alter von zwei bis drei Jahren, und das Paar bleibt ein Leben lang zusammen. Wespenbussarde brüten diskret, hauptsächlich in Laubwäldern, wo das Männchen während der ganzen Brutzeit bei besonderen Territoriumsflügen zu beobachten ist, bei denen er in einem wellenartigen Flug laut die Flügel über dem Rücken zusammenschlägt. Das Nest wird wiederverwendet und von beiden Geschlechtern gebaut, gerne auf einem Fundament ehemaliger Nester vom Habicht, *Accipiter gentilis*, Mäusebussard, *Buteo buteo*, oder von Krähenvögeln. Es wird in einer durchschnittlichen Höhe von 16 Metern angebracht und die ganze Saison über mit frischem Laub belegt.

Die ein bis drei (selten vier) Eier werden hauptsächlich vom Weibchen innerhalb von 30 bis 35 Tagen ausgebrütet. Die Jungen sind nach 40 bis 45 Tagen flugfähig und noch weitere 14 Tage von den Eltern abhängig. Der Wespenbussard kommt spät im Brutgebiet an, aber noch früh genug, damit die Jungen schlüpfen, wenn die Hauptnahrung in Form von Wespen- und Hummellarven zugänglich ist. Zu Beginn der Brutsaison und bei kühlem Wetter wird die Nahrung durch andere Insekten, Regenwürmer, Amphibien, kleine Säugetiere und Vögel, insbesondere Drosseljunge, die im Nest erbeutet werden, ersetzt. Später in der Saison stehen auch Beeren auf dem Speiseplan.

Der Wespenbussard jagt sowohl vom Ansitz aus als auch im aktiven Flug. Außerdem geht er auf der Jagd nach Insekten und Kleintieren auch über längere Strecken zu Fuß. Fliegende Faltenwespen und Hummelbienen werden erspäht und bis zu deren Nest verfolgt, wo der Wespenbussard sowohl die erwachsenen Individuen frisst als auch das Nest bis zu 40 cm tief ausgräbt. Das ausgegrabene Insektennest wird vom Altvogel zum eigenen Nest gebracht, wo die Jungen mit den nahrhaften und einzeln ausgepulten Larven gefüttert werden.

Der älteste registrierte Vogel war 29 Jahre alt.

Juveniler Wespenbussard frisst Faltenwespen. Der Vogel wird durch die Wachshaut und Schuppen an den unbefiederten Körperpartien sowie die dicht sitzenden, steifen Federn um die Augen vor Stichen geschützt. Zu beachten sind die langen, schlanken Klauen, die zum Ausgraben verwendet werden. Beide Fotos. Dänemark. 8.9. DHM.

HABICHTE UND SPERBER, *ACCIPITER*

Die Gattung *Accipiter* ist mit etwa 50 Arten die artenreichste unter den Greifvögeln. Sie ist auf allen Kontinenten (außer der Antarktis) zu Hause, in Europa kommen jedoch nur drei Arten vor. Die europäischen *Accipiter*-Arten weisen deutliche Unterschiede zu den anderen europäischen Greifvögeln auf, unter anderem durch ihre zurückgezogene Lebensweise und plötzliche Blitzangriffe auf die Beute sowie durch die leicht erkennbare Körperform mit kleinem Kopf, kurzen und breiten Flügeln und langem Schwanz. Die drei in Europa vorkommenden Arten sind aufgrund der Ähnlichkeiten im Gefieder, sowohl bei juvenilen als auch bei adulten Vögeln, nicht ganz einfach voneinander zu unterscheiden.

Beim Habicht, *Accipiter gentilis,* ist das Weibchen, welches die Größe eines Mäusebussards hat, leicht zu erkennen. Das etwas kleinere Männchen wird bei der Jagd am Waldrand jedoch leicht mit dem Sperber, *Accipiter nisus,* verwechselt, der in Osteuropa wiederum leicht mit dem Kurzfangsperber, *Accipiter brevipes,* verwechselt werden kann.

Der Schlüssel zu einer genauen Identifikation liegt in den Details, und mit ein wenig Erfahrung wird die Artbestimmung der Habichtarten zu einer wahren Freude. Habicht und Sperber haben sechs deutlich gefingerte Handschwingen, während der Kurzfangsperber, *Accipiter brevipes,* nur vier sichtbare Finger hat.

Der Habicht, hier ein juveniles Weibchen, hat die Größe eines Mäusebussards, *Buteo buteo,* und ist die größte europäische Art der Gattung *Accipiter*. Junge Habichte unterscheiden sich unter anderem durch eine beigefarbene Unterseite mit pfeilförmigen Längsstreifen und die bräunliche Oberseite mit beigen Federrändern von adulten Vögeln dieser Art. Dänemark. 15.1. LG.

HABICHT
Accipiter gentilis

BEDEUTUNG DES NAMENS
Accipiter, lateinisch für Habicht, abgeleitet von *accipere*, ergreifen, empfangen
gentilis, lateinisch für «zur gleichen Sippe gehörig». Der Habicht war im Mittelalter den Falknern des Adels und der noblen Clans vorbehalten.

GESAMTEINDRUCK
Männchen: L. 49–56 cm. Fs: 90–105 cm.
Weibchen: L. 58–64 cm. Fs: 108–120 cm.
Der Habicht ist der «Senior» unter den europäischen Habichtartigen und mit ein wenig Übung an seiner kräftigen Erscheinung und seinem Verhalten leicht zu erkennen. Ein sitzender Habicht lässt sich durch den kräftigen Kopf mit flachem Scheitel und kräftigem Schnabel, die breite Brust und die kräftigen Beine bestimmen.

Im Flug: Im Vergleich zum ähnlichen Sperber, *Accipiter nisus,* und anderen kleinen Habichtartigen erfolgt der aktive Flug des Habichts langsamer, kraftvoller und mit steifen Flügelschlägen. Im Segelflug sind der deutlich hervorstehende Kopf, die langen Flügel, die breiten «Hüften» und der kürzere, abgerundete Schwanz zu erkennen, während der Sperber einen kleinen Kopf, kürzere Flügel, schmale «Hüften» und einen verhältnismäßig längeren Schwanz mit geradem Rand hat.

Adultes Männchen hält an einer Waldlichtung Ausschau nach Beute. Die Nahrung ist vielseitig. Es werden mittels Ansitz- und Angriffsjagd Vögel und Säugetiere bis zu Enten- und Hasengröße erbeutet. Dänemark. 22.3. JL.

Links: Paarung zwischen Männchen (3. KJ) und Weibchen (2. KJ). Der Habicht brütet häufig im Alter von zwei bis drei Jahren zum ersten Mal. Das Paar bleibt mehrere Jahre zusammen, wenn nicht sogar ein Leben lang. Zu Beginn des Frühlings ist das Paar über dem Territorium bei Balzflügen mit «rauschenden» Unterschwanzdecken und steif wirkenden Flügeln und sogenannten Girlandenflügen mit abrupten Sturzflügen zu beobachten. Dänemark. 8.4. HS.

Adultes Männchen mit dem Rumpf einer Ringeltaube, *Columba palumbus*, zwischen den Fängen. Männchen sind kleiner als Weibchen und zeigen markantere Wangen sowie einen deutlicheren Überaugenstreif. Dänemark. 2.4. HS.

Männchen, 3. KJ. Vögel im ersten Adultkleid unterscheiden sich von älteren adulten Vögeln durch die kräftigere und unregelmäßige Bänderung an der Brust und durch das häufig schwächer ausgeprägte Kopfmuster. Dänemark. 21.10. HS.

Adultes Männchen. Bei älteren Männchen ist die Flügeloberseite blaugrauer als bei den Weibchen. Kleine Männchen können leicht mit dem Sperber, *Accipiter nisus*, verwechselt werden. Habichte sind jedoch größer und wiegen fast dreimal so viel wie ein Kurzfangsperber. Dänemark. 8.3. JL.

Juveniles Weibchen. Es ist an der mittelbraunen Oberseite mit hellen Federrändern und dem geschwungenen Armflügel vom adulten Habicht zu unterscheiden. Der junge Habicht grenzt sich in Bezug auf die Schwanzlänge und durch kräftigere Proportionen vom juvenilen Sperber, *Accipiter nisus*, ab. Dänemark. 31.10. HS.

Adultes Weibchen. Zu beachten sind die kräftigeren Proportionen im Vergleich zum Männchen auf der rechten Seite. Das Weibchen hat einen schweren und fülligen Körper, längere Flügel und insbesondere einen breiteren Arm. Dänemark. 12.2. JL.

Adultes Männchen. Es kann schwierig sein, das kleinere Männchen vom Weibchen zu unterscheiden, wenn die Vögel einzeln beobachtet werden. Kleinere Männchen können mit adulten Sperberweibchen verwechselt werden. Habichte sind jedoch immer größer, fülliger und viel schwerer. Die beiden ähnlichen Arten sind jedoch bei entsprechenden Beobachtungsbedingungen anhand der charakteristischen Flügelunterseite voneinander zu unterscheiden. Details siehe unten. Dänemark. 6.3. JL.

Juveniles Weibchen. An der beigefarbenen Unterseite mit senkrechten Streifen an Brust und Flügeldecken und der breiteren Bänderung am Schwanz von Sperber, *Accipiter nisus,* und Kurzfangsperber, *Accipiter brevipes,* zu unterscheiden. Dänemark. 26.10. LG.

Adulter Habicht mit dichter und prägnanter Bänderung an den Unterflügeldecken im Vergleich zur schwachen Bänderung an Arm- und Handschwingen. Zu beachten sind außerdem die gräulichen Spitzen an den Handschwingen. Dänemark. 6.3. JL.

Juveniler Habicht mit tropfenförmigen Längsstreifen an den Unterflügeldecken und prägnanter, wellenförmiger Bänderung an Arm- und Handschwingen und geschwungenem Armflügel. Dänemark. 21.9. JL.

Juveniler Sperber, *Accipiter nisus*. Sowohl adulte als auch juvenile Sperber haben immer prägnante, dunkle Bänderungen an den Unterflügeldecken und dunkle Spitzen an den Handschwingen. Dänemark. 17.4. NLJ.

Adultes Weibchen mit Elster, *Pica pica.* In der Brutzeit und wenn die Jungen klein sind, jagt ausschließlich das Männchen und bringt die gerupfte Beute zum Nest. Später nimmt auch das Weibchen an der Jagd teil, jedoch nur in der Nähe des Nestes. Dänemark. 26.3. JL.

HABITAT UND VERBREITUNG

Habichte besiedeln Wälder und Waldlichtungen und angrenzendes offenes Gelände. Sie sind bei der Jagd und während des Zugs in offenem Gelände zu beobachten.

Die Art ist fast in ganz Europa verbreitet, sowohl im Tief- als auch im Hochland bis zur Baumgrenze und weiter durch den Waldgürtel quer durch Asien bis zum Pazifik und Nordamerika. Der europäische Bestand wird auf 166 000 bis 220 000 Paare geschätzt, von denen ca. 52 % allein in Russland leben. In Deutschland brüten 7 %, in Spanien 6 % und in Schweden und der Ukraine jeweils 4 %. In Mitteleuropa brütet der Habicht nur spärlich und ist hauptsächlich Standvogel. Skandinavische Vögel sind im Winter und während des Zugs im Herbst und Frühjahr zu sehen.

MAUSER

Eine komplette jährliche Mauser während der Brutsaison. Jüngere Vögel im Übergangskleid sind unter anderem an den erhaltenen juvenilen Federn und der unregelmäßigen Bänderung am Körper zu erkennen.

KLEIDER

Adult, Männchen: Im Allgemeinen an der Oberseite blaugrauer als das Weibchen und häufig mit kräftigem markiertem Überaugenstreif im Kontrast zu Scheitel und Wange, die dunkel sind. Die Iris ist häufig gelb, manchmal orange. Die Schwanzoberseite ist einfarbig oder mit einer bis drei dunklen Binde(n) versehen. **Unterseite:** Der Körper und die Unterflügeldecken sind hellgrau-weiß mit dunkler Bänderung, die mit dem Alter feiner wird. Die Schwungfedern bestehen häufig aus einer für den Habicht typischen Mischung aus schwach gebänderten und helleren Federn. Beim ähnlichen Sperber, *Accipiter nisus,* weisen die Schwungfedern hingegen am gesamten Unterflügel eine prägnante Bänderung auf. Der Steiß ist von fülligen, weißen Unterschwanzdecken umgeben, die während der Balz und beim Territoriumsflug ausgebreitet werden. Die Schwanzunterseite ist deutlich gebändert.

Adult, Weibchen: Wie beim Männchen, jedoch häufiger mit braungrauer Oberseite und nicht so prägnantem Überaugenstreif und hellerer, gestreifterer Wangenpartie.

Juvenil: Weißgelbe Iris und beige-schwarz gefleckter Kopf mit breitem, hellen Überaugenstreif. Die Oberseite ist mittelbraun mit hellen Federrändern. Der Schwanz ist graubraun mit fünf breiten Binden. Die Unterseite ist hellbeige bis orangebeige, und der Körper ist längs gestrichelt. Die Flügeldecken sind gestreift oder mit tropfen- und pfeilförmigen Stricheln versehen. Die Schwungfedern sind prägnanter gebändert als beim adulten Vogel. Der Schwanz ist markant gebändert.

Immatur: Eine Zwischenform zwischen juvenilem und adultem Federkleid mit diffusem Kopfmuster ohne markanten Überaugenstreif im Kontrast zur dunklen Wange. Eine graubraune Oberseite und ein heller Körper sowie Unterflügeldecken mit unterbrochener Bänderung mit Tropfen/Pfeilspitzen.

Wie viele andere Greifvogelarten erweitert und tarnt der Habicht das alte Nest im späten Winter und zu Beginn des Frühjahrs. Frische, biegsame Zweige mit nassen Nadeln der Lärche werden dafür bevorzugt. Dänemark. 12.6. HS.

Geschlecht: Große Weibchen sind größer als der Mäusebussard, *Buteo buteo,* und das Männchen ist etwas kleiner.

UNTERARTEN

Innerhalb des europäischen Verbreitungsgebiets leben drei der zehn Unterarten. Der nordöstliche *A. g. buteoides*, der größer als die Nominatform und als adulter Vogel heller mit feinerer Bänderung ist, ist ein Strichvogel, der in Mittel- und Südeuropa überwintert. *A.g. arrigonii*, der kleiner und dunkler ist als die Nominatform, ist auf Korsika und Sardinien anzutreffen. *A.g. marginatus* kommt in Italien, auf dem Balkan und weiter in Richtung Osten zum Kaukasus und Iran vor.

ÄHNLICHE ARTEN

Das Männchen, das etwas kleiner als das Weibchen ist, kann insbesondere mit dem Sperber, *Accipiter nisus,* verwechselt werden.

ZUG

Habichte sind Standvögel, dennoch ziehen einige wenige, in erster Linie Jungvögel, aus dem Norden im Winter in Richtung Süd- und Südwesteuropa.

BRUTBIOLOGIE

Der Habicht brütet oft in höher gelegenen Gebieten sowohl in Laub- als auch Nadelbäumen. Das Paar ist zu Beginn des Frühlings im Territorium zu sehen, und das Nest wird mehrere Jahre erneut verwendet. Die zwei bis fünf Eier (eins bis sechs) werden zwischen Ende März und Anfang Juni gelegt (abhängig vom Breitengrad) und hauptsächlich vom Weibchen ausgebrütet, bis die Jungen nach 32 bis 38 Tagen schlüpfen. Das Männchen bringt die Nahrung und hält Wache. Die Jungen sind nach 34 bis 41 Tagen flugfähig und noch weitere ein bis eineinhalb Monate von den Eltern abhängig.

Die Beutetiere bestehen überwiegend aus Vögeln in Tauben- und Entengröße sowie aus Hasen, Kaninchen und ab und zu Eichhörnchen und anderen Nagetieren. Die Jagd erfolgt häufig vom Ansitz aus oder mit einem Überraschungsangriff und hin und wieder per Rüttelflug über Wiesen.

Der älteste beringte Vogel erreichte ein Alter von 19 Jahren.

SPERBER

Accipiter nisus

BEDEUTUNG DES NAMENS

Accipiter, lateinisch für Habicht, abgeleitet von *accipere*, ergreifen, empfangen
nisus, aus der griechischen Mythologie über Nisus, König von Megara, der nach einem Verrat in einen Habicht, Fischadler oder Steinadler verwandelt wurde

Der Sperber führt ein verborgenes Dasein und ist oft als jagender Schatten zu sehen, der schnell wieder aus dem Blickfeld verschwindet, häufig begleitet von Alarmrufen von Kleinvögeln, die die hauptsächliche Nahrungsquelle der Sperber darstellen. Juveniles Männchen beim Überraschungsangriff auf Kleinvögel. Schweden. 19.9. LG.

GESAMTEINDRUCK

Männchen: L. 28–36 cm. Fs. 58–65 cm.
Weibchen: L 35–41 cm. Fs. 60–80 cm.
Der Sperber ist der am häufigsten vorkommende und am weitesten verbreitete Vogel der Habichtartigen in Europa. Er ist leicht mit dem Habicht, *Accipiter gentilis,* zu verwechseln, insbesondere im Flug, während der sitzende Sperber dünnere Beine und eine geducktere Haltung hat aufgrund des kürzeren Halses und runderen Kopfes.

Das Flugbild ist typisch für die Gattung der Habichtartigen mit verhältnismäßig kurzen und breiten Flügeln und abgerundeter Hand und langem Schwanz. Der aktive Jagdflug ist schnell. Der Gleitflug wird durch schnelle Flügelschläge und Richtungskorrekturen unterbrochen. Während des Zugs ist der Flug ruhiger, häufig mit fast konstanten, flatternden Flügelschlägen, die von Gleitflügen unterbrochen werden. Im Segelflug erinnert der Sperber an ein fliegendes T, aufgrund des kleinen geduckten Kopfes, der schmalen Hüften und des geraden Schwanzes, während der Habicht, *A. gentilis,* eher an ein fliegendes Kreuz erinnert mit längerem Hals, kräftigem Kopf und schwererem Körper mit breiten Hüften und abgerundeten Schwanzecken. Im Allgemeinen ist der Flug des Sperbers leichter, schneller und mit häufigeren Kursänderungen, während der Flug des Habichts eher schwerfällig und geradliniger wirkt.

Adultes Männchen mit einem schwachen Überaugenstreif. Wange und Hals ockerfarben. Zu beachten ist die für den adulten Vogel charakteristische feine und regelmäßige Bänderung an Körper und Flügeldecken. Schweden. 14.10. LG.

Das adulte Weibchen ist um ein Drittel größer als das Männchen und leicht mit dem Habicht, *Accipiter gentilis,* zu verwechseln. Der Sperber ist jedoch an den prägnant gebänderten Schwungfedern zu erkennen. Schweden. 27.2. HS.

Adultes Männchen. Einige Männchen können wie dieses an Hals, oberer Brust und an den Flanken stark orangerot gefärbt sein. Schweden. 17.10. LG.

Adultes Weibchen mit neuen, kürzeren Schwanzfedern und kürzerer Handschwinge P10 an der rechten Hand und zwei nachwachsenden neuen äußeren Handschwingen in der linken Hand. Die Mauser findet während der Brutsaison statt. Während des Herbstzuges werden hin und wieder Vögel wie dieser mit auffälligem Gefieder gesichtet. Schweden. 9.9. JL.

Adultes Männchen. Kräftig gefärbte Männchen haben oft eine ockerfarbene Bänderung im Vergleich zu kontrastärmeren Männchen, die eine gräuliche Bänderung an Körper und Flügeldecken zeigen. 26.9. HS.

Adulte Weibchen können an der oberen Brust und an den Flanken rötlich gefärbt sein. In der Regel haben sie einen prägnanten Überaugenstreif und sind stets an der graubraunen Oberseite zu erkennen. Schweden. 29.9. JL.

Adultes Männchen. Scheitel, Nacken, Körper und Flügeldecken sind blaugrau und stehen im Kontrast zu den schwarzbraunen Handschwingen- und Oberschwanzdecken. Zu beachten ist das rötliche Auge, das nur bei älteren Männchen zu sehen ist. Dänemark. 25.10. JL.

Adultes Weibchen. Bei trübem Wetter kann die braune Färbung eher grau wirken und somit auf eine männliche Oberseite schließen lassen. Das Weibchen ist jedoch an dem kräftigen Überaugenstreif sowie an fehlender ockerfarbener Färbung an Kopf und Körper zu erkennen. Dänemark. 28.3. NLJ.

Juveniles Männchen, zu erkennen an der Größe und der gemusterten oberen Brust, die aus einer Mischung aus geraden, tropfen- und pfeilspitzenförmigen Längsstricheln besteht, während das juvenile Weibchen häufig eine gleichmäßigere Bänderung aufweist. 21.9. LG.

Juveniles Weibchen, zu erkennen an der Größe und der regelmäßigen Bänderung am Körper ohne Tropfen und Pfeile an der oberen Brust, die häufig bei juvenilen Männchen zu sehen sind. 21.9. LG.

Juveniles Männchen, zu erkennen an der Größe und der rötlichen Färbung an der oberen Brust. Zu beachten ist die typische juvenile Oberseite mit hellen Federrändern und gestreiftem Nacken, dem prägnanten Überaugenstreif, dem dunklen Ohrfleck sowie kräftig gestreifter Wange und Halsseite. Schweden. 20.10. JL.

Jungvogel mit typischer bräunlicher Oberseite mit einer Mischung aus hellen und rotbraunen Federrändern und einem unregelmäßigen Körpergefieder. 9.9. HS.

Juveniles Männchen. Die Geschlechtsbestimmung ist anhand der Größe möglich. Zu beachten ist die Zeichnung an der oberen Brust und am Bauch, die aus einem rötlichen Muster aus Tropfen, unregelmäßiger Bänderung und pfeilförmigen Stricheln besteht, die typisch für juvenile Sperber sind. Juvenile Weibchen haben jedoch eher eine regelmäßig gebänderte Brustpartie, häufig ohne die rötliche Färbung. Schweden. 21.9. LG.

Juveniles Weibchen. Die Geschlechtsbestimmung ist anhand der Größe möglich. Zu beachten ist die einheitlichere gräuliche und dem adulten Weibchen ähnliche Oberseite, jedoch mit hellbeigen Federrändern und der typisch juvenilen Kopfzeichnung. Schweden. 2.9. JL.

Weibchen, 2. KJ, mit einer Mischung aus bräunlichen und ausgeblichenen, juvenilen Federn und neuen, graubraunen Federn. Zu beachten sind die zur Hälfte herausgewachsenen neuen Schwanzfedern. Schweden. 10.9. JL.

HABITAT UND VERBREITUNG

Sperber leben in Waldgebieten, gerne mit Lichtungen, sowie in städtischen Parks und größeren Gärten. Die Art ist in ganz Europa weit verbreitet, vom Flachland bis zur Baumgrenze in bergigen Regionen. Der europäische Bestand wird auf zwischen 402 500 und 580 000 Paare geschätzt. In Russland leben 35 % des Bestands, in Schweden 9 %, in England 7 % und in Frankreich, Deutschland und Polen jeweils 6 %.

Vom europäischen Teil Russlands aus erstreckt sich die Verbreitung durch Asien bis zum Pazifik. In Mitteleuropa ist der Sperber ein recht häufig vorkommender Brutvogel und teilweise Stand- und Zugvogel. Er ist während des Frühjahrs- und Herbstzuges häufig zu beobachten.

MAUSER

Juvenile Vögel erhalten nach etwa einem Jahr ihr adultes Federkleid. Hin und wieder sind einzelne einjährige Vögel mit noch erhaltenen juvenilen Federn, insbesondere Schwungfedern, zu sehen. Adulte Vögel mausern einmal im Jahr während der Brutsaison.

KLEIDER

Adultes Männchen, Oberseite: Einfarbiger, tief blaugrauer Körper, Flügeldecken und Armschwingen, die einen Kontrast zu den schwarzgrauen bis graubraunen, gebänderten Handschwingen und dem Schwanz mit vier dunklen Binden bilden. Die Iris ist gelb, wobei ältere Männchen eine orangerote Iris haben. Die grauen Scheitelseiten sind häufig nur mit einem kurzen, schmalen, weißlichen Überaugenstreif versehen, der bei einigen Vögeln dieser Art ganz fehlt. **Unterseite:** Die Brust, der Bauch und die Flügeldecken haben eine schmale, graubraune bis rötliche Bänderung auf grauweißem Grund und bilden einen Kontrast zu den breiten, schwarzen Bändern auf Schwungfedern und Schwanz. Die helle, fein gestreifte Wangen- und Halspartie weist häufig eine ockerfarbene Tönung auf, die sich bis zur Brust und entlang der Flanken ziehen kann. Einige Männchen sind am ganzen Körper stark rötlich gefärbt. Die Unterschwanzdecken sind bei beiden Geschlechtern weiß.

Adultes Weibchen, Oberseite: Graubraun bis gräulich ohne Kontrast. Die Iris ist gelb, der Überaugenstreif ist häufig lang und prägnanter als beim adulten Männchen. **Unterseite:** Häufig einfarbig gebändert in Grau und mit ockerfarbigem Schimmer, begrenzt bis zur Wange. Einige Weibchen wirken jedoch durch eine ockerfarbige Bänderung und rötlicher Färbung an Brust und Flanken wie ein Männchen.

Juvenil, Oberseite: Dunkelbraun mit ockerfarbenen bis weißlichen Federrändern, die nach und nach abnutzen. Die Federn bleichen über den Winter aus, und die Ränder nutzen ab, sodass das Gefieder graubraun wie beim adulten Weibchen wirkt. Der Kopf und der Hals sind kräftig gestreift mit deutlichem, hellem Überaugenstreif und breitem, dunklem Fleck an den Ohrdecken. Die Iris ist hellgelb. **Unterseite:** Der Körper und die Flügeldecken sind fein gebändert auf weißlichem bis ockerfarbenem Grund. Der oberste Teil der Brust ist häufig unregelmäßiger gestreift und kann eine herzförmige oder tropfenförmige Musterung mit Winkeln aufweisen. Die Geschlechter sind bei juvenilen Vögeln schwer voneinander zu unterscheiden. Juvenile Männchen sind kleiner, häufig mit einer stärker ausgeprägten rostroten Unterseite und einer stärker gestrichelten oberen Brust.

GESCHLECHT

Die Geschlechter sind an der Größe zu unterscheiden.

UNTERARTEN

Außer der Nominatform *A. n. nisus*, die im Verbreitungsgebiet dominiert, gibt es zwei weitere kleinere und dunklere Unterarten, *A. n. granti* auf Madeira und den Kanarischen Inseln und *A. n. wolterstorffi* auf Korsika und Sardinien.

ÄHNLICHE ARTEN

Die adulten Weibchen, die bis zu ein Drittel größer sein können als Männchen, sind insbesondere mit dem Habicht, *Accipiter gentilis,* zu verwechseln, lassen sich aber am Gesamteindruck und Gefieder unterscheiden. Der Sperber weist außerdem eine Ähnlichkeit mit dem Kurzfangsperber, *Accipiter brevipes,* auf, der einen etwas kürzeren Schwanz und kürzere, schlankere Flügel hat. Weitere Details siehe die Beschreibung zu diesen Arten.

ZUG

Der Sperber ist in England, Irland und Südeuropa meist Standvogel. Im südlichen Nordeuropa ist er teilweise als Zugvogel zu beobachten, während Vögel aus dem nördlichen Fennoskandien sowie Russland in erster Linie Zugvögel sind und in Mitteleuropa bis zum Mittelmeer überwintern. Einige wenige ziehen über Gibraltar und den Bosporus, um in Nordafrika bzw. im Nahen Osten den Winter zu verbringen.

Der Frühjahrszug nach und durch Skandinavien erreicht im Zeitraum April bis Mai seinen Höhepunkt, während der Herbstzug von August bis Mitte September von Jungvögeln eingeleitet und anschließend von den adulten Vögeln dominiert wird und bis in den November anhält, wobei dann adulte Männchen in der Überzahl sind.

BRUTBIOLOGIE

Der Sperber brütet im Alter von einem Jahr das erste Mal und von da an jedes Jahr häufig mit neuem Partner. Das Paar ist zu Beginn des Frühlings bei Balzflügen über dem Gelände zu sehen, wobei das Männchen aufsteigt und das Weibchen mit anschließenden Sturzflügen beeindrucken möchte.

Das Nest wird in einer Höhe zwischen zwei und 35 Metern in sowohl Laub- als auch Nadelbäumen angelegt, bei letztgenannten oft an der Grenze zwischen lebenden und trockenen Zweigen. Die Eiablage mit drei bis sechs Eiern ist so angepasst, dass die Jungen, die innerhalb von ca. 34 Tagen in erster Linie vom Weibchen ausgebrütet werden, schlüpfen, wenn die Jungen von Kleinvögeln flügge werden, da sie als Nahrungsquelle dienen. Das Männchen sorgt während der gesamten Nestzeit hauptsächlich für die Nahrung, die fast ausschließlich aus kleinen Sperlingsvögeln besteht, die gerupft zum Nest gebracht und vom Weibchen verteilt werden. Die Jungen sind nach 26 bis 30 Tagen flugfähig und noch weitere drei bis vier Wochen von den Eltern abhängig.

Der Sperber ist Experte für Überraschungsangriffe. Juvenile und adulte Weibchen sind in der Lage, größere Beutetiere wie beispielsweise Rebhuhn, *Perdix perdix,* und Ringeltaube, *Columba palumbus,* zu erlegen. Auf dem Zug und im Winterquartier stellen kleinere Watvögel eine weitere Nahrungsquelle dar. Größere Insekten, Amphibien, Kriechtiere, Nagetiere und Fledermäuse stehen hin und wieder ebenfalls auf dem Speiseplan. Sperber können über 15 Jahre alt werden.

Ein prächtiges adultes Männchen mit charakteristischer blaugrauer Oberseite und ockerfarbigem Schimmer an Wange, Brust und Flanken. Ältere Männchen wie dieses haben orangerote Augen. Dänemark. 7.7. HS.

KURZFANGSPERBER

Accipiter brevipes

BEDEUTUNG DES NAMENS

Accipiter, lateinisch für Habicht, abgeleitet von *accipere*, ergreifen, empfangen
brevipes, kurzfüßig, aus lateinisch *brevis*, kurz, und *pes*, Fuß

Kurzfangsperber, juvenil, 2. KJ. Während des Frühjahrszuges sind bei Jungvögeln wie bei diesem die meisten juvenilen Körperfedern ausgefallen und wurden durch graue, adulte Kopf-, Schulter- und Rückenfedern ersetzt. Die meisten Flügeldecken und Schwanzfedern sind immer noch juvenil und werden im Laufe des Sommers ersetzt. Zu beachten sind das große Auge, das schwarz wirkt, aber tief dunkelrot ist, und die kräftigen Tarsen, die die Art unter anderem vom Sperber, *Accipiter nisus,* unterscheiden. Israel. 26.4. KB.

GESAMTEINDRUCK

L. 30–37 cm. Fs. 64–74 cm.
Ähnelt dem Sperber, *Accipiter nisus,* in Aussehen und Verhalten sehr stark. Es gibt jedoch keinen ausgeprägten Größenunterschied zwischen Männchen und Weibchen. Bei sitzenden Vögeln sind große, dunkle Augen, breitere Tarsen und kräftigere Fänge als beim Sperber zu sehen, der eine gelbe oder rote Iris und sehr dünne Beine hat. Der Kopf ist außerdem deutlicher markiert, mit kräftigerem Nacken und dickerem Hals als beim Sperber, was ihm ein kräftigeres und konischeres Kopfprofil verleiht.

Im Flug wirkt der Schwanz des Kurzfangsperbers verhältnismäßig kurz, und die Flügel sind kurz und schmal mit nur vier deutlichen Fingern im Gegensatz zu sechs beim Sperber. Beim Gleitflug wirkt die Silhouette aufgrund der schmaleren Hand eher wie bei einem Falken. Der aktive Flug erfolgt mit schnellen, fast schwirrenden Flügelschlägen, die von langen Gleitflügen unterbrochen werden. Diese *Accipiter*-Art nutzt die Thermik während des Zugs und ist oft in kleineren Trupps von fünf bis zehn Vögeln und mehr unterwegs, teilweise auch in sehr großen Schwärmen mit mehreren Hundert Vögeln, die sich hoch in die Luft schrauben und über lange Strecken gleiten.

Adultes Männchen. Der graue Kopf, die dunklen Augen und der schmale, dunkle «Schlips» an der Kehle unterscheidet die Art vom Sperber *Accipiter nisus*. Das Männchen grenzt sich außerdem vom adulten Weibchen durch die ocker- bis rosafarbene Bänderung an Körper und Flügeldecken sowie die schwächere Bänderung der Schwungfedern ab, die auf die äußersten Handschwingen mit den charakteristischen schwarzen Fingern begrenzt ist. Beide Geschlechter haben einen diffus dunklen Flügelhinterrand. Israel. 25.4. KB.

Jungvögel haben einen dunklen, fein gestrichelten Kopf mit gelblicher bis bernsteinfarbener Iris, kontrastreicher Unterseite mit «Schlips» an der Kehle und variabler Fleckung am Körper. Die äußersten Schwanzfedern haben sieben Binden. Ägypten. 13.10. GG.

Juveniler Kurzfangsperber. Ähnelt einem juvenilen Sperber, zu beachten sind jedoch die kräftigere, konische Kopfform, die bräunliche Iris und die breitere, nicht gräuliche, sondern knallgelbe Wachshaut. Ägypten. 13.10. GG.

Adultes Weibchen. Ähnelt einem adulten Männchen, jedoch mit dunklerer und breiterer Bänderung an Körper und Flügeldecken. Die Bänderung der Schwungfedern reicht bis zur Hand, die keine markanten, schwarzen Finger aufweist, jedoch deutlicher als beim juvenilen Vogel markiert ist. Israel. 29.4. KB.

Juveniles Männchen, 2. KJ, mit erhaltenen gebänderten Schwungfedern und noch wenigen erhaltenen gestreiften und gefleckten Brust- und Bauchfedern, die normalerweise im Laufe des Sommers ersetzt werden. Zu beachten ist die dunkle Iris. Israel. 30.4. KB.

Juveniles Weibchen, 2. KJ. Die Mauser bei Jungvögeln beginnt bei den Körperfedern im Winter und ist normalerweise während des Frühjahrszuges an abgenutzten Schwungfedern und einzelnen gefleckten, juvenilen Körperfedern zu erkennen. Zu beachten ist die dunkle Iris. Israel. 29.4. KB.

HABITAT UND VERBREITUNG

Kurzfangsperber bevorzugen bewaldetes Flachland, gerne entlang von Flüssen und Bächen, sowie kleine Wälder und Büsche in offenem Gras- und Kulturland. Diese Sperberart lebt während der Brutzeit zurückgezogen und ist meist bei der Jagd auf Insekten, Kriechtiere und Kleinvögel zu beobachten.

Brütet auf dem Balkan sowie östlich und südöstlich davon und außerdem in Russland und der Türkei, nördlich und südlich des Schwarzen Meeres und des Kaspischen Meeres bis zum Iran und Irak. Der weltweite Bestand wird auf 5 000 bis 10 000 Paare geschätzt, von denen 3 500 bis 6 900 Paare in Europa brüten. Griechenland, Aserbaidschan, Russland und Rumänien beheimaten jeweils 29 %, 17 %, 15 % und 14 % des Bestandes.

MAUSER

Der Kurzfangsperber ist ein Langstreckenzieher. Die Mauser setzt im Brutgebiet ein, pausiert während des Zuges in Richtung Süden und wird im Winterquartier in Afrika fortgesetzt.

KLEIDER

Adultes Männchen, Oberseite: Einfarbig blaugrau mit schwarzen Spitzen an den Handschwingen und sechs bis acht schmalen, dunklen Schwanzbinden, die in der Mitte unterbrochen werden. Der Kopf ist grau mit einem großen, dunklen (rotschwarzen) Auge und einer deutlich gelblichen Wachshaut. **Unterseite:** Helle Kehle mit schmalem, dunklem «Schlips» und fein gebänderten Körper und Flügeldecken mit ockerfarbenen Streifen im Kontrast zu den hellgrauen, schwach gebänderten Handschwingen mit markanten, schwarzen Fingern.

Adultes Weibchen, Oberseite: Graubrauner als beim Männchen und ohne kontrastreiche, dunkle Finger. **Unterseite:** Die Unterseite wirkt dunkler und einheitlicher mit breiten, braunen Bänderungen an Körper und Flügeldecken. Auch die Schwungfedern sind regelmäßiger und breiter gebändert und weisen keine markanten, dunklen Finger auf, wie es beim Männchen der Fall ist. Während des Gleitfluges, wenn die Finger zusammengedrückt sind, wirkt die Flügelspitze auch beim Weibchen immer dunkler als beim Sperber, *Accipiter nisus*.

Juvenil, Oberseite: Graubraun mit beigen Rändern am Rücken und kleinen Flügeldecken sowie hellen Rändern an den großen Decken und den Schwungfedern. Das Kopfmuster ist variabel, von gräulich (hell) bis dunkel. Es ist jedoch kein heller Überaugenstreif vorhanden, und die Iris ist anfänglich noch graugelb und nimmt im Laufe des Herbstes eine dunkle Farbe an. **Unterseite:** Die Unterseite ähnelt der des adulten Weibchens, aber der Jungvogel hat eine helle Kehle, einen markanten Kehlstreif und eine deutlich gefleckte mit Längsstreifen versehene Brust, die an den Flanken und am unteren Teil des Bauches in pfeilförmige Strichel übergeht. Die vier äußeren Finger sind dunkler als beim juvenilen Sperber. Die Wachshaut ist breiter und auffällig gelb.

GESCHLECHT

Männchen und Weibchen sind beim Altvogel am Gefieder zu unterscheiden. Das Geschlecht ist bei juvenilen Kurzfangsperbern nicht zu unterscheiden.

UNTERARTEN

Diese Art ist monotypisch.

ÄHNLICHE ARTEN

Der Kurzfangsperber kann insbesondere mit dem Sperber verwechselt werden, ist jedoch durch die einzigartige Kombination aus nur vier sichtbaren Fingern im Handflügel, die dunkle Flügelspitze (insbesondere beim Männchen) und das große, dunkle Auge und die auffällige breite, gelbe Wachshaut am Oberschnabel zu bestimmen.

ZUG

Ausgeprägter Zugvogel mit vermutlichem Winterquartier in Afrika, südlich der Sahara. Die Art verlässt das Brutgebiet im August bis September und ist in großen Schwärmen auf der östlichen Zugroute, insbesondere am Bosporus in der Türkei zu sehen. Der Frühjahrszug erreicht Ende April seinen Höhepunkt.

BRUTBIOLOGIE

Der Kurzfangsperber paart sich und brütet im Alter von einem Jahr zum ersten Mal. Das Nest wird vorzugsweise in Laubbäumen auf Zweigen in der Nähe des Stammes in vier bis 20 Meter Höhe angelegt.

Die Eiablage mit normalerweise drei bis fünf Eiern erfolgt zwischen Mai und Anfang Juni. Die Eier werden innerhalb von 30 bis 35 Tagen vom Weibchen ausgebrütet. Genau wie beim Sperber bringt auch das Kurzfangsperbermännchen die Nahrung zum Nest, und das Weibchen füttert die Jungen. Nach ca. 45 Tagen sind die Jungen flugfähig und noch einige Wochen von den Eltern abhängig. Über das Brutverhalten ist noch nicht sehr viel bekannt.

Die Nahrung besteht überwiegend aus Eidechsen, Grashüpfern, Zikaden, Käfern und Libellen sowie Kleinvögeln (bis zu

Drosselgröße). Die Jagd erfolgt entweder mittels Ansitzjagd in der Waldlichtung oder durch Überraschungsangriffe aus niedriger Höhe im Gelände.

Kurzfangsperber, adultes Weibchen, umgeben von adulten Männchen. Beim Frühjahrszug aus den Winterquartieren in Afrika folgt die Art einem nordöstlichen Kurs über den Nahen Osten und entlang der Küsten des Schwarzen Meeres und weiter bis zu den Balkanländern, Russland und Asien. Eilat Mountains. Israel. 28.4. KB.

MILANE, *MILVUS* UND *ELANUS*

Weltweit gibt es 33 Milan-Arten, von denen drei Arten in Europa leben und in zwei Gattungen unterteilt sind.

Der in Südwesteuropa lebende Gleitaar, *Elanus caeruleus,* ist mit seinem blau-weißen Federkleid einzigartig unter den europäischen Greifvögeln. Er unterscheidet sich von den anderen beiden Milan-Arten außerdem durch sein Flugverhalten und seine Nahrungswahl, die primär aus frisch gefangener Beute und nicht aus Aas besteht.

Die beiden verwandten Arten Rotmilan, *Milvus milvus,* und Schwarzmilan, *Milvus migrans,* die mit langen, schlanken Flügeln und langem, gegabeltem Schwanz als typische Milane gelten, grenzen sich durch ihr Aussehen und das suchende Flugverhalten nach Aas ab, welches bei ihnen einen Großteil der Nahrung ausmacht.

In den meisten Fällen sind die beiden Arten leicht an der Tiefe der Schwanzgabelung, der Körperfarbe und der Verteilung der weißen «Fenster» in der Hand zu differenzieren.

Aus der Entfernung und bei schlechten Lichtverhältnissen stellt eine sichere Artbestimmung jedoch eine Herausforderung dar. Zu beachten ist, dass Weihen, insbesondere die Rohrweihe, *Circus aeruginus*, in Flug und Aussehen Ähnlichkeiten mit Milanen aufweist.

Rotmilan, *Milvus milvus,* und Schwarzmilan, *Milvus migrans,* beides juvenile Vögel.

Vom Schwarzmilan unterscheidet sich der Rotmilan allgemein durch die rote Grundfarbe des Körpers und das große weiße Flügelfeld in der Hand. Die Gabelung im Schwanz ist beim Rotmilan tiefer. Es ist jedoch zu beachten, dass diese bei abgenutzten Federn kürzer wirken kann.

Jungvögel beider Arten sind an Brust und Bauch stark gestrichelt, der juvenile Schwarzmilan ist jedoch immer an der prägnanten, schwarzen Augenmaske zu erkennen. Außerdem sind die unterschiedlichen Proportionen zu beachten. Der Rotmilan hat lange, schmale Flügel mit schmalerer Hand, und der Schwarzmilan hat breite Flügel. Schweden. 2.9. NLJ.

Rotmilan. Der Altvogel hat ein stärker gefärbtes und kontrastreicheres Federkleid als Jungvögel, von denen er sich mit schwarzen Längsstreifen an der Unterseite sowie der charakteristischen weißen Iris und einer gelben Schnabelbasis unterscheidet. Schweden. 16.2. KD.

ROTMILAN

Milvus milvus

BEDEUTUNG DES NAMENS

Milvus, lateinisch für Drachen, Anspielung auf das Verhalten des Vogels, wenn er wie ein Spielzeugdrachen im Wind hängt

GESAMTEINDRUCK

L. 60–72 cm. Fs. 143–171 cm.

Der Rotmilan ist mit seiner tiefen Schwanzgabelung und dem einzigartigen Flug einer der am leichtesten zu bestimmenden Greifvögel. Der aktive Flug erfolgt mit tiefen, federnden Flügelschlägen, wobei der Schwanz als Ruder benutzt wird.

Während der Nahrungssuche schwebt der Vogel niedrig über grasbewachsene Ebenen, mit plötzlichen Drehungen und Sturzflügen auf die Beute, oder er steht still im Wind. Der Segelflug erfolgt auf leicht gewölbten Flügeln mit ausgebreitetem Schwanz, wobei die Gabelung zu einer fast geraden Schwanzrückseite ausgeglichen wird. Im Gleitflug werden die Flügel nach vorne geschoben, und der zusammengelegte Schwanz wirkt wie eine lange, leicht hängende «Stange». Den sitzenden Vogel erkennt man an der lang gestreckten Körperform mit rostroter Unterseite und langem, gegabeltem Schwanz. Im Winterhalbjahr ist der Rotmilan in der Dämmerung in großen Schwärmen zu sehen, bevor er zusammen mit seinen Artgenossen in einem oder mehreren Bäumen übernachtet.

Der adulte Rotmilan hat eine rostrote Unterseite mit schwarzen Streifen an Brust und Bauch. Die großen Unterflügeldecken haben keine hellen Spitzen, wie sie beim juvenilen Vogel zu sehen sind. Zu beachten sind die fünf deutlich zu sehenden Finger, der Schwarzmilan hat sechs! Schweden. 3.10. LG.

Der adulte Rotmilan hat eine mehrfarbige Oberseite, der Kontrast ist jedoch nicht so ausgeprägt wie bei juvenilen Vögeln. Zu beachten sind die fehlende Flügelbinde und der rostrote Schwanz ohne Subterminalband. 16.12. HS.

Altvogel mit grauem und schwarz gestreiftem Kopf und weißer Iris sowie leuchtend weißer Hand, die die Art zusammen mit den für einen Milan typischen Eigenschaften von anderen Greifvögeln unterscheidet. Schweden. 22.3. LG.

Juvenile Rotmilane haben im Gegensatz zu den adulten Vögeln eine kontrastreichere und mehrfarbigere Oberseite mit markanter Flügelbinde entlang der großen Flügeldecken und ein dunkles Subterminalband am Schwanz. Zu beachten ist die dunkle, graugelbe Iris. Schweden. 6.8. JL.

Adulter Rotmilan im typischen eleganten Schwebeflug, wobei der lange Schwanz als Ruder genutzt wird, wenn der Vogel bei niedrigem Flug Felder, Wiesen und Sumpfgebiete nach Beute absucht. Zu der Beute zählen Fische, Insekten, Amphibien, Kriechtiere und Säugetiere sowie größere Vögel wie Krähen, die im Flug geschlagen werden können, wenn sie zu frech werden. Schweden. 25.1. HS.

Jungvogel, 1. KJ, hat normalerweise einen helleren und leicht gestreiften Kopf sowie einen hell gestrichelten Körper und helle Unterschwanzdecken. Zu beachten sind das helle Band entlang der großen Flügeldecken und der weiße Schwanz mit dunklem Subterminalband. 27.8. HS.

Juveniler Rotmilan, 2. KJ. Während des Winters beginnt die Mauser des Körpergefieders, und der Jungvogel erhält schwarze Streifen am Unterkörper, während die Mauser der juvenilen Schwungfedern im Laufe des Frühlings einsetzt. Schweden. 22.3. JL.

HABITAT UND VERBREITUNG

Rotmilane bewohnen gerne abwechslungsreiche und hügelige Landschaften mit einer Mischung aus kleinen Wäldern, Seen, Bächen, Wiesen, Äckern und Dörfern. Auch über Autobahnen kann man sie manchmal auf der Suche nach fressbaren, durch den Verkehr getöteten Tieren segeln sehen. Im Winter gruppieren sich große Schwärme in Baumgruppen, in denen sie übernachten.

Der Rotmilan kommt weltweit nur in Europa vor. Brutnachweise von früheren Populationen in Marokko fehlen seit zehn Jahren. Heute erstreckt sich die Verbreitung von Südschweden, Irland und England über den Populationsschwerpunkt in Mitteleuropa bis nach Südwesteuropa. Kleinere Populationen gibt es im westlichen Weißrussland, in der Ukraine, in der Slowakei, in Ungarn, in Serbien und in Italien.

Der Bestand wird auf 29 000 bis 32 000 Paare geschätzt, wobei die Hälfte davon in Deutschland brütet, sodass dort eine besondere Verantwortung für den Schutz dieser Art besteht. Rund 10 % brüten in der Schweiz, 10 % in Frankreich, in Spanien sind es etwa 8 %, in Schweden 7 % und in Polen und auf den Britischen Inseln jeweils 6 %.

MAUSER

Die Mauser bei adulten Vögeln findet in der Brutsaison bis September/Oktober statt. Juvenile mausern zum Teil im ersten Winter, wo viele adultähnliche Brust- und Bauchfedern mit schwarzen Streifen entstehen. Die Mauser der Schwungfedern beginnt im 2. KJ im Laufe des Frühjahrs und ist erst zum Ende des Jahres abgeschlossen.

KLEIDER

Adult, Oberseite: Der Altvogel hat einen hellgrauen, schwarz gestreiften Kopf, eine hellgelbe bis weiße Iris und eine gelbe Wachshaut. Ältere Vögel können teilweise einen gelben Schnabel haben. Rücken- und Schulterfedern sowie Flügeldecken sind braunrot mit schwarzen Zentren, und die großen und mittleren Flügeldecken haben breite, beige Ränder. Die Schwungfedern sind schwarz bis dunkelbraun mit einem helleren, braunen Fenster in der Hand. Der charakteristische Schwanz ist tief rostrot mit dunklen Schwanzecken. **Unterseite:** Das Körpergefieder und die Unterschwanzdecken sind tief rostrot mit schwarzen Längsstreifen an Brust und Flügeldecken. Der Unterflügel ist dunkel mit charakteristischen, weißen Fenstern zwischen Arm und Hand, die bei rötlicheren Individuen jedoch nicht so ausgeprägt sind. Der Schwanz ist hell und leicht lachsfarben mit gebänderten äußeren Schwanzfedern. **Juvenil, Oberseite:** Heller, fast ungestrichelter Kopf mit grauer Iris und starkem Kontrast zwischen schwarzem Schnabel und gelber Schnabelhaut. Die kleinen und mittleren Flügeldecken sowie Rücken- und Schulterfedern sind hell und bilden einen starken Kontrast zu den dunklen Schwungfedern und großen Flügeldecken mit hellen Spitzen, die eine charakteristische Flügelbinde bilden. Jungvögel haben breitere Flügel und einen kürzeren Schwanz mit weniger stark ausgeprägter Gabelung als der adulte Vogel. Der Schwanz ist mit einem schmalen, schwarzen Subterminalband versehen. **Unterseite:** Die Unterseite ist hellorangebraun mit weißen bis beigen Streifen. Erst im Winter bilden sich zunehmend schwarze Streifen, und im Frühjahr ist eine adultähnlichere Erscheinung eingetreten. Es zeigt sich außerdem ein charakteristisches helles Band entlang der großen Flügeldecken. Die Unterschwanzdecken sind so hell wie der Schwanz, der jedoch mehr oder weniger gebändert und mit einem Subterminalband versehen ist.

GESCHLECHT

Männchen und Weibchen sind im Freiland nicht zu unterscheiden.

UNTERARTEN

Innerhalb des Verbreitungsgebietes ist nur die Nominatform *Milvus milvus* zu sehen. Früher wurde in Kap Verde eine Unterart/Kreuzung zwischen Rot- und Schwarzmilan vermutet, *M. fasciicauda*, die jetzt als ausgestorben gilt.

ÄHNLICHE ARTEN

Kann mit dem Schwarzmilan, *M. migrans*, verwechselt werden, aber durch den rostroten Schwanz mit tiefer Gabelung und die Flügelunterseite mit den weißen Fenstern im Handflügel ist die Art leicht zu bestimmen.

ZUG

Während der Rotmilan im südlichen Verbreitungsgebiet ein Standvogel ist, ist er im Norden sowohl Stand- als auch Zugvogel. Ein Teil der Vögel überwintert, während der Großteil von Mitte August bis Ende Oktober nach Frankreich und Spanien zieht, wo sie bis Februar/April bleiben. Nur wenige Rotmilane verbringen den Winter in Nordafrika.

BRUTBIOLOGIE

Brütet erstmals im Alter von zwei bis drei Jahren. Standvögel bleiben länger mit ihrem Partner zusammen als Zugvögel. Zu Beginn des Frühlings ist das Paar über dem Territorium bei Luftspielen mit Sturzflügen, Scheinangriffen und bei gemeinsamen Überschlägen mit ineinander verhakten Fängen zu beobachten.

Das Nest wird von Männchen und Weibchen gemeinsam in hohen Laub- oder Nadelbäumen angelegt oder erneut verwendet. Es wird mit weichen Teilen wie Papier, Plastikstreifen und Wolle belegt. Im Zeitraum von März bis Mai werden ein bis vier Eier gelegt, die innerhalb von 31 bis 32 Tagen in erster Linie vom Weibchen ausgebrütet werden. Während der Aufzucht der Jungen sorgt das Männchen für die Nahrung, bis die Jungen nach 50 bis 60 Tagen flugfähig sind. Sie sind noch weitere zwei bis drei Wochen von den Eltern abhängig, bis sie die Jagdtechniken selbst beherrschen.

Der Rotmilan jagt mittels niedrigem Suchflug in offener Landschaft. Die Nahrung ist vielseitig, hängt jedoch stark vom Angebot des jeweiligen Standorts ab. Auf dem Speiseplan stehen Vögel, insbesondere Vogeljunge, kleinere Säugetiere bis Hasengröße, Fische, Amphibien, Kriechtiere und Insekten sowie Kadaver von Haustieren und im Verkehr getötete Tiere.

Rotmilane können ein Alter von bis zu 26 Jahre erreichen.

Adulte Rotmilane mausern komplett im Laufe der Brutsaison bis zum Herbst. Dieser Vogel, der während des Herbstzuges bei Falsterbo in Schweden beobachtet wurde, hat frische Schwungfedern, aber einen ausgefransten Schwanz aufgrund der nachwachsenden, neuen Schwanzfedern. Schweden. 12.10. JL.

SCHWARZMILAN

Milvus migrans

BEDEUTUNG DES NAMENS

Milvus, lateinisch für Drachen, Anspielung auf das Verhalten des Vogels, wenn er wie ein Spielzeugdrachen im Wind hängt
migrans, von lateinisch *migrare*, wandern, umherziehen

Der adulte Schwarzmilan ist ein überwiegend dunkel aussehender Greifvogel ohne starke Kontraste im Gefieder. Die Art hat eine stärkere Bindung zu Seen und Bächen als sein enger Verwandter, der Rotmilan, *Milvus milvus,* und ist oft bei der Nahrungssuche nach Fisch, Amphibien und Jungen von Wasservögeln zu beobachten.
Spanien. 8.5. NLJ.

GESAMTEINDRUCK

L. 44–66 cm. Fs. 120–153 cm.
Der Schwarzmilan ist ein mittelgroßer Greifvogel in der Größe des ihm sehr ähnlichen Rotmilans, *Milvus milvus*. Die beiden Arten unterscheiden sich jedoch in den folgenden Punkten:

Insgesamt wirkt das adulte Federkleid des Schwarzmilans aufgrund der fehlenden Kontraste viel dunkler als jenes des Rotmilans. Das Alterskleid ist in der Regel sehr dunkel ohne die Kontraste, warme Färbung und auffälligen weißen Fenster im Handflügel, die beim Rotmilan zu beobachten sind. Der Schwarzmilan erinnert in seiner Form mit den etwas kürzeren, aber breiteren und rechteckigeren Flügeln mit breiterer Hand und sechs sichtbaren Fingern eher an einen Adler, während beim Rotmilan häufig nur fünf und eventuell ein kurzer sechster Finger zu sehen sind. Die Schwanzgabelung wird nur deutlich, wenn der Schwanz zusammengezogen ist, ist aber nicht sehr tief. Während des Schwebeflugs mit ausgebreitetem Schwanz kann die Gabelung komplett verschwinden oder nur sehr schwach ausgeprägt sein. Zu beachten ist, dass der Schwanz und die Tiefe der Gabelung je nach Abnutzung und Mauser der Schwanzfedern variieren können.

Der aktive Flug des Schwarzmilans ist elegant mit tiefen, elastischen Flügelschlägen (jedoch nicht so ausgeprägt wie beim Rotmilan) mit plötzlichen Drehungen und Sturzflügen bei der Nahrungssuche, während der Schwanz wie ein Ruder bewegt wird. Bei sitzenden Vögeln enden die Flügel an der Schwanzspitze. Im Vergleich dazu ist der Schwanz beim Rotmilan deutlich länger als die zusammengefalteten Flügel.

Schwarzmilan, adult. Das Gefieder variiert von schwarzbraun bis rötlich mit hellen Flecken in der Hand. Kann dem Rotmilan ähneln, hat jedoch sechs deutliche Finger, breite rechteckige Flügel und eine schwach ausgeprägte Schwanzgabelung. Spanien. 15.5. NLJ.

Juveniler Vogel mit charakteristisch farbenfroher Oberseite mit hellbeigen bis ockerfarbenen Federspitzen und unterbrochener Flügelbinde entlang der großen Flügeldecken. Zu beachten ist der gebänderte Schwanz. Spanien. 6.9. GS.

Subadulter Schwarzmilan mit bernsteinfarbener Iris. Die Augenfarbe wechselt beim juvenilen von dunkel bis bräunlich beim immaturen Vogel und wird beim Altvogel heller. Israel. 2.3. KB.

Jungvogel mit dunkelbrauner Iris, schwarzer Augenmaske, gelber Wachshaut und gelben Beinen. Die hellen Flecken/Streifen am Körper können sehr stark ausgeprägt oder gar nicht vorhanden sein. Einige juvenile Vögel haben einen dunklen Körper. Der gebänderte Schwanz unterscheidet die Art vom Rotmilan, *Milvus milvus*. Israel. 29.9. KB.

Adult. Abgesehen von dem hellen Arm und Kopf ist die Oberseite fast einheitlich dunkelbraun. Spanien. 14.5. NLJ.

Adult. Dunkelbraun ohne auffällige Kontraste. Gelbe Wachshaut und Beine unterscheiden die Nominatform *Milvus m. migrans* von der ostpaläarktischen Unterart *Milvus m. lineatus*. Spanien. 8.5. NLJ.

Jungvogel, 2. KJ. Hat die erste Mauser fast hinter sich mit hellem Kopf, schwarzen Schaftstrichen an den frischen Körperfedern und neuen Armschwingen neben noch erhaltenen und ausgeblichenen Handschwingen, P9, 8 und 7 im rechten Flügel sowie abgenutztem Schwanz mit zwei neuen, mittleren Steuerfedern. Schweden. 2.9. JL.

Jungvogel *lineatus* x *migrans* aus der gemischten osteuropäischen Population, von denen einige Immature in den Sommermonaten in Westeuropa beobachtet wurden. Zu beachten sind die graue Wachshaut, die grauen Beine und der ausgeprägt weiß gestreifte Körper sowie das weiße Fenster in der Hand. Israel. 15.3. KB.

HABITAT UND VERBREITUNG

Der Schwarzmilan, der zu den zahlreichsten Greifvögeln der Welt gehört, ist in allen Lebensräumen zu Hause, von der Halbwüste bis zu Großstädten, vorzugsweise im Tiefland.

Er brütet in offenen Landschaften mit Zugang zum Wald oder Baumgruppen, gerne in der Nähe von Seen, Sümpfen oder Bächen. Außerhalb der Brutzeit ist er in größeren Schwärmen zu sehen, die gemeinsam in Bäumen übernachten.

In Europa ist die Nominatform *migrans* weit verbreitet, vor allem in Süd- und Mitteleuropa und in verteilten Populationen an geeigneten Orten bis zum Polarkreis in Nordosteuropa. In Europa sind nur 11 % des weltweiten Bestandes beheimatet. Der europäische Bestand wird auf 81 200 bis 109 000 Paare geschätzt. Davon leben die meisten in Russland (42 %), gefolgt von Frankreich (28 %), Spanien (14 %), Deutschland (8 %) und Portugal (2 %). Die weltweite Verbreitung erstreckt sich über Afrika, das südwestliche Arabien, große Teile des Nahen Ostens, den Großteil Asiens und Australien.

MAUSER

Die jährliche Mauser adulter Schwarzmilane beginnt in der Brutzeit. Die äußeren, abgenutzten Schwungfedern werden bis zum Winter durch neue ersetzt. Die Mauser juveniler Vögel, 2. KJ, setzt früher ein als bei den adulten Vögeln und beginnt während des Frühjahrszuges, wenn Vögel mit fehlenden oder frischen äußeren Handschwingen zu sehen sind.

KLEIDER

Adult, Oberseite: Einfarbig dunkelbraun mit helleren (beige) mittleren Flügeldecken, die diagonale Felder vom Karpalgelenk bis zum Körper bilden. Der Kopf ist grau mit schwarzen Streifen und gelber Wachshaut und gelber bis weißer Iris. **Unterseite:** Die Farbe der Körperunterseite und Flügeldecken variiert und präsentiert sich vom hellen Schwarzbraun bis Rotbraun mit schwarzen Schaftstreifen, umgeben von helleren Fahnen, insbesondere an Hals und Brust. Die Handschwingen sind dunkler als beim Rotmilan, *Milvus milvus,* und der Schwarzmilan hat nur ein angedeutetes helles, aber stärker gebändertes Fenster im Handflügel. Beine und Füße sind gelb, der Schwanz ist kürzer, dunkler, stärker gebändert und ohne tiefe Gabelung, wie es beim Rotmilan der Fall ist.

Juvenil, Oberseite: Der helle Kopf hat eine dunkle Augenmaske, eine graubraune Iris und gelbe Wachshaut. Körper und Flügeldecken sind kräftig ockerfarben und beige gefleckt, und die hellen Spitzen an den großen Flügeldecken bilden eine markante Flügelbinde. Der Schwanz ist dicht gebändert und hat eine helle Endbinde. **Unterseite:** Bräunliche bis rotbraune Körper- und Flügeldecken, einige Vögel sind hellbeige mit hellen Streifen oder Flecken. Im Vergleich zum juvenilen Rotmilan ist die Flügelunterseite recht dunkel mit schwach abgesetztem hellem und gebändertem Fenster in der Hand. Die großen Flügeldecken haben helle Spitzen, die im frischen Federkleid eine markante Flügelbinde bilden. Der Schwanz ist hell und dicht gebändert. Beine und Füße sind gelb.

Immatur: Der Schwarzmilan vollendet den kompletten Federwechsel im Laufe des zweiten Winters im 2. KJ/ 3. KJ und ist anschließend schwer vom Altvogel zu unterscheiden. Die Iris ist jedoch noch immer braun, nicht gelb bis weiß, und der Kopf ist bräunlich und nicht hellgrau mit schwarzen Streifen wie beim adulten Vogel.

GESCHLECHT

Männchen und Weibchen sind im Freiland nicht zu unterscheiden.

UNTERARTEN

Aufgeteilt in sechs Unterarten.
Die europäische Nominatform *migrans* umfasst eine von Osteuropa bis nach Zentralasien gemischte Population mit der asiatischen Unterart *lineatus.* Diese Vögel überwintern in großer Anzahl im Nahen Osten, und immature Vögel der gemischten Population sind in den meisten Teilen Europas einschließlich Skandinaviens auf Streifzügen zu sehen.

ÄHNLICHE ARTEN

Kann aufgrund von Größe, Verhalten und dem dunklen Federkleid mit mehreren Greifvogelarten verwechselt werden, unter anderem dem Rotmilan, der weiblichen Rohrweihe, *Circus aeruginosus,* und der dunklen Morphe des Zwergadlers, *Hieraaetus pennatus.*

ZUG

Der Schwarzmilan ist überwiegend Zugvogel. Die Ankunft in den Brutgebieten findet von März bis Mai statt, die Rückwanderung in die Winterquartiere in Afrika südlich der Sahara erfolgt im Zeitraum von Juli bis Oktober. Vögel aus Osteuropa überwintern zum Teil im Nahen Osten, wo auch eine Vielzahl von Vögeln der östlichen Unterart *lineatus* ihr Winterquartier hat.

BRUTBIOLOGIE

Schwarzmilane können im Alter von einem Jahr zum ersten Mal brüten, allerdings findet die erste Brut häufig erst im

3. KJ statt. In Europa beginnt die Brutsaison zwischen März und Mai, wenn das neue oder wieder vereinigte Paar in einem wellenförmigen Balzflug über dem Revier bei dichten Flügen nebeneinander zu beobachten ist.

Das in Bäumen oder Felsvorsprüngen angelegte Nest wird mit Zweigen ausgebessert oder erneuert und gerne mit Stoffresten und Plastikstreifen von benachbarten Mülldeponien belegt. Die ein bis vier Eier werden innerhalb von 26 bis 38 Tagen vom Weibchen ausgebrütet, welches auch nahezu allein für die Aufzucht der Jungen verantwortlich ist, während das Männchen ausreichend Nahrung bringt. Die Jungen sind nach 45 Tagen flugfähig und noch einen weiteren Monat von den Eltern abhängig.

Der Schwarzmilan ist ein Allesfresser und sucht gerne Mülldeponien, Schlachthäuser und Häfen auf, wo er Essensreste, Kadaver und Fisch findet. In der Natur ist die Kost abwechslungsreich und umfasst Regenwürmer, Insekten, Fisch, Amphibien, Kriechtiere, kleine Säugetiere und Vögel.

Der älteste registrierte Schwarzmilan wurde 23 Jahre alt.

Adulter Schwarzmilan mit hellgrauem Kopf mit schwarzen Streifen, heller Iris und schwarzen Schaftstreifen an der Brust. Durch die rötliche Farbe und das angedeutete helle Fenster in der Hand ist der Vogel leicht mit dem Rotmilan, *Milvus milvus,* zu verwechseln. Zu beachten sind dabei die sechs deutlichen Finger. Der Rotmilan zeigt nur fünf Finger, einen ungebänderten Schwanz und eine starke Schwanzgabelung, was die beiden verwandten Arten voneinander unterscheidet. Israel. 17.3. KB.

GLEITAAR
Elanus caeruleus

BEDEUTUNG DES NAMENS
Elanus, von griechisch *elanos*, Drachen
caeruleus, lateinisch für blau

GESAMTEINDRUCK
L. 30–37 cm. Fs. 77–92 cm.
Der Gleitaar ist unverkennbar und aus der Ferne auf seinem Beobachtungsposten gut zu entdecken. Er ist aufgrund seines hellen Federkleides leicht mit einer Taube zu verwechseln. Aus der Nähe sind jedoch sein breiter Kopf und die feuerroten Augen zu erkennen, die ihm in gewissen Teilen Südafrikas den Spitznamen «Devil Pigeon» (dt. Teufelstaube) verliehen haben. Die Flügel sind überraschend breit, und der aktive Flug erfolgt mit etwas steifen, rudernden Flügelschlägen. Die Art nutzt den Rüttelflug mit charakteristisch angehobenen, ein tiefes V bildenden Flügeln mit hängenden Fängen und hängendem Schwanz.

Gleitaar mit einer Art Wüstenratte, die zusammen mit anderen Nagetieren die Hauptnahrungsquelle darstellt. Darüber hinaus ernährt sich der Gleitaar auch von Insekten, Kriechtieren und Kleinvögeln. Israel. 31.12. KB.

Adult. Die Nominatform *caeruleus* kommt auch in Nordwestafrika und in den meisten Teilen Afrikas südlich der Sahara vor. Zu beachten ist, dass das schwarze Feld im Unterflügel auf die Handschwingen begrenzt ist. Ein Vergleich mit der Unterart *vociferus* ist auf der nächsten Doppelseite dargestellt. Marokko. 14.2. AKV.

Adult. Die schwarzen Epauletten, die graue Oberseite und der weiße Schwanz unterscheiden die Art aus der Ferne von allen anderen europäischen Greifvögeln. Israel. 13.12. KB.

Immaturer Gleitaar mit orangeroter Iris und teilweise abgenutzten weißen Rändern an den Schwungfedern. Die Mauser der juvenilen Federn vom immaturen bis zum adulten Federkleid dauert nur kurz und erfolgt in den ersten sechs bis sieben Monaten. Äthiopien. 20.2. TVN.

Juveniler Vogel im frischen Federkleid mit hellgelber Iris, grauem Schwanz und breiten, weißen Rändern an den Federn der Oberseite. Oman. 14.4. HJE.

HABITAT UND VERBREITUNG

Der Gleitaar besiedelt offenes Grasland mit Bäumen und Büschen, größere Waldränder, Savannen, Steppen und Halbwüsten.

Der kleine, aber wachsende europäische Bestand mit 1100 bis 2600 Paaren ist hauptsächlich in Südwesteuropa anzutreffen. In Portugal leben 51 %, in Spanien 42 %, in Frankreich 7 % der europäischen Population, und im Südosten des europäischen Teils der Türkei gibt es nur wenige Paare. In Mitteleuropa ist der Gleitaar ein seltener Irrgast. Details zur weltweiten Verbreitung siehe Unterarten.

MAUSER

Adulte Vögel mausern während der Brutzeit. Juvenile Vögel ersetzen ihre Körper- und Schwungfedern innerhalb der ersten sechs bis sieben Monate.

KLEIDER

Adult, Oberseite: Die Oberseite ist hellgrau-blau mit schwarzer Augenmaske und kirschroter Iris. Es können auch schwarze Epauletten an mittleren und großen Armdecken und ein weißer Schwanz mit grauen mittleren Steuerfedern beobachtet werden. **Unterseite:** Die Unterseite ist weiß mit gelben Füßen, und die Hand ist schwarz mit hellen Spitzen an den inneren Handschwingen. Zu beachten ist, dass das schwarze Feld bei der östlichen Unterart *vociferus* von der Hand bis zu den mittleren Armschwingen reicht.

Juvenil, Oberseite: Im Gegensatz zum Altvogel ist die Iris braun bis orangegelb, und man sieht einen gestrichelten Scheitel, Nacken und Mantel. Der Rücken und die Schulterfedern sowie die großen Flügeldecken und Schwungfedern sind dunkelgrau-blau gefärbt mit hellen Rändern. Der Schwanz ist mittelgrau. **Unterseite:** Die Unterseite ist an der beigen Halsseite und an der Brust mit schmalen Stricheln gezeichnet.

Immatur: Die Mauser geht in den ersten sechs bis sieben Monaten direkt zum adulten Federkleid über, und Vögel im Übergang sind durch die fehlenden Federn mit weißem Rand und fehlenden grauen Schwanzfedern vom juvenilen Vogel zu unterscheiden.

GESCHLECHT

Die Geschlechter sind im Freiland nicht zu unterscheiden.

UNTERARTEN

Die Art ist in vier Unterarten unterteilt mit der Nominatform *caerulens* in Europa, Nordwestafrika, entlang des Nildeltas in Ägypten und in fast ganz Afrika südlich der Sahara und im südwestlichen Arabien. Vögel der östlicheren Unterart *vociferus* brüten mittlerweile unter anderem auch in der Türkei und Israel und breiten sich weiter Richtung Westen aus. Das Verbreitungsgebiet von *vociferus* erstreckt sich in östliche Richtung von Pakistan über Indien bis nach Südchina.

Zwei weitere Unterarten sind in Südostasien zu finden.

ÄHNLICHE ARTEN

Keine wirklich ähnlichen Arten. Sitzende Vögel können aus der Entfernung jedoch für eine helle Taube und im Flug für eine männliche adulte Steppenweihe, *Circus macrourus,* gehalten werden. Flugsilhouette und Flugverhalten schließen Verwechslungen jedoch schnell aus.

ZUG

Gleitaare sind Standvögel. Einige Vögel streifen jedoch weit umher. In den letzten Jahren wurden einige weit nördlich des eigentlichen Verbreitungsgebiets, nämlich in Südskandinavien, gesehen.

BRUTBIOLOGIE

Als Standvogel ist der Gleitaar nicht von den Jahreszeiten abhängig. Demnach richtet sich sein Brutverhalten nach dem Nahrungsangebot, insbesondere was Nagetiere betrifft. In Europa beginnt die Brutsaison jedoch meist zwischen Februar und April. Das Männchen beeindruckt das Weibchen mit flatternden, schmetterlingsartigen Flügen.

Das Paar legt das Nest aus Zweigen in Palmen, Nadel- und Laubbäumen an. Das Gelege mit zwei bis sechs Eiern wird innerhalb von 30 bis 35 Tagen fast ausschließlich vom Weibchen ausgebrütet. Die Jungen sind nach 35 bis 40 Tagen flugfähig, jedoch noch weitere eineinhalb Monate von den Eltern abhängig. Die Art lebt normalerweise monogam, aber einige Weibchen verlassen die Jungen, wenn diese flugfähig sind, um sich mit einem neuen Männchen zu paaren. Indem der Kampf um Nahrung bei der ersten Brut eingeschränkt und die neue Brut mit dem Männchen gemeinsam aufgezogen wird, wird das Risiko der Jungensterblichkeit gesenkt.

Die bevorzugte Nahrung in der Brutsaison besteht aus Nagetieren. Es stehen jedoch auch Insekten, Kriechtiere, kleinere Sperlingsvögel und Fledermäuse auf dem Speiseplan. Der Gleitaar jagt vom Ansitz, niedrigen Flug oder Rüttelflug aus wie der Turmfalke, *Falco tinunculus.*

Auf beiden Bildern sind adulte Vögel der östlichen Unterart *vociferus* zu sehen, die einen schwarzen Keil haben, der sich von der Hand bis zur Hälfte der mittleren Armschwingen erstreckt.
Links: Die Art nutzt bei der Nahrungssuche häufig den Rüttelflug, bei dem der Handflügel wie beim Falken schmal gehalten wird. Indien. 3.2. HS.
Rechts: Indien. 8.1. HJE.

Obwohl die Weihen *Circus* leicht von anderen Greifvögeln zu unterscheiden sind, weisen die einzelnen Weihenarten starke Ähnlichkeiten zwischen Weibchen und Jungvögeln auf. Links sind ein juveniles Weibchen der Steppenweihe, *Circus macrourus,* und ein juveniles Männchen der Kornweihe, *Circus cyaneus,* zu sehen. Schweden. 6.10. CB.

WEIHEN, *CIRCUS*

Die Gattung der Weihen ist in 16 *Circus*-Arten unterteilt, die auf allen Kontinenten ausgenommen der Antarktis verbreitet sind. Weihen sind Greifvögel mit langen Flügeln und Schwänzen. Sie zeichnen sich durch ein gattungstypisches Flugverhalten aus, das sie von allen anderen Greifvogelarten unterscheidet. Die vier in Europa anzutreffenden Arten können bei typischen niedrigen, gaukelnden Suchflügen nach Beute mit nach unten gebeugtem Kopf und angehobenen Flügeln in flacher V-Form beobachtet werden. Sitzende Vögel sind an der lang gestreckten Körperform mit dem kleinen, runden, eulenartigen Kopf zu erkennen. Von vorne betrachtet bieten Weihen durch den ausgeprägten Hakenschnabel und die dicht nebeneinander stehenden Augen einen ausdrucksstarken Anblick.

Die Männchen der einzelnen Weihenarten sind leicht an den eleganten und diagnostischen Gefiederkennzeichen zu erkennen, während das Gefieder der Weibchen und Jungvögel eher braun und grau ist.

Die Rohrweihe, *Circus aeruginosus,* unterscheidet sich von den drei mit ihr verwandten europäischen Arten durch ihr charakteristisches Federkleid und das fehlende Feld an den Oberschwanzdecken, das bei den anderen verwandten Arten in allen Altersstadien vorhanden ist.

Hinweis: Eine Hybridisierung der vier Weihenarten kommt vor, was eine exakte Artbestimmung erschweren oder unmöglich machen kann.

ROHRWEIHE

Circus aeruginosus

BEDEUTUNG DES NAMENS

Circus, von griechisch *kirkos*, Kreis, Bezug auf den kreisenden Flug

aeruginosus, lateinisch für rostig, vermutlich Bezug auf den rostfarbenen Bauch und die rostfarbenen Unterschwanzdecken des Männchens

Rohrweihe. Adultes Weibchen mit Nistmaterial im Schnabel. Das Nest wird hauptsächlich vom Weibchen gebaut. Es wird im dichtesten Teil des Schilfes angelegt und nach Bedarf erweitert, wenn die Jungen größer werden. Die Männchen helfen dabei, Nistmaterial zu besorgen, legen jedoch gleichzeitig eine Ruhe- und Nahrungsplattform für sich selbst an anderer Stelle des Reviers an. Dänemark. 24.4. LG.

GESAMTEINDRUCK

L. 43–54 cm. Fs. 115–145 cm.

Die größte und am häufigsten vorkommende Weihenart. Etwas größer als der Mäusebussard, *Buteo buteo*, jedoch mit einem besser proportionierten langen Schwanz und langen, breiten Flügeln mit leicht geschwungenem Armflügel.

Sitzende Vögel sind oft auf dem Boden zu sehen oder wenn sie sich in schlank aufgerichteter Position auf Bäumen ausruhen. Der Kopf wirkt im Verhältnis zum Körper recht klein.

Während der Nahrungssuche sucht die Rohrweihe das Gelände in einem für sie charakteristischen niedrigen und langsamen, gaukelnden Flug mit tiefen Flügelschlägen und Gleitflügen in flachem V ab, häufig unterbrochen von plötzlichen Drehungen und Sturzflügen. Sie kann auch im Rüttelflug mit hängenden Beinen über der Beute fliegen. Der aktive Flug erfolgt mit nicht so tiefen und energischeren Flügelschlägen mit fünf deutlichen Fingern des Handflügels. Während des Zuges lässt sich ein charakteristisches Flugmuster mit tiefen, leicht flatternden Flügelschlägen beobachten, die fast anstrengend wirken. Segel- und Gleitflug erfolgen mit angehobenen Flügeln.

Adultes Männchen mit typischer Unterseite in der Farbkombination schwarz, hell und rostfarben. Ältere Vögel haben einen weniger deutlichen Flügelhinterrand. Die Flügeldecken und das Körpergefieder sind jetzt heller und weniger rostrot. Die Iris ist hellgelb. Dänemark. 24.4. LG.

Adultes, älteres Weibchen mit heller Iris, schwerem Körperbau, breitem Armflügel und breiter Hand. Die Unterseite ist im Vergleich zum dunklen Federkleid bei juvenilen Vögeln kontrastreicher. Die Finger sind dunkel, aber nicht schwarz, wie beim adulten Männchen. Dänemark. 24.4. JL.

Die Oberseite bei älteren Männchen ist fast silbergrau mit klar definierter Grenze zwischen dunklen und hellen Gefiederpartien. Der Schwanz ist einfarbig ohne dunkles Subterminalband, wie es bei jüngeren Männchen zu sehen ist. Dänemark. 19.5. JL.

Adultes Weibchen im frischen Prachtkleid, mit rostbraunem Bürzel und hellerem Schwanz. Zu beachten sind die Nuancenunterschiede in den Armschwingen und die leicht gräulichen inneren Handschwingen. Dänemark. 18.4. JL.

Adultes Männchen während der Mauser mit sehr heller Unterseite, wie hin und wieder bei älteren Männchen zu sehen ist. Die schwarze Färbung des Handflügels ist weniger stark ausgeprägt und nahezu auf die Finger begrenzt. Dänemark. 10.9. HS.

Juvenile Rohrweihe. Anhand der dunkelbraunen, zu Beginn fast schwarzbraunen Ober- und Unterseite und der hellen Federspitzen von immaturen und adulten Vögeln zu unterscheiden. Die hellen Kopfzeichnungen sind bei einigen Vögeln stark ausgeprägt und fehlen bei anderen Vögeln hingegen ganz. Dänemark. 15.7. HS.

Adultes Männchen, dunkle Form, in frischem Prachtkleid. Ist am einfarbigen, silbergrauen Schwanz von Weibchen und Jungvögeln zu unterscheiden. Die hellen Felder an der Flügelunterseite können sehr ausgeprägt sein oder ganz fehlen. Israel. 9.3. KB.

Weibchen, 2. KJ, mit brauner Iris und erhaltenen juvenilen äußeren Handschwingen und einer einzelnen neuen mittleren Armschwinge. Zu beachten ist die Mischung aus alten, abgenutzten und neuen Flügeldecken und Körperfedern. Dänemark. 21.7. JL.

HABITAT UND VERBREITUNG

Die Rohrweihe bewohnt Schilfgebiete entlang Flussauen, Seen und Fjorden mit sowohl Süß- als auch Brackwasser. Die Nahrungssuche erfolgt sowohl im Schilf als auch in Sümpfen, auf Weiden und (Gras-)Feldern in der Nähe des Brutplatzes. Das Brüten findet auch in Korn-, Gras- und Rapsfeldern statt. Während des Zuges und außerhalb der Brutzeit ist sie in abwechslungsreichen Habitaten anzutreffen, wobei die Art gerne gemeinsam in Schwärmen in Bäumen übernachtet.

Dieser Greifvogel ist weit verbreitet und brütet von Westeuropa bis Zentralasien, wo sie nach Osten von der Mangroveweihe, *Circus spilonotus,* abgelöst wird. Der weltweite Bestand der Rohrweihe wird auf 250 000 bis 500 000 Paare geschätzt. In Europa wird die Zahl der brütenden Weibchen auf 99 300 bis 184 000 geschätzt. 38 % davon brüten in Russland, 14 % in der Ukraine, 7 % in Lettland und Deutschland und 6 % in Weißrussland und Ungarn.

MAUSER

Die jährliche Mauser bei adulten Rohrweihen beginnt mit der Brutsaison. Vögel im 2. KJ weisen das gleiche Mausermuster auf. Beide Altersklassen mausern bis zum Sommer, wobei die Mauser erst im Winter vollkommen abgeschlossen ist.

KLEIDER

Das Gefieder der Rohrweihe ist sehr unterschiedlich. Es gibt jedoch zwei leicht zu unterscheidende Gruppen, nämlich die braunen Weibchen und Jungvögel und das leicht zu erkennende Männchen mit heller Unterseite und dreifarbiger Oberseite in Braun, Graublau und Schwarz. Einige Männchen haben jedoch ein weibchenähnliches Gefieder und einige Weibchen ein männchenähnliches Federkleid mit grauer Färbung an Schwanz und Oberflügeln. Männchenähnliche Weibchen sind an den Proportionen zu erkennen mit kräftigerem Körper, breiteren Flügeln und kürzerem Schwanz im Gegensatz zu den schlankeren Männchen mit schmaleren Flügeln und längerem Schwanz. Jungvögel sind an den gleichen Proportionsunterschieden im Geschlecht zu identifizieren. Darüber hinaus kommt die Rohrweihe in einer dunklen, fast schwarzen Form vor, bei der die Geschlechter einander zum Verwechseln ähnlich sehen.

Adultes Männchen: Jüngere, adulte Männchen haben generell eine dunklere Ober- und Unterseite mit unterschiedlich stark ausgeprägten hellen Streifen an Vorderflügeln, Kopf und Hals als ältere Männchen, bei denen die Oberseite kontrastreicher ist. Außerdem sind Kopf, Hals und Brust hell gestrichelt und die Flügelunterseite bei älteren Vögeln heller mit auf die Handschwingen begrenzter schwarzer Färbung. Die Iris ist gelb.

Adultes Weibchen: Fast identisch mit dem juvenilen Vogel. Adulte Weibchen sind jedoch an der dunklen Oberseite ohne helle Federspitzen, die heller mittelbraunen Oberschwanzdecken und Anzeichen einer Mauser im Sommerhalbjahr zu erkennen. Außerdem gibt es außerhalb der Mauser einen Unterschied in der Farbtönung der Schwungfedern. Männchenähnliche Weibchen sind unter anderem durch braune, nicht schwarze Handschwingen von adulten Männchen zu unterscheiden. Die Iris ist mittelbraun bis hellgelb.

Juvenil: Dunkelbraun mit hellen Federspitzen an der Oberseite und dunkle, einfarbige Unterseite mit schwachem Kontrast zwischen Schwungfedern und Flügeldecken. Zu beachten ist, dass die Ausbreitung der beigen bis ockerfarbenen Partien an Kopf, Brust und Flügeldecken variiert. Die Iris ist dunkelbraun.

GESCHLECHT

Männchen und Weibchen sind in den meisten Fällen leicht an den markanten Unterschieden im Gefieder zu unterscheiden.

UNTERARTEN

Innerhalb des europäischen Verbreitungsgebietes kommt ausschließlich die Nominatform *C. aeruginosus* vor.

ÄHNLICHE ARTEN

Aus der Entfernung können Schwarzmilan, *Milvus migrans,* und die dunkle Morphe des Zwergadlers, *Hieraaetus pennatus,* ähnlich aussehen. Unterschiede siehe diese beiden Arten.

ZUG

Rohrweihen aus den nördlichen und östlichen Teilen ihres Verbreitungsgebietes sind meist Zugvögel, die in Frankreich, am Mittelmeer, in der Türkei, im Nahen Osten, in Nordafrika, im Nil-Delta und im äquatorialen und südlichen Ostafrika überwintern. Südeuropäische Vögel sind hauptsächlich Standvögel.

Die Ankunft in den Brutgebieten erfolgt zwischen März und April, und die Rückwanderung findet von August bis Oktober statt und erreicht ihren Höhepunkt im September.

BRUTBIOLOGIE

Rohrweihen brüten normalerweise im Alter von zwei bis drei Jahren zum ers-

Rohrweihe, Männchen, 3. KJ, im ersten Adultkleid mit hellem, juvenilähnlichem Kopf, breitem, dunklem Flügelhinterrand und erhaltenen, juvenilen, rotbraunen Schwanzdecken mit dunklem Subterminalband, nur zwei der mittleren Schwanzfedern sind neu, grau und adult.
Dänemark. 15.4. HS.

ten Mal. Die Paare finden sich im Brutgebiet, wo das Männchen seinen Balzflug mit Sturzflügen und Scheinangriffen gegenüber dem Weibchen einleitet, welches sich in einem akrobatischen Luftspiel mit Überschlägen und lauten Rufen mit seinen Klauen wehrt. Zwischendurch übergibt das Männchen dem Weibchen Beute.

Das Nest wird aus Schilfrohr, *Phragmietes australis,* am Boden im dichtesten Schilf angelegt. Männchen und Weibchen bauen das Nest gemeinsam. Das Männchen begibt sich zudem häufig mit Nistmaterial zu anderen Bereichen im Schilf, um einen eigenen Ruhe- und Futterplatz anzulegen. Einige Männchen paaren sich mit mehreren Weibchen (Polygynie). Die zwei bis sieben Eier werden innerhalb von 31 bis 38 Tagen vom Weibchen alleine ausgebrütet. Das Männchen sorgt während der gesamten Brutzeit und der Aufzucht der Jungen für die Nahrung. Das Männchen signalisiert dem rufenden Weibchen, wann es sich dem Nest nähert, sodass das Weibchen auffliegen und die Beute in Empfang nehmen kann, die das Männchen oft aus großer Höhe fallen lässt.

Die Jungvögel sind nach 35 Tagen flugfähig und noch ungefähr weitere 20 Tage von den Eltern abhängig.

Die Nahrung der Rohrweihe ist vielseitig und reicht je nach Angebot von Insekten über Amphibien, Kriechtiere, Fische, Nagetiere, Jungen von Hasen und Kaninchen bis zu Vögeln in Entengröße. Hauptsächlich stehen jedoch Junge von Hühnervögeln, Enten, Möwen und Watvögeln auf dem Speiseplan.

KORNWEIHE

Circus cyaneus

BEDEUTUNG DES NAMENS

Circus, von griechisch *kirkos*, Kreis, Bezug auf den kreisenden Flug
cyaneus, lateinisch für dunkelblau, Bezug auf das blaugraue Gefieder des Männchens

Kornweihe, juveniles Männchen beim typischen Nahrungsflug tief über dem Gelände. Die helle Iris unterscheidet das junge Kornweihenmännchen von juvenilen Weibchen der anderen drei Weihenarten, während juvenile und adulte Weibchen sich zum Verwechseln ähnlich sehen. Zu beachten ist die breite Hand mit fünf Fingern, die die Art von der Wiesenweihe, *Circus pygargus,* und der Steppenweihe, *Circus macrourus,* unterscheidet. Dänemark. 17.1. AM.

GESAMTEINDRUCK

L. 42–50 cm. Fs. 100–121 cm.

Die Kornweihe ist die kompakteste der vier europäischen Weihenarten und hat die breitesten Flügel. Der Körper ist kräftig, der Kopf wirkt groß, und die verhältnismäßig kurzen Flügel erinnern an den breiten Arm und die breite Hand eines Habichts, insbesondere beim adulten Männchen, das die kräftigste Gestalt unter den hier behandelten Weihenarten hat. Das adulte Männchen ist in seinem blaugrauen Federkleid mit fünf schwarzen Fingern unverkennbar, während Weibchen und Jungvögel leicht mit Weibchen und Jungvögeln der Wiesenweihe, *Circus pygargus,* und der Steppenweihe, *Circus macrourus,* zu verwechseln sind.

Der Flug ist typisch für Weihen. Der niedrige Suchflug erfolgt gaukelnd über Äckern und Feldern und wird durch Rüttelflüge und plötzliche Stöße herab nach Nagetieren und kurzer, hitziger Jagd nach Kleinvögeln unterbrochen. Der aktive Flug erfolgt mit langsameren Flügelschlägen als bei den anderen Weihen, Segel- und Gleitflüge auf angehobenen Flügeln.

Adultes Männchen. Unverkennbar unter den blauen Weihen-Männchen mit fülligem Körper, breiten, habichtartigen Flügeln mit reinweißer Unterseite mit breitem, dunklem Flügelhinterrand und breitem Handflügel mit fünf schwarzen Fingern. Dänemark. 17.10. HS.

Adultes Männchen. Mit fünf schwarzen Fingern in der breiten schwarzen Hand, dunklem Flügelhinterrand und kompakter Erscheinung ist das adulte Männchen der Kornweihe leicht von der ihr ähnlichen Steppenweihe, *Circus macrourus,* zu unterscheiden. Dänemark. 2.2. JL.

Juveniles Weibchen, 1. KJ, mit dunkler Iris und ockerfarbenen Flügeldecken und Körperfedern. Zu beachten ist, dass der Arm dunkler als die Hand ist und die Zeichnungen der Flügelunterseite ohne klaren Kontrast sind, ähnlich wie es beim adulten Weibchen der Fall ist. Schweden. 23.9. NLJ.

Juveniles Männchen, 2. KJ, mit gelbbrauner Iris und dem für Jungvögel typischen warmen Schimmer auf der Flügeloberseite und beigefarbenen Federrändern, die normalerweise im ersten Winter und Frühling abnutzen. Zu beachten ist das deutlich zu sehende Halsband. Dänemark. 10.3. NLJ.

Adultes Weibchen mit graubraunem Kopf, gelber Iris, markanten Körperstreifen und kontrastreicher Flügelunterseite mit schwarzbrauner Bänderung auf weißem Grund, wodurch der adulte Vogel vom juvenilen Vogel zu unterscheiden ist. Dänemark. 10.4. HS.

Adulte Vögel haben im Vergleich zu juvenilen Vögeln eine kühler wirkende mittelbraune, aber unregelmäßigere Oberseite mit größerem Kontrast zwischen den hellen Flügeldecken und den dunkleren Schwungfedern. Zu beachten ist die helle, gelbe Iris. Dänemark. 22.3. HS.

Weibchen, 2. KJ. Die erste Mauser findet über die Sommermonate bis zum September statt. Zu beachten sind die dunkle Iris und der Unterschied zwischen juvenilen, ausgeblichenen Schwungfedern und den neuen, dunklen, gebänderten Federn. Finnland. 31.7. MV.

Männchen, 2. KJ, mit restlichen juvenilen, braunen Bauchfedern, gebänderten Handdecken, ausgefallener P10 und fehlenden Armdecken, die auch bis zur zweiten Mauser im 3. KJ erhalten bleiben können. Schweden. 7.9. JL.

HABITAT UND VERBREITUNG

Die Kornweihe bewohnt offene Habitate mit Wiesen, Heide, Moor, Steppe sowie Ackerland mit Luzerne-, Gras- und Getreidefeldern. Im Winter streift die Art weit umher und ist in allen Habitaten in offener, flacher Landschaft mit niedriger Vegetation anzutreffen. Kornweihen übernachten gemeinsam in Bäumen, auch mit anderen Weihenarten.

Die Verbreitung erstreckt sich von West- und Nordeuropa nach Osten durch Asien bis zum Pazifik. Der europäische Bestand wird auf zwischen 30 000 und 54 400 brütende Weibchen geschätzt. In Russland leben 70 % der europäischen Kornweihen, gefolgt von Frankreich, dem einzigen westeuropäischen Land mit einem größeren Bestand (16 %) von zwischen 5 300 und 8 000 brütenden Weibchen. In Finnland leben nur 4 %, in Spanien 3 % und in den anderen europäischen Ländern zwischen 0 und 2 %.

In Mitteleuropa ist die Kornweihe ein sehr seltener und unregelmäßiger Brutvogel und auch nicht häufig als Zugvogel und Wintergast zu beobachten.

MAUSER

Die Kornweihe mausert komplett im Sommerhalbjahr von April bis Oktober. Die erste komplette Mauser bei Jungvögeln beginnt im 2. KJ im Laufe des Frühlings.

Hinweis: Adulte können während der aktiven Mauser aufgrund von fehlenden Handschwingen und dadurch schmaler wirkender Hand mit der Wiesenweihe, *Circus pygargus,* und der Steppenweihe, *Circus macrourus,* verwechselt werden, die nur vier sichtbare Finger haben.

KLEIDER

Adultes Männchen: Auffällig und unverwechselbar mit blaugrauer Oberseite mit schwarzer Hand und fünf deutlich zu sehenden Fingern, weißen Oberschwanzdecken und grauem Schwanz mit Bänderung an den äußeren Schwanzfedern. Die Iris ist gelb. **Unterseite:** Weiß und in scharfem Kontrast zum grauen Kopf, der grauen Brust, den schwarzen Händen und dem markanten schwarzen Flügelhinterrand.

Adultes Weibchen, Oberseite: Die Gesichtsmaske und das Halsband sind leicht aufgehellt. Die mittelbraune bis graubraune Flügeloberseite hat nicht den warmen Schimmer wie beim Jungvogel und bietet einen stärkeren Kontrast zwischen den hell gefleckten Flügeldecken und den dunklen Schwungfedern, die dunkel gebändert sind. Die Oberschwanzdecken sind weiß und der Schwanz braun mit breiter, dunkler Bänderung. Die Iris ist bernsteinfarben bis gelb bei älteren Weibchen. **Unterseite:** Der Körper ist weißbeige mit deutlichen Längsstricheln, die wie Tropfen aussehen können. Die Flügeldecken sind braun mit hellen Rändern. Weißer Schwanz und Schwungfedern mit markanten, schwarzbraunen langen Bändern. Die Flügeldecken sind bräunlich mit hellen Streifen im Gegensatz zu den weißlichen Schwanz- und Schwungfedern mit markanter schwarzbrauner Bänderung und «in Tinte getauchten» Fingerspitzen.

Juvenile: Sie ähneln den adulten Kornweihenweibchen, sind jedoch durch die nahezu einheitliche, warmbraune Oberseite und das Gesicht mit weißer Maske und kräftigerem Halskragen sowie beigefarbenen Federspitzen an den Flügeldecken und dem Flügelhinterrand zu unterscheiden. **Unterseite:** Der Unterkörper ist hellbeige bis ockerfarben mit variablen Längsstreifen. Die braun gebänderte Flügelunterseite ist insgesamt kontrastärmer im Vergleich zur schwarz-weißen Erscheinung der Schwungfedern bei älteren Weibchen. Beim jungen Männchen ist die Iris hell, beim jungen Weibchen dunkel.

Immatur: Ist bis zur ersten kompletten Mauser im 2. KJ, die im Sommer/Herbst stattfindet, an einer Mischung aus erhaltenen, ausgeblichenen, juvenilen Federn und neuen adulten Federn von adulten Vögeln zu unterscheiden. Siehe Beschreibung des Flugs für weitere Details.

GESCHLECHT

Adulte Männchen und Weibchen sind leicht an ihren charakteristischen Federkleidern zu unterscheiden. Juvenile Männchen und Weibchen haben eine unterschiedliche Irisfarbe. Beim Weibchen ist sie dunkel und beim Männchen gelblich.

UNTERARTEN

Die Art ist monotypisch.

ÄHNLICHE ARTEN

Wiesenweihe und Steppenweihe, insbesondere die jeweiligen Weibchen und Jungvögel, können Kornweihen des entsprechenden Alters und Geschlechts sehr ähneln. Weitere Details siehe Flugbilder und Vergleichstafeln auf S. 290 und 293.

ZUG

Bei den Populationen im Norden und Nordosten handelt es sich um Zugvögel, mit einem Überwinterungsgebiet von Südskandinavien bis nach Mittel- und Südeuropa. Einige wenige überwintern in Nordafrika und im Nahen Osten. Der

Die Kornweihe, adultes Männchen, ist in der öden Winterlandschaft eine ästhetische Erscheinung, wenn sie in niedrigem Flug Grasfelder, Wiesen und Moore nach Nagetieren absucht. Die Art überwintert von Südskandinavien bis nach Nordafrika und zieht je nach Härte des Winters weiter Richtung Süden. Dänemark. 12.2. HS.

Wegzug aus den Brutgebieten erfolgt von August bis November.

Die Art gehört zu den Breitfrontziehern und ist daher nur selten an klassischen Zugvogel-Hotspots zu sehen. Vögel aus Südeuropa sind im Winter Stand- oder Strichvögel.

Die Rückwanderung in die Brutgebiete hängt von den Breitengraden ab und erfolgt von März bis Mai.

BRUTBIOLOGIE

Das Paar vereint sich im Brutgebiet, und in Jahren mit gutem Nahrungsangebot an Nagetieren können einjährige Vögel zum ersten Mal brüten. Der Balzflug des Männchens ist spektakulär mit wirbelndem Aufstieg und steilem Sturzflug zum Weibchen, das sich mit seinen Klauen wehrt. Das Paar ist normalerweise monogam, aber in engen Populationen, in denen in losen Kolonien gebrütet wird, ist das Männchen polygam mit mehreren Weibchen, normalerweise zwei bis drei, aber es wurden auch Paarungen mit bis zu sieben Weibchen beobachtet.

Das Nest wird aus Zweigen und Gras in abgeschirmter Vegetation angelegt. Die Größe der Brut hängt vom Nahrungsangebot ab. Normalerweise sind es drei bis sechs Eier, es können jedoch auch bis zu zwölf Eier sein, die innerhalb von 29 bis 31 Tagen vom Weibchen ausgebrütet und bewacht werden, während das Männchen für die Nahrung sorgt, die primär aus Nagetieren und Vögeln besteht. Außerdem stehen Junge von Kaninchen und Hasen und in zweiter Linie Amphibien, Fische und Insekten auf dem Speiseplan.

Der älteste registrierte Vogel war 16 Jahre alt.

STEPPENWEIHE
Circus macrourus

BEDEUTUNG DES NAMENS

Circus, von griechisch *kirkos,* Kreis, Bezug auf den kreisenden Flug
macrourus, aus griechisch *makros,* groß, lang, und *oura,* Schwanz

Steppenweihe, vorjähriges Männchen. Identifizierbar an der typischen Weihen-Erscheinung mit vier Fingern in der schmalen Hand und dem markanten hellen Halsring. Das Geschlecht wurde anhand der gelben Iris und das Alter aufgrund des ausgeblichenen, braunen, juvenilen Federkleides mit abgenutzten Schwungfedern und beigen Rändern an den Flügeldecken bestimmt. Israel. 12.4. KB.

GESAMTEINDRUCK

L. 40–48 cm. Fs.100–121 cm.
Die Steppenweihe weist mit beiden Geschlechtern der Kornweihe, *Circus cyaneus,* die größte Ähnlichkeit auf. Das Männchen der Steppenweihe ist jedoch unverkennbar in seiner grauweißen Erscheinung mit tiefem schwarzem Keil in der falkenartigen Hand und vier freiliegenden Fingern im Gegensatz zu den fünf Fingern der Kornweihe. Das etwas größere und schwerere Weibchen sieht sowohl dem Kornweihenweibchen als auch dem Weibchen der Wiesenweihe, *Circus pygargus,* zum Verwechseln ähnlich. Die Steppenweihe ist jedoch an den Details der Flügel- und Kopfzeichnungen zu erkennen.

Der aktive Flug erfolgt mit tieferen und steiferen Flügelschlägen als bei den anderen Weihen, und während der Nahrungssuche wird das Gelände häufig in einem einzelnen, geradlinigen Suchflug ohne Flügelschläge und plötzliche Drehungen abgesucht. Die Gleit- und Segelflüge erfolgen mit angehobenen Flügeln, und insbesondere beim Segelflug kann das schlanke Männchen falkenartige Proportionen mit spitzer, nach hinten gerichteter Hand annehmen.

Sitzende Vögel sind lang gestreckt wie die Wiesenweihe. Steppenweihen haben jedoch längere Beine, und der Schwanz ragt ein kleines Stück hinter den zusammengefalteten Flügelspitzen hervor.

Adultes Männchen. Unverkennbar mit weißer Unterseite und schmaler Hand mit tiefem schwarzem Keil und vier freiliegenden Fingern. Ältere Männchen wie dieser Vogel haben eine fast reinweiße Unterseite. Oman. 27.2. HJE.

Juveniler Vogel mit grauer Iris, die im Laufe des Herbstes gelb wird. Die Oberseite ist typisch mit ockerfarbenen kleinen und mittleren Flügeldecken, und der Kopf weist einen breiten, hellen Halsring auf. Schweden. 14.9. JL.

Das adulte Männchen hat eine reingraue Oberseite mit gebänderten Oberschwanzdecken, ältere Männchen sind eher weiß. Zu beachten ist, dass das mausernde Männchen der Kornweihe, *Circus cyaneus,* der Steppenweihe durch nur vier sichtbare Finger ähnlich sehen kann. Oman. 11.3. HJE.

Juveniles Weibchen mit dunkler Iris. Unter anderem anhand des Halsringes, der diffusen, schwarzbraunen Fingerspitzen, des ungestrichelten Körpers und des Kontrasts zwischen dunklem Arm und heller Hand zu unterscheiden. Schweden. 22.9. JL.

Jüngeres, adultes Weibchen, 3. KJ, mit bernsteinfarbener Iris. Die vier Finger in der schmalen Hand, der Halsring und der dunkle Arm mit einem, in seltenen Fällen zwei hellen Bändern unterscheidet die Art von anderen Weihenweibchen. Äthiopien. 25.1. TVN.

Adultes Weibchen mit gelber Iris. Zu beachten ist der deutliche Kontrast zwischen dem hellen Hinterrand des Handflügels und dem dunklen Hinterrand des Armflügels, der auch von oben zu erkennen ist. Details siehe Bild links. Bulgarien. 28.3. ML.

Juveniles Männchen, 2. KJ, in der Mauser zum ersten Adultkleid mit noch erhaltenen, juvenilen Schwungfedern mit neuen, graublauen Federn an Kopf und Nacken sowie neuen, weißen Körperfedern und weißen Achselfedern. Schweden. 24.5. JL.

Juveniles Weibchen, 2. KJ, mit dunkler Iris und neuen, gestreiften, adulten Federn an Hals und Brust. Die Kopfzeichnungen sind variabler. Vergleich siehe Gesamteindruck und Details zur Flügelunterseite. Dänemark. 24.4. JK.

HABITAT UND VERBREITUNG

Der bevorzugte Lebensraum der Steppenweihe in der Brutzeit sind flache Steppen, Grassteppen in Talböden, bevorzugt mit feuchten Wiesen und Wasserlöchern in der Nähe von kleinen Flüssen. Aufgrund der Zerstörung der Steppen brütet sie jetzt auch in Kornfeldern und anderen Getreidefeldern. Während des Zuges und im Winter lebt die Steppenweihe in ähnlichen, jedoch unterschiedlicheren Gebieten. Sie übernachtet am grasbewachsenen Boden und gerne in Gruppen mit anderen Weihenarten.

Das Verbreitungsgebiet der Art hat sich im letzten Jahrzehnt Richtung Nordwesten ausgeweitet. Die Steppenweihe brütet jetzt selten, dennoch regelmäßig, im Nordosten von Skandinavien, vor allem Finnland. Die erste Brut in Westeuropa wurde 2017 in einem Kornfeld in den Niederlanden entdeckt. Die Art ist hauptsächlich im Osten verbreitet, in der Ukraine, nördlich des Schwarzen Meeres, durch Russland und nördlich des Kaspischen Meeres bis nach Kasachstan und weiter bis nach Nordwestchina und zur Mongolei.

Der weltweite Bestand wird auf 9 000 bis 15 000 Paare geschätzt. In Europa gibt es zwischen 600 und 2300 Paare, die fast ausschließlich in Russland brüten, wo 98 % der europäischen Brutpaare leben.

In Mitteleuropa ist die Steppenweihe ein seltener Durchzügler, hautsächlich im April bis Mai, wenn ein lauer Ostwind weht.

MAUSER

Adulte Vögel mausern komplett in der Brutzeit zwischen Mai und September. Jungvögel im 2. KJ mausern zum ersten Mal im selben Zeitraum, jedoch schon ab April.

KLEIDER

Adultes Männchen: Unverkennbar mit graublauer Oberseite und fast weißer Unterseite und deutlich schwarzem Keil in der Hand. Die weißen Oberschwanzdecken und die äußeren Schwanzfedern sind grau gestreift, und die Iris ist gelb. Ältere Männchen sind nahezu weiß.

Adultes Weibchen: Die Oberseite ist graubraun mit grauem, gebändertem Schwanz. Die Kopfzeichnungen sind charakteristisch mit geflecktem, aber markantem Halsring, dunkler Wange und heller bis gelber Iris. **Unterseite:** Der Kontrast zwischen dem dunklen Arm mit einem bis zwei hellen Bändern und der hellen Hand mit hellem Hinterrand ist spezifisch für die Art und unterscheidet das adulte Weibchen der Steppenweihe von den anderen ähnlichen Weihenweibchen: der Wiesenweihe, *C. pygargus,* und der Kornweihe, *C. cyaneus*. Die Unterflügeldecken heben sich außerdem durch den Kontrast zwischen hellen, kleinen Flügeldecken mit diffusen Streifen und den dunkleren mittleren und großen Flügeldecken ab. Die großen Flügeldecken sind häufig mit hellen Flecken versehen, die bis an die Achselfedern reichen.

Juvenil, Oberseite: Dunkles, graubraunes Federkleid mit auffälligen orangebraunen Ovalen an den kleinen und mittleren Flügeldecken mit hellen Federspitzen. Die markante Kopfzeichnung mit breitem, hellem und ungestricheltem Halsring, der im Kontrast zur breiten, dunklen Wange mit hellem Fleck unter dem Auge steht, ist arttypisch. Bei den ausgeflogenen Männchen ist die Iris grau, sie wird jedoch im Laufe des Lebens gelb. Das juvenile Weibchen hat eine braune Iris. **Unterseite:** Die Flügeldecken und Körperfedern sind gleichmäßig orangebraun ohne Bänderung. Der Armflügel ist dunkel mit einem bis zwei hellen, diffusen Bändern (diese fehlen bei einigen Vögeln), die einen Kontrast zu der hellen, schwach gebänderten Hand mit lediglich schmalen dunklen Fingerspitzen stehen. Die juvenile Wiesenweihe und die Kornweihe haben jeweils deutlicher gebänderte Handschwingen und mehr Schwarz an den Fingerspitzen.

Immatur: Siehe Beschreibung der Flugbilder.

GESCHLECHT

Männchen und Weibchen sind durch die markanten Unterschiede im Gefieder leicht voneinander zu unterscheiden. Die Iris ist bei beiden Geschlechtern gelb. Ausgeflogene juvenile Männchen haben eine graue Iris, die im Laufe des Herbstes gelb wird, juvenile Weibchen haben eine dunkelbraune Iris.

UNTERARTEN

Die Art ist monotypisch.

ÄHNLICHE ARTEN

Adulte Männchen werden häufig mit adulten Kornweihenmännchen verwechselt. Sie unterscheiden sich jedoch durch das schlanke Profil und die lediglich vier freiliegenden Finger. Adulte Weibchen sind leicht mit anderen Weihenweibchen zu verwechseln, insbesondere mit der Kornweihe. Siehe Kornweihe und Vergleichstafeln auf S. 290–293. Juvenile Steppenweihen sind in der Regel an ihrem markanten, hellen Halsring von den Jungvögeln der anderen Weihenarten zu unterscheiden.

Steppenweihe, Männchen, 3. KJ, immer noch mit schmutziggrauem Flügelhinterrand und gefleckten Unterflügeldecken. Der Kopf und die obere Brust sind teilweise ockerfarben, und es lässt sich eine helle Färbung rund um die Augen und ein schwacher Halskragen beobachten. Das Gefieder ist typisch für Vögel im 2. KJ nach der kompletten Mauser im Herbst bis zum kompletten Adultkleid im nächsten Sommerhalbjahr des 3. KJ. Oman. 12.1. HJE.

ZUG

Es handelt sich hier um einen Zugvogel und Breitenfrontzieher, allerdings mit Konzentration auf bekannte Hotspots an den Meeresküsten. Die Winterquartiere befinden sich in Afrika südlich der Sahara und in Indien. Weitere Winterquartiere liegen in Nordafrika und im Nahen Osten. Der Herbstzug beginnt im August bis September, und der Frühjahrszug findet im Zeitraum von März bis Mai statt. In Nordwesteuropa sind Steppenweihen meist während des Frühjahrszuges bei Ostwind zu sehen.

BRUTBIOLOGIE

Die Steppenweihe brütet im Alter von zwei bis drei Jahren zum ersten Mal. Der Balzflug erinnert an die Flüge der anderen Weihenarten, insbesondere der Kornweihe. Das Paar baut das Nest am Boden im Windschatten von hohem Gras oder in niedriger Buschvegetation, gerne in Wassernähe. In dichten Populationen wird in losen Kolonien gebrütet. Die Brut mit drei bis sechs Eiern wird innerhalb von 29 bis 30 Tagen vom Weibchen ausgebrütet. Das Männchen sorgt während der gesamten Brutdauer für die Nahrung und jagt alleine, während die Jungen klein sind. Die Jungen sind nach 35 bis 45 Tagen flugfähig, jedoch noch weitere zwei bis drei Wochen von den Eltern abhängig.

Die Nahrung besteht in erster Linie aus kleineren Säugetieren und kleinen Sperlingsvögeln, großen Insekten wie Libellen, Käfern, Amphibien und Kriechtieren.

Der älteste registrierte Vogel war 13 Jahre alt.

WIESENWEIHE
Circus pygargus

BEDEUTUNG DES NAMENS

Circus, von griechisch *kirkos*, Kreis, Bezug auf den kreisenden Flug

pygargus, vom griechischen *pugargos* für «weißer Hintern», wird für einen nicht näher definierten Habicht mit weißem Bürzel verwendet und geht unter anderem zurück auf den griechischen Philosophen Aristoteles und den Naturhistoriker Plinius der Ältere. Später wird die Bezeichnung sowohl für Adler als auch Watvögel mit den gleichen Eigenschaften verwendet.

Wiesenweihe, adultes Männchen. Unverkennbar unter den Weihen mit schwarzer Bänderung an den Armschwingen. Aufgrund der Zerstörung des bevorzugten Lebensraums der Art brütet sie jetzt auch auf Korn-, Raps- und Grasfeldern. Dänemark. 6.5. LG

GESAMTEINDRUCK

L. 39–49 cm. Fs. 102–123 cm.

Die Wiesenweihe ist eine leichte und elegante Weihe und die am stärksten gezeichnete ihrer Gattung. Der Kopf ist klein, und die langen, schlanken Flügel mit schmaler Hand dominieren das Aussehen und wirken etwas überdimensioniert im Vergleich zum dünnen Körper mit dem langen, schmalen Schwanz.

Die Nahrungssuche erfolgt mit einem leichten, zaghaften Suchflug hier und dort über Feldern, Gräben und Weiden. Der aktive Flug erfolgt auf etwas tieferen und schnelleren Flügelschlägen, die an einen Schmetterling erinnern, wenn der zierliche Körper zwischen den Flügelschlägen auf und ab geht. Zu beachten sind die vier sichtbaren Finger wie bei der Steppenweihe, *Circus macrourus.*

Sitzende Vögel erscheinen kurzbeinig und weisen eine sehr lang gestreckte Silhouette auf, die durch die langen, nach hinten gestreckten Flügel und den langen Schwanz gebildet wird.

Das blaue Männchen mit den schwarzen Bändern im Armflügel ist unverkennbar, während adulte Weibchen und juvenile Vögel leicht mit dem Weibchen und Jungvögeln der Kornweihe, *Circus cyaneus,* und der Steppenweihe, *Circus macrourus,* zu verwechseln sind.

Adultes Männchen, von den anderen blaugrauen Weihenmännchen an der schwarzen Bänderung der Armschwingen und seinen vier freiliegenden Fingern in der markanten, schwarzen Hand zu unterscheiden, wobei die Schwarzfärbung alle zehn Handschwingen umfassen kann. Dänemark. 5.5. LG.

Das adulte Wiesenweihenmännchen unterscheidet sich von den anderen Weihenmännchen durch die orangebraune Zeichnung an Kopf- und Unterflügeldecken sowie durch die beiden für die Art spezifischen schwarzen Bänder im Armflügel. Dänemark. 6.5. HS.

Juvenile Männchen haben eine graue Iris, die später gelb wird. Außerdem sind eine weiße «Brille», schwarze Finger, dunkler Armflügel ohne helle Bänderung, dunkle Flügeloberseite und diffus gestreifter Halsring diagnostisch. Siehe auch juvenile Steppenweihe, *Circus macrourus*. 25.8. JL.

Juveniles Weibchen mit dunkler Iris, ältere Weibchen haben eine rostfarbene bis gelbe Iris. Zu beachten sind das weiße Gesicht, die dunklen Finger, der dunkle Flügelhinterrand und der diffus gestreifte Halskragen, der deutlicher ausgeprägt sein kann. Siehe Steppenweihe. Schweden. 21.8. JL.

Das adulte Wiesenweihenweibchen kann leicht mit dem Weibchen der Kornweihe, *Circus cyaneus,* und der Steppenweihe, *Circus macrourus,* verwechselt werden. Zu beachten sind die vier Finger und die arttypische dunkle Bänderung in der Mitte des Armflügels und der fehlende Halsring. Spanien. 3.4. HS.

Das adulte Weibchen ist unter anderem vom Weibchen der Steppenweihe an den grob gebänderten Flügeldecken und den hellen und gleichmäßig gezeichneten Schwungfedern ohne Kontrast zwischen Arm und Hand und am dunklen Flügelhinterrand zu unterscheiden. Spanien. 3.4. HS.

Männchen, 2. KJ, beim Herbstzug, ist leicht vom adulten Männchen zu unterscheiden. Die charakteristischen Merkmale sind hier die erhaltenen braunen äußeren Handschwingen und die beiden juvenilen, grauschwarzen inneren Armschwingen. Oman. 17.9. HJE.

2. KJ, Weibchen in der Mauser bis zum ersten Adultkleid mit noch erhaltenen, juvenilen äußeren Handschwingen und einer neuen, adulten Armschwinge. Zu beachten sind der diffus gestreifte Halsring und die immer noch dunkle Iris. Schweden. 21.8. JL.

HABITAT UND VERBREITUNG

Die Wiesenweihe brütet vor allem im offenen Flachland in abwechslungsreichen Habitaten mit Heide, Wiesen, Mooren und Sümpfen mit Büschen und in bewirtschafteten Gebieten wie zum Beispiel Gras-, Korn-, Luzerne- und Rapsfelder.

Die Verbreitung erstreckt sich von Westeuropa und Südskandinavien in Richtung Osten über Russland und Kasachstan nach China. Der europäische Bestand wird auf 54 500 bis 92 200 brütende Weibchen geschätzt, die vor allem in kleinen und verstreuten Populationen in Ost-, Mittel- und Südeuropa zu finden sind. In Russland leben 40 %, in Spanien 10 %, in Frankreich 6 %, in Polen und Weißrussland jeweils 5 % des europäischen Bestandes. In Mitteleuropa ist die Wiesenweihe als Brut- und Zugvogel eher selten anzutreffen.

MAUSER

Die Mauser der adulten Wiesenweihe beginnt in der Brutsaison und setzt während des Zugs in die Winterquartiere in Afrika aus, wo sie dann wieder einsetzt und abgeschlossen wird.

Juvenile Vögel verlieren einen variablen Teil der Körperfedern im Laufe des ersten Winters und können während des Frühjahrszuges im 2. KJ bereits an adulte Vögel erinnern. Sie sind jedoch bis zum Spätsommer/Herbst des 2. KJ an den fehlenden, abgenutzten und/oder ausgeblichenen Schwungfedern zu erkennen.

KLEIDER

Adultes Männchen, Oberseite: Die Oberseite ist graublau und dank einer deutlich schwarzen Hand mit vier freiliegenden Fingern und einer schwarzen Bänderung der Armschwingen unverwechselbar. Sie hat nur einen Hauch von Weiß im Vorderflügel. Die Oberschwanzdecken sind ebenfalls nur ansatzweise weiß. Die Iris ist gelb. **Unterseite:** Graue obere Brust, orangefarbene Längsstreifen am Körper und an hellen Achselfedern und Flügeldecken sowie zwei markante, schwarze Bänder in den Armschwingen. Der Schwanz ist hell mit brauner Bänderung.

Adultes Weibchen, Oberseite: Graubraun mit einem Kontrast zwischen den helleren Flügeldecken und den dunkleren Schwungfedern mit dunkler Bänderung am inneren Arm und gebänderter Hand mit dunklem Hinterrand. Die Oberschwanzdecken sind weiß und der Schwanz mit breiten, dunklen Binden versehen. Die Iris ist rostfarben bis hellgelb. **Unterseite:** Die Körperfedern und Flügeldecken sind hell mit orangebraunen Längsstreifen. Die Schwungfedern sind hell und gleichmäßig gebändert mit dunklem Flügelhinterrand und zwei dunklen Bändern im Armflügel. (Die weibliche Steppenweihe, *Circus macrourus,* weist einen deutlichen Kontrast zwischen ungleichmäßig gebändertem, dunklem Arm und hellerer Hand auf.)

Juvenil, Oberseite: Die Oberseite ist braun und zeigt einen Kontrast zu den orangebraunen kleinen und mittleren Flügeldecken. Die Oberschwanzdecken sind hellweiß. Die Kopfzeichnungen variieren von vollständig hell im Bereich zwischen Auge und Wange, die wiederum sehr dunkel sein kann, bis zu lediglich kleinen, hellen Flecken über und unter dem Auge. Der Halsring, der bei den meisten Individuen zu sehen ist, kann in seltenen Fällen hell und markant sein wie bei der Steppenweihe oder schwach und diffus. **Unterseite:** Die Flügeldecken und Körperfedern sind orangebraun, und die Hand hat dunkle Finger und einen dunklen Hinterrand, der bei der juvenilen Steppenweihe selten zu sehen ist.

Immatur: Siehe Beschreibung der Flugbilder.

GESCHLECHT

Adulte Männchen und Weibchen sind am Gefieder leicht voneinander zu unterscheiden. Juvenile Männchen und Weibchen sind jeweils anhand der gelben bzw. dunkelbraunen Iris zu unterscheiden.

ÄHNLICHE ARTEN

Die Art ist monotypisch. Es gibt die Wiesenweihe jedoch in einer dunklen, fast schwarzen Form, insbesondere in Spanien und Portugal.

ÄHNLICHE ARTEN

Die Wiesenweihe ist generell an ihren schlanken Proportionen und dem leichten Flug zu erkennen. Das adulte Männchen ist unverkennbar mit seiner schwarzen Bänderung im Armflügel. Die Weibchen und Jungvögel können durch unterschiedlich gemusterte Schwungfedern und anhand der Musterung der Köpfe von den Weibchen und Jungvögeln der ähnlichen Arten unterschieden werden. Siehe Vergleichstafeln auf S. 290–293.

ZUG

Die Wiesenweihe ist ein ausgeprägter Zugvogel, der in Afrika südlich der Sahara überwintert. Der Herbstzug in Richtung Süden erstreckt sich über eine breite Front von August bis September, und die Rückwanderung in die Brutgebiete erfolgt von März bis April.

Wiesenweihe, Weibchen, 2. KJ, dunkle Form während der ausgesetzten Mauser. Zu beachten sind die leuchtend gelbe Iris, die abgenutzten Handschwingen außer P10 und neue innere und spitze Handschwingen. Die restlichen Schwungfedern werden im Winterquartier in Afrika nach dem Zug ersetzt. Das adulte Männchen hat hingegen einheitlich schwarzgraue Körperfedern und Flügeldecken, die in schwachem Kontrast zu den dunkleren Arm- und Handschwingen stehen. Die dunkle Form der Wiesenweihe ist selten und nur auf der Iberischen Halbinsel anzutreffen.
Spanien. 6.9. GS.

BRUTBIOLOGIE

Die adulten Vögel sind stark an ihr Bruthabitat gebunden. Sie paaren sich vermutlich viele Jahre mit demselben Partner. Die Balz erfolgt wie bei den anderen Weihenarten mittels Luftspielen, Futteraustausch und lauten Rufen. Die Wiesenweihe brütet im Alter von zwei bis drei Jahren, gelegentlich auch im Alter von einem Jahr, zum ersten Mal.

Das Nest, das hauptsächlich vom Weibchen angelegt wird, sieht aus wie eine kleine Schale, die in hoher Vegetation am Boden angelegt und mit Gras und dünnen Zweigen ausgeschmückt wird. Die drei bis fünf Eier (eins bis acht) werden innerhalb von 28 bis 29 Tagen vom Weibchen ausgebrütet. Die Jungen sind nach 30 bis 40 Tagen flugfähig und jagen nach weiteren 14 Tagen eigenständig. Während der Aufzucht der Jungen bringt das Männchen die Nahrung, die ganz typisch für die Weihen mit Rufen und Abwürfen über dem Nest an das Weibchen übergeben wird.

Die Nahrung ist vielseitig, besteht jedoch primär aus Nagetieren, Kleinvögeln, Libellen und großen Käfern sowie Kriechtieren und Echsen.

Der älteste registrierte Vogel war 16 Jahre alt.

FALKEN, *FALCO*

Die Falken (*Falco*) haben alle Eigenschaften, die wir an den Greifvögeln bewundern: Schnelligkeit, Eleganz, Kraft und Geschwindigkeit, die sie in einer überlegenen Jagdtechnik kombinieren, wenn sie in der Luft oder auf dem Boden ihre Beute schlagen, die von fliegenden Ameisen und Libellen bis zu Wildkaninchen und kleinen Gänsen reicht.

Die Falken gehören mit ihrem kompakten, stromlinienförmigen Körper und der ausgeprägten dreieckigen Hand trotz großer Unterschiede in Größe und Gefieder zu den am leichtesten zu bestimmenden Greifvögeln. Weltweit umfasst die *Falco*-Gattung 38 Arten und eine Anzahl umstrittener Unterarten, die über alle Kontinente verteilt sind, mit Ausnahme der Antarktis.

In Europa brüten zehn Arten, die alle selbst kein Nest bauen. Sie nutzen entweder verlassene Nester anderer Vögel, zum Beispiel von Krähen, oder sie legen die Eier in einem hohlen Baum oder auf einer harten Unterlage auf einer schmalen Felswand ab.

Falken sind häufig in der Luft zu sehen, bei der Jagd oder während des Zugs, aber auch in der charakteristischen schlanken Silhouette in der Landschaft auf Beobachtungsposten wie Pfählen und Felsen, wo sie nach Beute Ausschau halten.

Der legendäre grönländische Gerfalke, der in Europa äußerst selten zu sehen ist, symbolisiert all das, wofür die Falken bewundert werden: Stärke, Eleganz und Stolz. Diese Eigenschaften haben den Gerfalken und andere große Falken im Laufe der Jahrhunderte als Statussymbol und Nutztier für die Jagd so begehrt gemacht. Der adulte Gerfalke auf dem Bild sieht verletzt aus, er hat jedoch gerade eine erbeutete Eiderente verspeist und wird von schreienden Küstenseeschwalben, *Sterna paradisaea,* und einer einzelnen Schwalbenmöwe, *Xema sabini*, ganz oben in der rechten Ecke zu sehen, auf seinem Weg durch die Kolonie eskortiert.
Grönland. 5.8. LMR.

GERFALKE

Falco rusticolus

BEDEUTUNG DES NAMENS

Falco, vom lateinischen *flectere*, krümmen, biegen, in Anspielung auf die gekrümmten Fänge

rusticolus, von lateinisch *rustica*, ländlich, einfach, und *incola*, Bewohner

Juveniler Gerfalke, 2. KJ, während des Frühjahrszuges. Aufgrund seiner kompakten Form mit der kräftigen Brust und den breiten Flügeln mit einem sehr breiten Arm und manchmal habichtartiger breiter Hand unterscheidet sich der Gerfalke deutlich von den anderen Falken.
Dänemark. 6.3. HHL.

GESAMTEINDRUCK

L. 48–60 cm. Fs. 105–135 cm.

Der Gerfalke ist der größte, mächtigste und kompakteste der großen Falken. Der Kopf ist groß, und der Körper hat eine breite Brust unter den langen, breiten Flügeln mit sehr breitem Arm und einer ebenso breiten und leicht abgerundeten Hand. Der Schwanz ist lang und breit.

Im Segelflug ist der sehr breite Flügel mit abgerundeter, habichtartiger Hand zu sehen. Im aktiven Flug ist jedoch eine falkentypische Flugsilhouette mit eingezogener, spitzer Hand zu beobachten. Zu beachten ist, dass juvenile Vögel schlankere Flügel und einen längeren Hals haben als adulte Vögel.

Jüngerer Altvogel, graue, nordeuropäische Form. Zu beachten sind der breite, schwere Körper, der sehr breite Arm und die sehr breite Hand und der lange, breite Schwanz. Betrachten Sie die Unterschiede an der Unterseite zwischen diesem Vogel und dem älteren adulten Vogel unten, bei dem die Flügeldecken und das Körpergefieder gebändert sind. Zu beachten ist zudem der Kontrast zwischen den markanten dunkleren Flügeldecken und den diffuser gezeichneten Schwungfedern, die die Art deutlich vom Wanderfalken, *Falco peregrinus*, unterscheidet. Beide Fotos, Norwegen. 16.3. TK und 24.5. DO.

Jüngerer Altvogel, graue, nordeuropäische Form mit grauer Wachshaut und teilweiser gelber Lidhaut sowie einheitlicher graubrauner Oberseite. Zu beachten sind die diffusen Kopfzeichnungen ohne dunkle Haube bei diesem Vogel. Norwegen. 16.3. TK.

Juvenil, 2. KJ. Ein typisch gemusterter Vogel mit «schmutziger» Kopfzeichnung, blaugrauer Wachs- und Lidhaut, stark gestreiften und gefleckten Körper und Flügeldecken im Kontrast zu diffus gemusterten Schwungfedern. Dänemark. 16.3. PH.

Adultes Weibchen, isländische Zwischenform, die der weißen arktischen Form sehr ähnelt, aber eine dunklere Kopfzeichnung hat und eine hellere graubraune Färbung der dunklen Markierungen aufweist. Island. 10.6. HJE.

Adultes Weibchen (derselbe Vogel wie links). Das Gefieder variiert von dunkel bis hell bei beiden Geschlechtern. Es gibt gemusterte Vögel mit Streifen/Flecken am Körper bis fast ganz weiße Vögel wie dieses Exemplar. Island. 10.6. HJE.

Juvenil, 2. KJ (derselbe Vogel wie links). Am frischen Federkleid vom adulten Vogel zu unterscheiden, mit brauner Oberseite mit hellen Federrändern, was ein typisches Merkmal für alle jungen Greifvögel darstellt. Dänemark. 16.3. PH.

Juvenil, 2. KJ, während der Mauser mit abgenutzten, noch erhaltenen Armschwingen und sehr abgenutzten, ausgeblichenen Flügeldecken. Zu beachten ist, dass der Vogel gelbe Beine und Fänge hat, aber eine noch immer bläuliche Wachs- und Lidhaut. Norwegen. 17.9. TK.

HABITAT UND VERBREITUNG

Der Gerfalke ist zirkumpolar in der arktischen Zone und im nördlichen Teil der Nadelwaldzone, die an die Tundra grenzt, vertreten. Er brütet in der offenen Tundra mit Mooren und in spärlich bewachsener Tundra, an Felsklippen und Berglandschafen oberhalb der Baumgrenze. Im Winter besucht er auch offenes Tiefland wie Ackerland und Küstenregionen mit reichem Vogelleben.

Die helle Form des Gerfalken kommt in der Hohen Arktis vor, während die graue Form im unteren Teil der Arktis und in der Waldzone anzutreffen ist. Eine weitere Zwischenform gibt es auf Island.

Der gesamte europäische Bestand wird auf 1100 bis 1900 Paare geschätzt, davon leben 22 % in Grönland, 34 % in Norwegen, 24 % auf Island, 10 % in Russland, 9 % in Schweden und 2 % in Finnland. In Mitteleuropa ist der Gerfalke ein äußerst seltener Zug- und Wintergast.

MAUSER

Die Mauser findet vollständig während der Brutzeit statt.

KLEIDER

Hinweis: Ungeachtet der Farbe sind adulte Gerfalken am sichersten an der gelben Wachshaut, der gelben Lidhaut und den gelben Beinen zu bestimmen. Im Vergleich dazu sind die Wachshaut und Lidhaut bei juvenilen Gerfalken graublau. Beim Jungvogel erhalten die genannten Hautpartien und Beine ab dem ersten Winter eine zunehmend gelbliche Farbe.

Adult, helle Form: Unverwechselbar in Weiß und Schwarz mit fast weißem Kopf und gefleckter/gebänderter Oberseite. **Unterseite:** Fast weiß mit oder ohne schwarze Flecken und Querstreifen am Körper und Quer- oder Längsstreifen an den Flügeldecken. Schwache Bänderung an den Armschwingen.

Adult, graue Form, Oberseite: Einheitlich grau bis graubraun mit feiner Bänderung. Die Kopfzeichnung variiert von fast schwarzer Haube und markantem Bartstreif bei einigen Vögeln (ähnlich wie beim Wanderfalken, *Falco peregrinus*) bis zu einer diffus grauen Haube mit schwach abgesetztem Bartstreifen. **Unterseite:** Hell mit schmalen Stricheln an der oberen Brust und kräftigeren Flecken an Brust und Bauch, teilweise zusätzlich mit Bänderung an Flanken, Steiß und Unterschwanzdecken. Der Schwanz ist gebändert. Zu beachten ist, dass die Unterflügeldecken entweder quer oder längs gestreift sein können und deutlich mit den mehr oder weniger diffus gezeichneten, gebänderten Schwungfedern kontrastieren.

Adulte Zwischenform, Island: Erinnert hauptsächlich an die weiße arktische Form, ist jedoch grau-schwarz gemustert. Siehe Beschreibung der Flugbilder für weitere Details.

Juvenil: Unabhängig von der Form ist es schwierig, juvenile von adulten Vögeln zu unterscheiden, besonders hellen Individuen. Die Oberseite ist bei juvenilen Vögeln jedoch eher schwarzbraun gefleckt als gebändert. Bei der grauen Form und der Zwischenform auf Island ist die Oberseite generell einheitlicher graubraun mit hellen Federrändern und markant gebändertem Schwanz.

GESCHLECHT

Das Weibchen ist oft größer als das Männchen.

UNTERARTEN

Der Gerfalke wird derzeit als monotypisch betrachtet, jedoch mit drei geografischen Farbvariationen: Die weiße Form findet man in der Hohen Arktis, die graue in der borealen Waldzone und eine Zwischenform auf Island.

ÄHNLICHE ARTEN

Juvenile Gerfalken der grauen Form können aufgrund des dunklen Kopfes und des diffusen Bartstreifs mit dem Wanderfalken verwechselt werden. Wanderfalken haben jedoch eine ganz schwarze Haube und einen deutlicheren Bartstreif. Von juvenilen Wanderfalken unterscheiden sich junge Gerfalken jedoch zusätzlich durch das kräftige Profil und Unterschiede im Kontrast zwischen stark markierten Unterflügeldecken und diffuser gezeichneten Schwungfedern, während juvenile Wanderfalken am ganzen Unterflügel markant gemustert sind. Der juvenile Gerfalke ähnelt zudem auch sehr dem juvenilen Sakerfalken, *Falco cherrug*, unterscheidet sich jedoch durch einen kräftigeren Körper und die schwache Bänderung der Schwungfedern und Unterflügeldecken sowie Quer- oder Längsstreifen an den Unterschwanzdecken, was unter den Großfalken nur beim Gerfalken und Wanderfalken zu beobachten ist. Siehe Vergleichstafeln auf S. 294–297.

ZUG

In Europa sind adulte Gerfalken hauptsächlich Standvögel. In Russland lebende Gerfalken ziehen im Winterhalbjahr jedoch von der Tundra in die Nadelwaldzone. Juvenile und immature Gerfalken streifen herum, einige sogar bis nach Mittel- und Südeuropa.

BRUTBIOLOGIE

Der Gerfalke kann bereits im Alter von einem Jahr (2. KJ) brüten. Meistens brütet er jedoch im Alter von zwei oder drei Jahren zum ersten Mal. Das Paar ist zu Beginn der Brutsaison bei von lauten Rufen begleiteten Sturzflügen in der Nähe des Nestes zu beobachten, das aus einer Mulde auf einem Klippenvorsprung oder einem alten Nest in der Waldzone besteht und von Krähen oder Raufußbussarden gebaut wurde. Das Weibchen brütet innerhalb von 28 bis 36 Tagen drei bis vier Eier (bis zu sieben in Jahren, in denen es viele Nagetiere gibt) aus. Die Jungen erreichen nach 46 bis 53 Tagen ihre Flugfähigkeit. Das Männchen bringt in der Zeit, in der das Weibchen die Eier ausbrütet und in der ersten Zeit, wenn die Jungen noch klein sind, die Nahrung.

Diese besteht primär aus Vögeln, insbesondere Schneehühnern und vielen anderen kleinen und mittelgroßen See- und Küstenvögeln. In Lemmingjahren können diese den größten Teil der Nahrung ausmachen und zu großen, überlebensfähigen Gelegen führen.

Die Jagdtechnik besteht aus der Ansitzjagd und Überraschungsangriffen aus niedriger Höhe. Es kann auch zu Sturzflügen aus großer Höhe kommen. Die Beute wird im Flug geschlagen und am Boden getötet oder direkt am Boden erlegt.

Der älteste registrierte, frei lebende Vogel wurde 13 Jahre alt.

Gerfalke, graue Form, in seinem Brutgebiet in bergigem Gelände oberhalb der Baumgrenze, wo er an steilen Felshängen brütet und hauptsächlich von der Jagd auf Schneehühner lebt. Norwegen. 11.6. HS.

Sakerfalke, adultes Männchen, jagt Haustauben. Die Art ist leicht mit dem Gerfalken, *Falco rusticolus,* zu verwechseln, unterscheidet sich jedoch unter anderem durch die braune bis graubraune Oberseite und den hellen Kopf mit langem, schmalem Bartstreifen. Ungarn. 18.2. GP.

SAKERFALKE

Falco cherrug

BEDEUTUNG DES NAMENS

Falco, vom lateinischen *flectere*, krümmen, biegen, in Anspielung auf die gekrümmten Fänge
cherrug, von *chargh* und *charghela,* Hindi für Weibchen und Männchen

GESAMTEINDRUCK

L. 45–57 cm. Fs. 97–126 cm.
Der Sakerfalke ist nach dem Gerfalken, *Falco rusticolus,* der zweitgrößte Falke. Der Gerfalke ist kräftiger und kompakter mit einem breiteren, fülligeren Körper, breiteren Flügeln und breiterem Schwanz. Die Flugsilhouette des Sakerfalken ist somit eleganter und wohlproportionierter mit einem schlankeren Körper, etwas schmaleren Flügeln ohne einen bemerkenswert breiten Arm und mit schlanken Hüften, die in einen schmaleren Schwanz übergehen.

Der aktive Flug ist im Gegensatz zu den anderen großen Falken schnell und kraftvoll, mit starkem Einsatz des Handflügels. Zu beachten ist, dass Jungvögel schlanker sind als Altvögel und mit dem Lannerfalken, *Falco biarmicus,* verwechselt werden können.

Adultes Weibchen. Gelbe Hautpartien und typischer, schmaler Bartstreif, gefleckte obere Brust, die in unregelmäßige Streifen übergeht, dunkle Flügeldecken, die im Kontrast zu den gebänderten Schwungfedern mit dunklem Arm und hellerer Hand stehen. Ungarn. 29.12. GP.

Jungvogel mit breiten Streifen am Körper und oft einfarbigen, dunkelbraunen Armschwingen. Zu beachten sind die blaugrauen Hautpartien und der Kontrast zwischen dunklem Arm und heller Hand, was ein allgemeines Merkmal der Art ist. Ungarn. 27.11. GP.

Adultes Weibchen. Die Oberseite ist dunkelbraun bis graubraun, nicht gräulich bis graublau wie bei den anderen großen Falken, mit gestreiften bis gefleckten Schwungfedern und dichter gebändertem, etwas hellerem Schwanz. Zu beachten sind einige neue, dunklere Hand- und Armschwingen. Ungarn. 15.9. GP.

Juveniler Sakerfalke, 2. KJ. Dunkel mit schmalen, beigen Federrändern, Schwungfedern mit oder ohne Flecken und geflecktem/gebändertem Schwanz. Ungarn. 3.2. JMB.

Adult. Der schmale Bartstreif ist ein gutes Merkmal zur Artbestimmung im Vergleich zu den anderen großen Falken, die häufig breitere Bartstreifen in Kombination mit anderen und markanteren Kopfzeichnungen haben. Ungarn. 5.2. JMB.

Jungvogel, 2. KJ. Die Kombination aus dunklen Flügeldecken, Flanken und dunklen Hosen sowie deutlich gebänderten Schwungfedern unterscheidet die Art von den anderen ähnlichen großen Falken. Ungarn. 3.2. JMB.

Adultes Männchen mit stark gefleckter Brust. Die Flecken sind in sich überlappenden Reihen angeordnet, was den adulten Vogel gemeinsam mit den gelben Hautpartien vom juvenilen Vogel unterscheidet. Die Größe der Flecken nimmt mit dem Alter zu. Ungarn. 4.2. GP.

Immaturer, heller Vogel mit einer Mischung aus gestreiften/gebänderten Brustfedern und gefleckten Flügeldecken. Zu beachten sind die zunehmend gelben Hautpartien im Vergleich zum juvenilen Vogel. Ungarn. 18.5. GP.

HABITAT UND VERBREITUNG

Der Sakerfalke brütet in offenen oder spärlich bewaldeten Steppen oder offener Waldlandschaft mit Schluchten und Felsen sowie Wiesen und Kulturland. Darüber hinaus brütet die Art sowohl im Tiefland als auch in ähnlichen Berglandschaften bis zu einer Höhe von 4700 Metern. Im Winter bewohnt der Sakerfalke ähnlich offene Landschaften von Wüsten bis Küsten.

Die Verbreitung erstreckt sich von Osteuropa rund um das Schwarze Meer durch die Ukraine und teilweise durch die Türkei weiter durch Russland, quer durch die asiatische Steppe und durch den Iran und Kasachstan nach China und den größten Teil der Mongolei.

Der Sakerfalke gilt als bedrohte Art. Der weltweite Bestand wird auf 6400 bis 15 400 Paare geschätzt. Der Grund dafür ist, wie bei vielen anderen Greifvögeln, die Verdrängung der Lebensräume, der Mangel an Nahrung sowie – speziell für den Sakerfalken – die weit verbreitete Entnahme von Eiern und Jungvögeln für die Falknerei.

Der europäische Bestand wird auf 350 bis 500 Paare geschätzt, von denen 56 % in Ungarn, 15 % in der Ukraine, 7 % in der Slowakei, 6 % in Serbien und in Österreich leben. Somit nimmt der Sakerfalke nach dem Spanischen Kaiseradler, *Aquila adalberti,* den traurigen zweiten Platz der am meisten gefährdeten Greifvögel in Europa ein. Aufgrund von Artenschutzprogrammen gilt der Bestand jedoch als stabil mit leichtem Aufwärtstrend.

In Mitteleuropa ist der Sakerfalke ein äußerst seltener Streifvogel.

MAUSER

Sakerfalken mausern jährlich im Sommerhalbjahr von April bis Oktober.

KLEIDER

Adult, Oberseite: Variable Kopffarbe von fast Weiß mit geflecktem Scheitel und diffusem Bartstreif bis zu dunklem Kopf mit rostfarbigem Schimmer an Scheitel und Wange und markantem, schmalem Bartstreif, der oft nicht bis zum Auge reicht. Die Grundfarbe ist dunkelbraun bis graubraun mit beigen Rändern. Der Schwanz ist etwas heller und dicht gebändert bis gefleckt. Die Hautpartien sind gelb. **Unterseite:** Variiert von sehr hell und wie beim Gerfalken mit hell gefleckten, dunkelbraunen großen Flügeldecken und leicht geflecktem Körper bis zu dunkler gefleckter Brust und Flanken, häufig in gefleckten, lose zusammenhängenden Streifen. Kennzeichnend sind die dunklen Hosen und dunkelbraunen Unterflügeldecken mit weißen Streifen/Flecken, die einen Kontrast zu den helleren, gebänderten Schwungfedern bilden mit breitem gräulichem Hinterrand am Armflügel, der wiederum mit der helleren Hand mit einheitlich schwarzbraunen Fingern kontrastiert. Zu beachten ist, dass die Unterschwanzdecken häufig einfarbig sind, aber schmale Längsstreifen bei einigen Individuen haben können, die jedoch nie so markant gebändert sind wie beim Wanderfalken, *F. perigrinus,* und Gerfalken, *F. rusticolus.*

Juvenil, Oberseite: Dunkelbraun mit rostfarbenen Rändern und mit oder ohne verstreute, runde Flecken an den Schwungfedern. Der Schwanz hat helle, runde Flecken, die unterbrochene Binden formen. Die Wachs- und Lidhäute sind blaugrau. **Unterseite:** Variabel von hell bis dunkel wie beim Altvogel. Die dunkelsten Individuen haben breite, dunkelbraune Längsstreifen am Körper, dunkle Flanken und Hosen und fast einheitliche, dunkelbraune Flügeldecken mit wenigen Längsstreifen/Flecken. Die Schwungfedern sind deutlich gebändert mit einem breiten, dunklen Hinterrand am Arm, der mit der helleren Hand mit dunklen Fingern kontrastiert. Die Unterschwanzdecken sind ungestrichelt und variieren von mittelbraun bis beige. Beine und Fänge sind blaugrau bis zum Alter von einem Jahr, was die Art vom juvenilen Wanderfalken unterscheidet, der bereits als ganz junger Vogel gelbe Beine und Fänge hat, und vom Lannerfalken, *Falco biarmicus,* der im Laufe des ersten Herbstes gelbe Beine und Fänge bekommt.

Immatur: Körper gefleckt/gebändert und Unterschiede an den unbefiederten Partien, wo die Wachshaut blaugrau sein kann, während die Lidhaut und die Farbe an Beinen und Fängen blassgelb erscheint.

GESCHLECHT

Das Männchen ist kleiner als das Weibchen, aber der Größenunterschied ist nur zu sehen, wenn das Paar zusammen beobachtet wird.

UNTERARTEN

Nur die Nominatform *F. c. cherrug* brütet und überwintert in Europa, während drei weitere Unterarten im Osten anzutreffen sind.

ÄHNLICHE ARTEN

Aufgrund der Variation in den Kopfmustern und Grundfarben im Gefieder bei den unterschiedlichen Populationen der anderen großen Falkenarten können sowohl adulte als auch juvenile Sakerfalken mit anderen Falken verwechselt werden. Es kann beispielsweise unmöglich sein, den juvenilen Sakerfalken vom juvenilen Lannerfalken zu unterscheiden. Wichtige

Der Sakerfalke ist ein großer, kräftiger Vogel mit langem Schwanz, der – was die Statur betrifft – am ehesten an einen Gerfalken, *Falco rusticolus,* erinnert. Im Flug wirkt er schlanker und eleganter mit längeren Flügeln. Das Gefieder variiert stark: So gibt es helle Vögel mit fast einfarbigem hellem Kopf und Körper, aber auch dunkle Vögel wie diesen mit markant gemustertem Kopf und schwarzbraunem Federkleid. Bei adulten Vögeln sind die Ränder leicht rostfarben und die Hautpartien auffällig gelb. Adult. Ungarn. 3.2. JMB.

Merkmale sind die Größe und Form, die dunkelbraune bis graubraune Oberseite, der helle Kopf mit schmalem Bartstreif, die Farben der Hautpartien im Verhältnis zum Alter und die dunkelbraunen, gestreiften/gefleckten Unterflügeldecken, die im Kontrast zum gräulichen Arm und zur hellen Hand stehen. Weitere Details siehe Vergleichstafeln auf S. 294–297.

ZUG

Teilweise Stand- und Zugvogel mit Winterquartier in Süd- und Südosteuropa, im Nahen Osten sowie in Nord- und Nordostafrika.

BRUTBIOLOGIE

Der Sakerfalke kann im Alter von einem Jahr brüten. Er brütet jedoch häufig erst im Alter von zwei bis drei Jahren. Das Paar bleibt jahrelang zusammen und legt das Nest an Klippenvorsprüngen, in alten Nestern von Greifvögeln oder Krähen an und gerne in aufgestellten Brutkästen. Die Eier werden in erster Linie vom Weibchen ausgebrütet. Die Jungen schlüpfen nach ca. 30 Tagen und erreichen ihre Flugfähigkeit nach 45 bis 50 Tagen.

Die Nahrung ist an die offene Landschaft angepasst, die der Sakerfalke bevorzugt, und besteht überwiegend aus kleinen oder mittelgroßen Nagetieren, wie zum Beispiel dem Steppenhörnchen. Kleine und mittelgroße Vögel stehen in geringerem Maße auf dem Speiseplan. Sakerfalken jagen vom Ansitz oder niedrigen Flug aus, wobei die Beute häufig am Boden erlegt wird. Rüttelflüge über der Beute sind ebenfalls möglich. Außerdem stiehlt die Art gerne die Beute anderer Greifvögel.

LANNERFALKE

Falco biarmicus

BEDEUTUNG DES NAMENS

Falco, vom lateinischen *flectere*, krümmen, biegen, in Anspielung auf die gekrümmten Fänge

biarmicus, Anspielung auf die Bartstreifen des Falken (*biarmicus*, ursprünglicher Artname für die Bartmeise, *Panurus biarmicus*, von Linné, 1758, nach einem Gebiet im Norden Russlands benannt. Später von Temminck bei der Namensgebung des Lannerfalken im Jahr 1825 falsch interpretiert, in der Überzeugung, dass *bi-armicus* Bezug auf die zwei Bartstreifen nimmt)

GESAMTEINDRUCK

L. 39–48 cm. Fs. 88–113 cm.

Typischer Großfalke in der Größe eines Sakerfalken, *Falco cherrug*, und Wanderfalken, *Falco peregrinus*. Der Lannerfalke ähnelt in der Form am ehesten dem Sakerfalken, hat jedoch eher das Aussehen eines Turmfalken mit einem kleineren und runderen Kopf und einem freundlicheren Gesichtsausdruck und verhältnismäßig längeren

Flügeln und einem längeren Schwanz. Fliegt mit relativ langsamen, aber kräftigen Flügelschlägen mit größter Bewegung in der Hand. Beschleunigt schnell während der Jagd mit tieferen Flügelschlägen. Der Segelflug erfolgt auf flachen Flügeln mit nach oben gebogenen Fingern. Der Gleitflug erfolgt auf leicht geknickten Flügeln.

Adulter Lannerfalke, *F. b. abyssinicus*. Die Art ist leicht mit anderen großen Falken zu verwechseln, insbesondere mit dem Wanderfalken, *Falco peregrinus*, und dem Sakerfalken, *Falco cherrug*, ist aber unter anderem an dem orangebraunen Schimmer an Scheitel und Wange und der markanten, schwarzen und ausgedehnten Kopfzeichnung in der Form einer Kneifzange zu erkennen, die von der Spitze des Bartstreifs durch das Auge bis zum Nacken reicht. Außerdem ist die Oberseite gräulich bis graubraun und nicht graublau oder dunkelbraun, wie es bei den anderen beiden Arten der Fall ist. Äthiopien. 6.9. TVN.

Adultes Weibchen, *F. b. feldeggii*, das in Europa brütet. Ist die am stärksten gemusterte Unterart. Zu beachten sind die schwarze «Kneifzange» an der Wange, der orangebraune Schimmer an Kopf und Bauch und die gebänderten Flügeldecken. Italien. 4.5. MV.

Adultes Weibchen, *F. b. feldeggii*. Graue bis graubraune Oberseite, nicht graublau oder braun wie beim Wanderfalken und Sakerfalken. Kein klarer Kontrast zwischen Oberschwanzdecken und Schwanz wie beim Wanderfalken. Italien. 7.5. MV.

Juveniler Vogel, vermutlich *F. b. tanypterus*. Sieht dem juvenilen Sakerfalken zum Verwechseln ähnlich, dieser hat aber keine «Kneifzange» über der Wange und dem Kopf; und der Unterbauch und die Unterflügeldecken sind häufig ungestrichelt. Israel. 18.6. LK.

Juveniler Vogel der Unterart *abyssinicus*. Wie bei den anderen Unterarten hat dieser Jungvogel eine einheitlich dunkelbraune Oberseite mit schmalen, orangebraunen Rändern und ockerfarbenem Schwanz mit variabler heller Bänderung/Fleckung. Äthiopien. 12.14. TVN.

Adult, *F. b. tanypterus*, ist in Nordostafrika und im Nahen Osten anzutreffen, aber ist schwer von kontinentalen afrikanischen Unterarten *abyssinius* und der Nominatform *biarmicus* zu unterscheiden. Ägypten. 1.5. DO.

Adult, Unterart *abyssinicus*, ist im Sahel-Gürtel südlich der Sahara quer durch Nordafrika anzutreffen. Zu beachten ist die einfarbige, graubraune Oberseite, die ein allgemeines Merkmal der Art ist. Äthiopien. 22.2. TVN.

Adult, *F. b. erlangeri.* Die kleinste und hellste der vier Unterarten ist dem Turmfalken am ähnlichsten und in Nordwestafrika zu Hause. Die Unterart kann noch heller sein, fast ohne Kopfzeichnungen und Flecken. Marokko. 12.15. TK.

Adult, Unterart *abyssinicus*. Die Kopfzeichnung mit der schwarzen, halbgeschlossenen «Kneifzange», die die Wangenpartie und den orangebraunen Scheitel einrahmt, unterscheidet die Art von den anderen Großfalken. Äthiopien. 22.2. TVN.

HABITAT UND VERBREITUNG

Der Lannerfalke bevorzugt in Europa Bergregionen, die an offenes, spärlich bewachsenes Gelände grenzen, sowie Felder. In Ausnahmefällen ist er an Felsküsten anzutreffen und außerhalb Europas auch in der Savanne und Halbwüste. Die Art brütet in geringer Zahl verteilt in Europa und kommt in Süditalien, auf Sizilien, auf dem Balkan und in Griechenland vor.

Der Bestand wird auf nur 430 bis 840 Paare geschätzt. Damit nimmt der Lannerfalke den dritten Platz der seltensten Greifvögel Europas ein, nach dem Spanischen Kaiseradler, *Aquila adalberti,* und dem Sakerfalken, *Falco cherrug*. Die Ursache des Bestandesrückgangs ist der umfassende Einsatz von Pestiziden in der Vergangenheit und die Tatsache, dass die Art unter Falknern sehr beliebt ist.

Im europäischen Teil der Türkei leben 54 % des Bestands, gefolgt von Italien mit 26 %, Griechenland mit 10 % und Mazedonien mit 5 %.

MAUSER

Die Mauser findet vollständig im Laufe der Brutzeit statt. Juvenile Vögel mausern im Herbst und Winter teilweise zum adultähnlichen Kopf und Brustmuster.

KLEIDER

Hinweis: Das Federkleid variiert von sehr hell ohne starke Markierungen bis dunkel mit deutlichem Muster. Die folgende Beschreibung gilt für die europäische Unterart *feldeggii*, die die dunkelste und kräftigste Zeichnung aufweist.

Adult, Oberseite: Der Kopf hat eine helle Wange mit markantem Bartstreifen, der in die deutlichen Überaugenstreifen übergeht, die bis zum Nacken ragen und eine auffällige offene «Kneifzange» formen. Die Stirn ist hell im Kontrast zum dunklen Scheitel und rostfarbigem Nacken. Die Hautpartien sind gelb. Flügel und Schwanz sind gräulich bis graubraun mit gleichmäßig gebändertem Schwanz ohne Kontrast zwischen den Schwanzdecken und Schwanzfedern. **Unterseite:** Der Körper ist weißbeige mit heller Kehle, gefleckter Brust und geflecktem Bauch und gebänderten bis gefleckten Flanken. Die kleinen Flügeldecken sind längs gestreift, die großen sind quer gestreift und kontrastieren mit den schwächer gebänderten Schwungfedern mit langen, dunklen Fingern, die dunkler sind als bei den anderen Großfalken. Die Unterschwanzdecken sind häufig ungestrichelt. Der Schwanz ist dicht gebändert.

Juvenil, Oberseite: Mit dunkler «Kneifzange» wie beim Altvogel, jedoch mit hellerem Kopf mit dunklem Stirnband im Kontrast zum hellen Überaugenstreif und orangebraunem Scheitel/Nacken. Die Färbung der Wachshaut, Lidhaut und Beine variiert von Gelb (bereits während des Ausfliegens) bis Blaugrau. Einige Vögel erhalten die gelbe Farbe erst im Alter von zwei Jahren. Die Oberseite ist einheitlich dunkelbraun mit schmalen, orangebraunen Federrändern. Die Schwanzfedern sind dicht gebändert bis länglich gefleckt. Die beiden mittleren Schwanzfedern können jedoch einfarbig sein. **Unterseite:** Weißbeiger Körper mit breiten, dunkelbraunen Längsstreifen, die mit dem schwach gestreiften Unterbauch und den hellen ungestrichelten Unterschwanzdecken kontrastieren. Die Flügeldecken sind dunkelbraun. Die mittleren und großen Flügeldecken sind hell gefleckt und stehen im Kontrast zu den dunklen, gräulichen Schwungfedern, wobei der Arm am dunkelsten und im innersten Bereich ungebändert ist, was wiederum mit den äußersten Armschwingen und der gleichmäßig gebänderten Hand kontrastiert.

Hinweis: Oft sehr ähnlich dem juvenilen Sakerfalken, *Falco cherrug*. Der Lannerfalke lässt sich jedoch in der Regel an einer markanteren Kopfzeichnung und dem deutlichen Kontrast zwischen der längs gestreiften Brust und dem hellen Unterbauch/Steiß und ungebänderten Unterschwanzdecken unterscheiden.

GESCHLECHT

Das Männchen ist kleiner und schlanker als das Weibchen. Dies ist am deutlichsten, wenn das Paar zusammen beobachtet wird.

UNTERARTEN

Zusätzlich zur Nominatform *F. b. biarmicus*, die im Gebiet von Äquatorialafrika bis Südafrika anzutreffen ist, gibt es vier weitere Unterarten:

F. b. feldeggii ist in Europa in Italien zu beobachten und breitet sich nach Osten nach Aserbaidschan und den Nahen Osten aus.

F. b. erlangeri kommt in Nordwestafrika von Mauretanien über Marokko bis Tunesien vor.

F. b. tanypterus ist im Norden und Nordosten Afrikas von Libyen bis zum Nordsudan und weiter durch Israel, Jordanien und Arabien angesiedelt.

F. b. abyssinicus findet man von Senegal östlich bis nach Äthiopien und von dort aus Richtung Süden bis nach Uganda und die Demokratische Republik Kongo vor.

ÄHNLICHE ARTEN

Der adulte Lannerfalke wird insbesondere mit dem Wanderfalken, *Falco peregrinus,* und dem Sakerfalken, *Falco cherrug,* verwechselt. Die Art ist generell an der mar-

Lannerfalke, Adult, vermutlich *F. b. tanypterus*. Die Art kann aufgrund der ockerfarbenen Kopfzeichnungen mit dem Wüstenfalken verwechselt werden, einer Unterart des Wanderfalken, *Falco peregrinus*. Ägypten. 1.5. DO.

kanten Kopfzeichnung und vom Wanderfalken außerdem durch die einheitliche graubraune Oberseite ohne bläulichen Schimmer und nur leicht hellen Oberschwanzdecken, die markanten Längsstreifen an den Unterflügeldecken und den ungebänderten Unterschwanzdecken zu unterscheiden. Er grenzt sich vom Sakerfalken durch die graubraune und nicht braune Oberseite ab. Außerdem zeigt der Unterflügel des Lannerfalken längs gestreifte Flügeldecken mit schmalerer Bänderung und deutlich gebänderte Handschwingen. Der Sakerfalke im Vergleich dazu hat dunkelbraune, unregelmäßig gefleckte Flügeldecken und diffus gebänderte Handschwingen mit dunkleren inneren Armschwingen. Zu beachten ist, dass juvenile Lannerfalken, die schlanker sind als adulte und längere Flügel haben, fast identisch mit dem juvenilen Sakerfalken sein können. Siehe Vergleichstafeln S. 294–297.

ZUG

Europäische Vögel sind Standvögel. Es findet im Winter jedoch ein Kurzstreckenzug vom Hochland ins Tiefland statt. Jungvögel streifen über kürzere Entfernungen umher.

BRUTBIOLOGIE

Das Paar bleibt ein Leben lang zusammen, aber das Weibchen kann sich ausnahmsweise mit mehreren Männchen paaren.

Das Nest wird an einem Felsvorsprung oder in einem alten Krähen- oder Greifvogelnest, gerne auch in einem Baum angelegt. Alternativ in Ruinen, auf Hochspannungsmasten oder am Boden.

Die Brut mit drei bis vier Eiern (zwei bis fünf) wird innerhalb von 32 Tagen vom Weibchen ausgebrütet. Die Jungen erreichen nach 33 bis 37 Tagen die Flugfähigkeit. Sie bleiben jedoch weitere ein bis drei Monate mit den Eltern im Brutgebiet.

Die Nahrung besteht überwiegend aus kleinen und mittelgroßen Vögeln. Säugetiere, Amphibien, Kriechtiere und Insekten stehen ebenfalls auf dem Speiseplan.

Die Jagd erfolgt vom Ansitz aus, mittels Sturzflügen und paarweise Jagdausflügen, wo das Weibchen die Beute aufschreckt und das Männchen sie erlegt. Der Lannerfalke jagt gerne an Wasserlöchern, wo die Beute ihren Durst stillt. Darüber hinaus plündert er Vogelnester und stiehlt gelegentlich Beute von anderen Greifvögeln.

WANDERFALKE

Falco peregrinus

BEDEUTUNG DES NAMENS

Falco, vom lateinischen *flectere*, krümmen, biegen, in Anspielung auf die gekrümmten Fänge

peregrinus, lateinisch für Wanderer, Fremder

Wanderfalke, adultes Weibchen am Brutplatz. Das Weibchen ist oft deutlich größer als das Männchen, dunkler am Rücken und mit gefleckter oberer Brust. Zu beachten ist der kleine Punkt im Nasenloch, der auch bei anderen Falkenarten zu sehen ist. Der Punkt dient als Windschutz, der den enormen Winddruck aus den Nasenlöchern leitet, sodass die Lungen nicht aufblähen und explodieren, wenn der Falke zum Sturzflug ansetzt. Dänemark. 15.6. JL.

GESAMTEINDRUCK

L. 35–51 cm. Fs. 79–114 cm.

Der Wanderfalke ist der meist verbreitete Greifvogel der Welt und für seine phänomenalen Sturzflüge auf fliegende Beute bekannt, bei denen die Höchstgeschwindigkeit schwindelerregende 389 km/h erreichen kann.

Die Flugsilhouette ist falkentypisch mit kompaktem, stromlinienförmigem Körper und zeichnet sich durch Flügel mit breitem Arm und zugespitzter Hand sowie einem mittellangen und verhältnismäßig breiten Schwanz mit guten Lenkeigenschaften aus. Auch wenn der Größenunterschied zwischen Männchen und Weibchen bedeutend ist, besteht auch beim Männchen kein Zweifel, dass es sich um einen Großfalken handelt, wenn der Wanderfalke mit seiner kompakten Silhouette und markanten Zeichnungen auftaucht.

Der aktive Flug ist energisch und kraftvoll mit einer Reihe schneller Flügelschläge mit gelegentlichen Gleitflügen. Der Segelflug erfolgt auf ebenen Flügeln, häufig mit leicht angehobener und deutlich nach hinten gerichteter Hand. Im berühmt-berüchtigten senkrechten Sturzflug während der Jagd werden die Flügel ganz an den Körper gedrückt, der dadurch eine längliche Tropfenform bekommt.

Adultes Männchen mit weißer oberer Brust. Ist aufgrund des kontrastreichen Gefieders mit schwarzem Kopf, breitem Bartstreif und gebänderter Unterseite ohne großen Kontrast zwischen Decken und Schwungfedern leicht von anderen Großfalken zu unterscheiden. Dänemark. 17.6. JL.

Adulte Weibchen sind oft größer, kompakter und haben breitere Flügel als Männchen. Wenn das Paar nicht zusammen beobachtet wird, ist die gefleckte oder gestreifte obere Brust ein gutes Merkmal, das auf ein Weibchen schließen lässt. Dänemark. 13.3. JL.

Jungvögel haben einen diffus gemusterten Kopf, einen weißen bis orangebraunen/beigen Körper, eine graublaue Wachshaut und gelbe Fänge. Kann Ähnlichkeit mit dem Sakerfalken und Lannerfalken aufweisen, diese haben jedoch keine gestrichelten Unterschwanzdecken. Dänemark. 18.6. JL.

Juvenile haben eine nahezu einheitlich graubraune Oberseite mit orangebraunen Streifen und Flecken an Scheitel und Nacken sowie orangebraune und beige Ränder, die dem Vogel ein «schuppiges» Aussehen verleihen. Dänemark. 20.6. NLJ.

Adult. Die Oberseite kann schwarzbraun sein und über einen bläulichen Schimmer verfügen, aber besitzt immer einen helleren unteren Rücken und helle Oberschwanzdecken. Die Oberseite des Weibchens wird häufig als am dunkelsten beschrieben, aber die Farbe hängt von den Lichtverhältnissen und dem Ausmaß der ausgeblichenen Federn ab und ist somit kein sicheres Merkmal zur Art- oder Geschlechtsbestimmung. Dänemark. 23.5. LG.

Adult, vermutlich Weibchen mit gestreifter oberer Brust und mit Resten eines Rotschenkels, *Tringa totanus,* in den Fängen. Norwegen. 9.6. JL.

Jungvogel, 2. KJ, erinnert stark an einen juvenilen Sakerfalken, dieser hat jedoch dunkelbraune große Flügeldecken und graublaue Beine und Fänge. Dänemark. 26.1. JL.

Immaturer Langstreckenzieher mit erhaltenen juvenilen Flügeldecken, mittleren Armschwingen und äußeren Handschwingen. Bei Zugvögeln aus nördlicheren Populationen setzt die Mauser während des Zugs aus und wird erst im tropischen Winterquartier wieder fortgesetzt. Schweden. 5.10. JL.

HABITAT UND VERBREITUNG

Der Wanderfalke besiedelt alle Kontinente mit Ausnahme der Antarktis. Er ist als Brutvogel in einer Vielzahl von Habitaten von Wüste über Wald und die Stadt bis hin zur arktischen Tundra und Küstenlandschaften anzutreffen.

Der Wanderfalke ist in ganz Europa weit verbreitet, sowohl als Brutvogel als auch als Wintergast, allerdings mit geringen Beständen in den meisten Ländern.

Der europäische Bestand wird auf zwischen 14900 und 28800 Paare geschätzt. Davon leben mit 16 % die meisten in Grönland, gefolgt von Spanien 14 %, im europäischen Teil der Türkei 11 %, auf den Britischen Inseln 8 %, in Russland 7 %, in Deutschland, Frankreich und Italien jeweils 6 % und in Norwegen 5 %.

MAUSER

Standvögel mausern komplett in der Brutsaison. Bei Zugvögeln aus gewissen Populationen setzt die Mauser der Schwungfedern während des Zuges aus und wird im Winterquartier fortgesetzt. Immature Zugvögel können unter anderem an den erhaltenen juvenilen, bräunlichen und ausgeblichenen Schwungfedern und Flügeldecken bis zum 2. und 3. KJ (zweiter Winter/Frühjahr) identifiziert werden.

KLEIDER

Adultes Männchen, Oberseite: Die Oberseite ist graubraun bis schwarzgrau gebändert und zeigt einen blauen Schimmer, je nach Lichtverhältnissen und Abnutzung der Federn, und mit hellerem gräulichem Rücken und Oberschwanzdecken. Kopf und Nacken sind mit einer schwarzen Haube und markantem, breitem Bartstreif versehen, die im Kontrast zum hellen, nahezu reinweißen Hals und zur oberen Brust stehen. Die Wachs-, Lid- und Beinhäute sind gelb. **Unterseite:** Die obere Brust ist weiß oder mit einigen schmalen Streifen versehen, die im Kontrast zur gefleckten/gebänderten Brust und zum Bauch steht, der einen rosa Schimmer haben kann. Die Flügeldecken sind markant gebändert in Schwarz-Weiß mit schwachem Kontrast zu den deutlich gebänderten Schwungfedern. Auch Schwanz und Unterschwanzdecken sind gebändert.

Adultes Weibchen: Wie das Männchen, aber im Allgemeinen mit Fleckung an der weißen oberen Brust und dunklerer Oberseite. **Hinweis:** Die schwarze Bänderung an der Unterseite ist bei beiden Geschlechtern zu sehen und am schmalsten und schärfsten bei älteren Vögeln vorhanden.

Juvenil, Oberseite: Variabel, aber im Allgemeinen einheitlich dunkel graubraun, wirkt aus der Nähe «schuppig» aufgrund von rostfarbenen und beigen Rändern an jeweils Flügeldecken und Schwungfedern. Der dunkle Schwanz ist beige gebändert mit beigefarbener Schwanzendbinde. Der Kopf ist dunkel mit heller Wange und oft mit orangebraunen Flecken/Streifen im Nacken. Die Wachs- und Lidhaut ist graublau, färbt sich jedoch im Herbst gelblich. Der Wanderfalke hat bereits als ganz junger Vogel gelbe Beine. **Unterseite:** Variiert von einem dunklen bis helleren Gesamteindruck mit einem kräftigen längs gestreiften/gefleckten Körper auf hellbeigem oder hell orangebraunem Untergrund. Die kleinen Flügeldecken sind längs gestreift, und die großen Flügeldecken sind gefleckt/gebändert und stehen in schwachem Kontrast zu den deutlich gebänderten Schwungfedern. Die Unterschwanzdecken sind gebändert, und die Schwanzfedern sind schmal gebändert mit hellen Spitzen.

Hinweis: Juvenile Wanderfalken sind schwer von anderen Großfalken zu unterscheiden, aber der deutlich gebänderte Unterflügel ohne großen Kontrast zwischen Decken und Schwungfedern, die gebänderten Unterschwanzdecken und die gelben Beine und Fänge eignen sich als Bestimmungsmerkmale.

GESCHLECHT

Unterscheidet sich in Körperform und Größe sowie einzelnen Merkmalen im Federkleid. Details siehe Beschreibung der Flugbilder.

UNTERARTEN UND ZUG

Die Nominatform *peregrinus* brütet verbreitet in fast ganz Europa und überlappt sich mit den folgenden drei Unterarten im Verbreitungsgebiet:

F. p. calidus ist eine hellere und größere Unterart und vom nordöstlichen Skandinavien und Richtung Osten über die russische Tundra bis ins nordöstliche Sibirien anzutreffen. Vögel aus der östlichen Populationen passieren Europa während des Zuges in die Winterquartiere in Afrika.

F. p. brookei, der Standvogel und kleiner und dunkler als die Nominatform ist, kommt in Südwesteuropa, dem Mittelmeerraum und in der Kaukasusregion vor.

F. p. pelegrinoides (Wüstenfalke) ist in Europa nur auf den Kanarischen Inseln und darüber hinaus in Nordafrika, im Nahen Osten und in Arabien beheimatet.

ÄHNLICHE ARTEN

Der Wanderfalke ist aufgrund der großen Variation in Größe und Grundfarbe der Unterarten leicht mit den anderen Großfalken zu verwechseln. Die besten Bestimmungsmerkmale bei den Adulten

Wüstenfalke, *F. peregrinus pelegrinoides*, 2. KJ, eine der drei in Europa vorkommenden Unterarten. Sie unterscheidet sich von der Nominatform durch die helle orangebraune bis nahezu orangene Grundfarbe und häufig Partien mit demselbem Farbton im Nacken, was auch auf einen Lannerfalken, *Falco biarmicus*, schließen lassen könnte. Oman. 20.2. HJE.

sind das kontrastreiche und deutlich gezeichnete Gefieder mit schwarzem Kopf, weißer oberer Brust und feiner Bänderung am Körper sowie generell – für sowohl adulte als auch juvenile Wanderfalken – der stärker gezeichnete Unterflügel mit deutlicher Bänderung der Schwungfedern, der dunkle Hinterrand des Handflügels und die gebänderten Unterschwanzdecken. Siehe Vergleichstafeln S. 294–297.

BRUTBIOLOGIE

Der Wanderfalke brütet in Ausnahmefällen im Alter von einem Jahr, in der Regel jedoch im Alter von zwei bis drei Jahren. Das Paar bleibt ein Leben lang zusammen und bleibt seinem Territorium treu. Im Frühjahr ist das Paar bei steilen Balzflügen, Sturzflügen und Taumelspielen mit ineinander verhakten Fängen zu beobachten. Der Wanderfalke ist nicht wählerisch, was den Nistplatz betrifft, solange es im Revier genug Nahrung für die Familie gibt. Die Art brütet an Felsvorsprüngen, in Fensternischen in Hochhäusern, Nistkästen, an Brücken, in alten Nestern von Krähen und direkt in der Tundra. Die Jungen der durchschnittlich drei bis vier Eier schlüpfen nach 29 bis 32 Tagen und sind nach 35 bis 42 Tagen flügge. Sie sind noch weitere zwei Monate von den Eltern abhängig.

Der Wanderfalke ist ein außerordentlicher und überlegener Jäger, der nahezu ausschließlich von Vögeln lebt. Er frisst alle möglichen Vogelarten von der Größe eines Wintergoldhähnchens bis zur Ringelgans, hauptsächlich jedoch mittelgroße Vögel.

Der Wanderfalke jagt vom Ansitz aus oder mittels Überraschungsangriffen, Verfolgungsjagden oder beeindruckenden Sturzflügen, bei denen der Falke, abhängig von der Länge des Sturzfluges, eine Spitzengeschwindigkeit von bis zu 389 km/h erreichen kann. Er schlägt die Beute mit den Fängen in der Luft, woraufhin sie zu Boden fällt.

Der älteste in Freiheit lebende und registrierte Vogel wurde mindestens 19 Jahre alt.

ELEONORENFALKE

Falco eleonorae

BEDEUTUNG DES NAMENS

Falco, vom lateinischen *flectere*, krümmen, biegen, in Anspielung auf die gekrümmten Fänge

eleonorae, nach der Regentin Eleonora d'Arborea (1350–1404), die als sardische Freiheitsheldin verehrt wird und ein umfassendes Gesetz zum Schutz von Greifvögeln durchsetzte

Eleonorenfalke, adultes Männchen, helle Morphe, und adultes Weibchen, dunkle Morphe. Die Art brütet auf Inseln im Mittelmeer, wo Kolonien und Nester in Hohlräumen, Spalten und an Felsvorsprüngen entlang der Küste zu finden sind. Italien. 9.8. HS.

GESAMTEINDRUCK

L. 36–42 cm. Fs. 84–105 cm.

Mittelgroßer, schlanker und wohlproportionierter Falke mit sehr langem Schwanz und langen, schmalen und spitzen Flügeln. Fliegt oft im Wind über das Meer auf der Suche nach Kleinvögeln, während der aktive Flug auf flachen, aber energischen Flügelschlägen erfolgt. Verwendet kräftigere und tiefere Flügelschläge im Gegenwind und während der Jagd, was dem Vogel in gewissen Situationen eine überzeugende Raubmöwenerscheinung verleiht.

Der sitzende Vogel ist leicht an der langen Hinterpartie zu erkennen, wobei der Schwanz und die zusammengelegten Flügelspitzen gleich lang sind. Wird leicht mit anderen Falken verwechselt, insbesondere mit dem Baumfalken, *Falco subbuteo,* und dem Rotfußfalken, *Falco vespertinus*. Details siehe ähnliche Arten.

Adultes Männchen, helle Morphe. Der Körper ist mit variablen schwarzen Streifen versehen und hat einen rostroten Schimmer. Aufgrund der fehlenden schwarzen Koteletten und nur schwach gebänderten bis ungebänderten Schwungfedern von u. a. Baumfalken zu unterscheiden. Italien. 27.9. KB.

Adultes Weibchen, helle Morphe. Beide Morphen haben gemeinsam, dass die Wachshaut beim Männchen gelb und beim Weibchen blau ist. Ähnelt einem Baumfalken, hat jedoch sehr dunkle Unterflügeldecken, oft ohne Flecken. Italien. 27.9. KB.

Der juvenile Eleonorenfalke sieht dem juvenilen Baumfalken zum Verwechseln ähnlich. Der juvenile Eleonorenfalke hat jedoch nie einen rostroten Schimmer an Steiß und Unterschwanzdecken und auch keine schwarzen Koteletten hinter dem Auge. 21.10. JM.

Juvenile Eleonorenfalken unterscheiden sich vom ähnlichen juvenilen Baumfalken durch eine stärker geschuppte Oberseite und die breiter gebänderte Schwanzoberseite, die beim Baumfalken nur ganz leicht gebändert ist. 21.10. JM.

Adultes Männchen, dunkle Morphe. Schwarzbraun mit dunkleren Körperfedern und Flügeldecken und im richtigen Licht Schwungfedern mit Metallglanz. Die Oberseite ist schiefergraubraun mit schwarzbraunen Handschwingen. Italien. 26.9. KB.

Jungvogel, 2. KJ, dunkle Morphe, ist in der Regel dunkler als die juvenile helle Morphe, insbesondere mit dunkleren Flügeldecken und deutlicheren Längsstreifen am ganzen Unterkörper. Zu beachten sind die neuen mittleren Armschwingen. Italien. 22.9. KB.

Adultes Männchen, dunkle Morphe, ist sowohl an der Ober- als auch an der Unterseite unverkennbar. Ist nur mit dem Schieferfalken, *Falco concolor,* zu verwechseln, der in Nordafrika, im Nahen Osten und in Arabien brütet. 25.9. KB.

Juveniler Vogel, 2. KJ, helle Morphe. Von juvenilen Baumfalken an einzelnen neuen, adulten und ungebänderten Schwungfedern, sehr dunklen Flügeldecken und rostrotem Schimmer am ganzen Unterkörper und sauberer Wange hinter dem Bartstreif zu unterscheiden. Italien. 27.9. KB.

HABITAT UND VERBREITUNG

Brütet in erster Linie an steilen und schroffen Felsküsten an den europäischen Atlantikinseln und auf Inseln von West nach Ost im Mittelmeer.

Der europäische Bestand wird auf 14300 bis 14500 Paare geschätzt und repräsentiert 95 % des weltweiten Bestandes. Die restlichen 5 %, ca. 750 Paare, brüten auf Inseln vor Nordwestafrika. In Griechenland ist der größte Teil des europäischen Bestands beheimatet, nämlich 86 %, gefolgt von Spanien mit 6 %, Italien mit 5 % und den Kanarischen Inseln mit 2 %.

In Mitteleuropa ist der Eleonorenfalke ein extrem seltener Ausnahmegast.

MAUSER

Der Eleonorenfalke mausert hauptsächlich im Winterhalbjahr. Einige adulte und immature Vögel sind mit einer Mischung aus neuen und abgenutzten Schwungfedern zu sehen, bevor die Mauser vor dem Herbstzug aussetzt.

KLEIDER

Den Eleonorenfalken gibt es in einer hellen und einer dunklen Morphe. Die dunkle Morphe macht ein Viertel des Bestands aus.

Adult, dunkle Morphe: Erscheint in der Ferne schwarz, aus der Nähe in gutem Licht sind jedoch Nuancen zwischen der dunkelbraunen Hand und dem restlichen Federkleid zu erkennen. Die Unterseite weist einen deutlichen Kontrast zwischen dem dunkelbraunen Körper und Flügeldecken und den helleren, schiefergrauen Schwungfedern mit silberglänzendem Schimmer im frischen Federkleid auf. Ältere adulte Vögel sind einfarbig in den genannten Nuancen, während jüngere Adulte gebänderte Schwung- und Flügeldecken, einen gebänderten Schwanz und schmutzige rotbraune Flecken/Streifen am Körper haben können.

Adult, helle Morphe: Ist von der dunklen Morphe und dem ähnlichen Baumfalken, *Falco subbuteo,* an der hellen Wange mit einem schmalen, hängenden Bartstreifen ohne die dunklen Koteletten des Baumfalken hinter dem Auge zu unterscheiden. Die Flügelunterseite kontrastiert wie bei der dunklen Morphe, während die Zeichnungen am Körper variabel sind, von ganz rostrot mit dunklen Längsstreifen und weißer Kehle und weißem Hals bis zu einem orangebraunen Grundton mit Streifen am Bauch und an den Unterschwanzdecken.

Juvenil, Oberseite: Unterscheidet sich sowohl in Form als auch im Gefieder vom adulten Vogel. Der Jungvogel besitzt breitere Flügel und einen kürzeren Schwanz sowie eine schwarzbraune und markant geschuppte Oberseite mit einem Schwanz, der nur an den zwei mittleren Schwanzfedern nicht gebändert ist. Die Kopfzeichnung präsentiert sich wie beim Altvogel, jedoch mit geflecktem Scheitel und Nacken. **Unterseite:** Der Grundton ist hellbeige mit gefleckten Flügeldecken, die mit dunkleren, gebänderten Schwungfedern mit breitem, dunklem Flügelhinterrand und gebändertem Schwanz kontrastieren. Der Körper hat dunkle Längsstreifen mit dunklen «Speerspitzen» an den Flanken.

Juvenil, helle Morphe: Der Steiß und die Unterschwanzdecken sind einfarbig hell ohne rostroten Schimmer, wie es oft bei dem ähnlichen juvenilen Baumfalken der Fall ist.

Juvenil, dunkle Morphe: Hat dunklere Unterflügeldecken und einen dunkleren, stärker gezeichneten Körper und Steiß sowie gebänderte Unterschwanzdecken.

Immatur: Im 2. KJ an der eingesetzten Mauser der Körperfedern zu erkennen, die dem Jungvogel ein sehr variables Aussehen verleihen. Die abgenutzten Schwungfedern werden im Laufe des Sommers und Herbstes ersetzt. Details siehe Beschreibung der Flugbilder.

GESCHLECHT

Das Männchen hat eine gelbe Wachshaut und ist generell kleiner und schlanker als das Weibchen, das eine blaue Wachshaut hat.

UNTERARTEN

Die Art ist monotypisch.

ÄHNLICHE ARTEN

Juvenile und adulte Vögel der hellen Morphe können mit juvenilen und adulten Baumfalken verwechselt werden. Der juvenile Eleonorenfalke ist an der Kopfzeichnung mit dem einzelnen schmalen Bartstreif an der weißen Wange, dem breiteren und nicht unterbrochenem Flügelhinterrand, dem dichter gebändertem Schwanz mit schmaleren, dunklen Binden und dem Steiß ohne rostroten Schimmer zu erkennen. Adulte Eleonorenfalken können an den schwach gebänderten Schwungfedern, einfarbig bei älteren Adulten, und beige bis rostrotem Grundton am längs gestreiften Körper identifiziert werden. Der Baumfalke hingegen hat einen weißen Grundton mit schwarzen Längsstreifen und dem auffälligen Kontrast zwischen Körper und rostrotem Bürzel und Unterschwanzdecken.

ZUG

Der Eleonorenfalke verlässt das Brutgebiet von Mitte Oktober bis Anfang November und zieht über den afrikanischen

Kontinent mit Kurs auf die hauptsächlichen Winterquartiere in Madagaskar. Die Rückwanderung findet von April bis Mai statt, häufig mit Aufenthalt an Orten mit reichem Angebot an Kleinvögeln und Insekten.

BRUTBIOLOGIE

Der Eleonorenfalke brütet in Kolonien von fünf bis zehn Paaren bis zu 300 Paaren. Als Auftakt zur Brutsaison, die erst im Juli/August richtig beginnt, da die Jungen mit Kleinvögeln gefüttert werden, die auf dem Weg in die Winterquartiere in Afrika sind, führt das Paar halsbrecherische Sturzflüge aufeinander zu durch. Die zwei bis drei Eier werden auf einen kahlen Untergrund gelegt, in Mulden oder an Vorsprüngen steiler Felswände am Meer oder alternativ unter einem Busch oder direkt am Boden. Die Brutdauer beträgt 28 bis 37 Tage. Die Jungen erreichen nach ca. 40 Tagen ihre Flugfähigkeit und sind nach weiteren 14 Tagen bereits von den Eltern unabhängig.

Die Jagd auf Kleinvögel, die in der Nacht ziehen, erfolgt sowohl früh am Morgen als auch in der Abenddämmerung, wenn Kleinvögel ihren Zug beenden oder beginnen. Die Eleonorenfalken jagen häufig in Gemeinschaft, wo sie ein gutes Stück von der Küste entfernt in großer Höhe eine Kette im Wind bilden und den nichts ahnenden Kleinvögeln auflauern, die entweder Schutz auf der Insel suchen oder in der Dämmerung den Kurs in Richtung Afrika setzen. Die Beute wird bei steilen Sturzflügen oder bei der Verfolgungsjagd, häufig in der Luft, erlegt. Außerhalb der Brutzeit und im Winterquartier besteht die Hauptnahrung aus großen Insekten wie Schmetterlingen, Käfern, Libellen und Grashüpfern.

Eleonorenfalke, juvenil, helle Morphe. Ähnelt vielen der anderen mittelgroßen und kleinen, juvenilen Falken, insbesondere dem Baumfalken, ist jedoch an den langen schlanken Flügeln, einem verhältnismäßig kleineren Kopf mit sauber gezeichneter Wange mit schmal nach unten verlaufendem Bartstreif, rein beigefarbenem Steiß und Unterschwanzdecken ohne rostroten Schimmer und dem breiten, markanten und nicht unterbrochenen Flügelhinterrand über die gesamte Flügellänge zu erkennen. Italien. 10.21. JM.

BAUMFALKE

Falco subbuteo

BEDEUTUNG DES NAMENS

Falco, vom lateinischen *flectere*, krümmen, biegen, in Anspielung auf die gekrümmten Fänge

subbuteo, aus lateinisch *sub*, nahe, und *buteo*, lateinisch für Habichte und falkenähnliche Vögel

Baumfalke, adult, mit einem erbeuteten Vogel im Kropf. Die Art hat eine fast schwarze Oberseite, die dunkler und einheitlicher in der Farbe ist als die anderen Falkenarten und mit der reinweißen Wange mit kräftigem Bartstreif und kleinen Koteletten kontrastiert. Diese Merkmale sorgen zusammen mit der an einen Mauersegler erinnernden Gesamterscheinung dafür, dass die Art in den meisten Situationen leicht zu bestimmen ist. Schweden. 21.4. JL.

GESAMTEINDRUCK

L. 28–36 cm. Fs. 68–84 cm.

Der Baumfalke gehört zu der Gruppe der kleineren Falken und ist nur wenig größer als ein Turmfalke, *Falco tinnunculus*. Die Proportionen des Baumfalken entsprechen jedoch einem typischen Falken mit schlankem Körper, langen, schlanken Flügeln und mittellangem Schwanz. Dadurch gelingt dem Vogel ein schneller Flug mit kurzen Gleitstrecken, wobei die Flügel horizontal vom Körper gehalten werden.

Die Flugsilhouette erinnert an einen zu groß geratenen Mauersegler, wenn er vorbeisaust, aber insbesondere, wenn man ihn aus der Entfernung auf ebenen Flügeln mit ausgebreitetem Schwanz beim Segelflug beobachtet. Die Art hat im Verhältnis zur Schwanzlänge die längsten Flügel unter den kleineren Falken. Bei sitzenden Vögeln ragen die Flügelspitzen um ein Viertel über die Schwanzspitze hinaus. Bei den anderen kleineren Falken enden die zusammengefalteten Flügelspitzen mit dem Schwanz oder sind kürzer.

Altvogel. Aus der Nähe unverkennbar mit schwarz-weiß gestreifter Unterseite und rostrotem Steiß, Hosen und rostroten Unterschwanzdecken. Bei dem Vogel handelt es sich vermutlich um ein Männchen ohne schwarze Streifen in den rostroten Bereichen. Dänemark. 15.9. JL.

Juveniler Baumfalke. Leicht mit anderen kleineren Falkenarten zu verwechseln, insbesondere mit dem Eleonorenfalken, da der hintere Körper einen rostroten Schimmer haben kann. Der ausschlaggebende Unterschied sind die schwarzen Koteletten. Dänemark. 16.9. NLJ.

Adult. Das Weibchen ist größer und breitflügeliger als das schlanke Männchen. Der rostrote Steiß kann sowohl beim Männchen als auch beim Weibchen schwarz gestrichelt sein. Männchen haben jedoch häufig keine Streifen. Schweden. 24.4. JL.

Juvenil. Anhand der Wange mit schwarzen Koteletten hinter dem Auge und dem ungebänderten Schwanz, der in ausgebreitetem Zustand nur eine schwache Bänderung zeigt, vom juvenilen Eleonorenfalken zu unterscheiden. Zu beachten ist der angedeutete helle Halsring. Dänemark. 16.9. NLJ.

Adult. Aus der Ferne, insbesondere im Gegenlicht und in der Frontansicht, erinnern die Proportionen des Baumfalken an einen zu groß geratenen Mauersegler, insbesondere wenn er auf horizontalen Flügeln kreist. Dänemark. 18.9. NLJ.

Adult. Die schwarzbraune Oberseite erinnert stark an einen Eleonorenfalken, *Falco eleonorae*. Zu beachten sind jedoch die Koteletten des Baumfalken hinter dem Auge, während der Eleonorenfalke eine rein weiße Wange hat. Dänemark. 9.8. NLJ.

Jungvogel, 2. KJ. Ersetzt die Körperfedern teilweise während des ersten Winters und ist an der Oberseite von adulten Vögeln durch eine Mischung aus neuen, schwarzgrauen Federn und erhaltenen juvenilen Schwung- und Schwanzfedern zu unterscheiden. Schweden. 6.6. JL.

Juveniler Baumfalke, 2. KJ. Hat adulte Kopf- und Körperfedern sowie neue mittlere Armschwingen und innere Handschwingen. Der Rest des Federkleides besteht aus erhaltenen juvenilen Federn, die im Winterquartier ersetzt werden. Schweden. 15.9. JL.

HABITAT UND VERBREITUNG

Der Baumfalke brütet in erster Linie im Flachland, in abwechslungsreicher Landschaft mit angrenzenden Feldern, Baumgruppen, Büschen, Wäldern, Wiesen und Mooren mit einem ausreichenden Angebot an Insekten und Kleinvögeln. Die Art brütet auch an Waldrändern oder im dichten Wald mit Lichtungen. Während des Zuges und vor der Brutzeit ist er häufig in wasserreicher Umgebung zu sehen. Im Winter in offenen Waldlandschaften und in der Savanne.

Der Baumfalke ist fast in allen europäischen Ländern in geeigneten Lebensräumen anzutreffen. Die Verbreitung erstreckt sich weiter Richtung Osten nach China und Nordjapan. Der europäische Bestand wird auf 92 000 bis 147 000 Paare geschätzt. Davon leben 46 % in Russland, 7 % in Rumänien, 7 % in Frankreich, 5 % in Deutschland, 5 % in der Türkei und 4 % in Spanien. Die restlichen 26 % verteilen sich mehr oder weniger gleichmäßig zwischen 1 % bis 3 % auf die restlichen europäischen Länder.

MAUSER

Der Baumfalke mausert vor allem im Winterquartier in Afrika. Jungvögel ersetzen ihr Körpergefieder teilweise während des ersten Winters und einige Schwungfedern während des ersten Sommers.

KLEIDER

Adult, Oberseite: Die Oberseite ist grauschwarz mit dunklerer Hand und schwarzer Gesichtszeichnung im Kontrast zur weißen Wange mit langem, breitem Bartstreif und krummen Koteletten hinter dem Auge. Die Wachshaut ist gelb. **Unterseite:** Die Art verfügt über einen dreifarbigen Unterkörper in Schwarz, Weiß und Rostrot. Die Kehle und der Hals sind weiß, die Brust und der Bauch haben breite Längsstreifen, der Steiß, die Hosen und die Unterschwanzdecken sind rostrot. Die Schwanz- und Flügelunterseite sind deutlich gebändert, am stärksten an den Flügeldecken. Zum Vergleich: Der Eleonorenfalke, *Falco eleonorae,* helle Morphe, hat so gut wie nie Koteletten an der weißen Wange, der Grundton dessen Körpers ist nicht reinweiß, sondern eher verwaschen mit schmaleren, unterbrochenen Streifen, und die Schwungfedern sind nicht markant gebändert und bei älteren Vögeln auch häufig ganz ungebändert.
Juvenil, Oberseite: Die Oberseite ist schwarzbraun mit beigen bis orangebraunen Rändern, die dem Vogel ein markantes schuppiges Aussehen verleihen. Der Kopf ist gefleckt, häufig mit zwei falschen «Augen» im Nacken, die durch zwei längliche, beige Flecken gebildet werden, die wie ein heller Halsring aussehen können. Die Wange des Jungvogels ist gelbbeige mit denselben Kopfzeichnungen wie beim Altvogel. Die Wachshaut ist zunächst bläulich, aber bereits im Herbst gelb. Der Schwanz hat eine deutlich helle Endbinde, und die beiden zentralen Schwanzfedern sind einfarbig, während der Rest eine variable Zeichnung von nahezu fehlenden diffusen kleinen Flecken bis zu markanten Bänderungen aufweist. **Unterseite:** Die Grundfarbe des Körpers ist gelbbeige mit geflecktem bis gestreiftem Körper und einem leicht rostfarbenen Steiß und Unterschwanzdecken. Die Flügelunterseite ist oft deutlich dunkler als beim adulten Vogel und mit einem deutlich breiten und dunklen Flügelhinterrand versehen. Der Schwanz ist markant gebändert. Sieht einem juvenilen Eleonorenfalken zum Verwechseln ähnlich. Allerdings hat dieser eine stärker geschuppte Oberseite, sehr selten Koteletten hinter dem Auge, einen an sowohl der Ober- als auch Unterseite kräftig gebänderten Schwanz (abgesehen von den beiden mittleren Schwanzfedern), einen dunkleren, breiteren Flügelhinterrand, und der Steiß sowie die Unterschwanzdecken sind nicht rostrot.
Immatur: Siehe Beschreibung der Flugbilder.

GESCHLECHT

Das Männchen ist kleiner und schlanker als das Weibchen, was deutlich zu sehen ist, wenn das Paar im Brutgebiet gemeinsam beobachtet wird. Außerdem hat das Weibchen oft schmale schwarze Strichel im rostroten Bereich, wo das Männchen keine Streifen hat.

UNTERARTEN

Von den beiden Unterarten kommt in Europa nur die Nominatform vor, während *F. s. streichi* weiter östlich brütet.

ÄHNLICHE ARTEN

Der Baumfalke kann in schlechtem Licht und aus der Entfernung leicht mit den anderen kleinen Falken verwechselt werden. Details siehe Beschreibung der Flugbilder und Vergleichstafeln auf S. 299.

ZUG

Der europäische Baumfalke ist ein Langstreckenzieher, der hauptsächlich in Südafrika überwintert. Der Zug erfolgt von August bis Oktober über eine breite Front aus den Brutgebieten, und die Rückwanderung findet von April bis Mai statt.

Baumfalke, juvenil, jagt eine Mosaikjungfer. Der Baumfalke ist ein geschickter und blitzschneller Jäger, der Kleinvögel bei niedrigen Überraschungsflügen im Morgengrauen und in der Dämmerung fängt. In den wärmsten Stunden wird eine gesetztere und akrobatischere Flugtechnik nach großen Insekten eingesetzt. Dänemark. 13.9. NLJ.

BRUTBIOLOGIE

Der Baumfalke brütet einzeln, nicht in Kolonien, und spät, von Mai im Nahen Osten bis Juli im Norden und Nordosten, vermutlich, damit das Schlüpfen der Jungen mit einem guten Vorkommen größerer Insekten einhergeht, die 50 % der Nahrung ausmachen.

Das Nest wird in einem verlassenen Krähen- oder Greifvogelnest angelegt, seltener auf Felsen. Die drei (ein bis vier) Eier werden innerhalb von 28 bis 33 Tagen hauptsächlich vom Weibchen ausgebrütet. Die Jungen sind nach 28 bis 34 Tagen flügge und noch vier bis fünf Wochen von den Eltern abhängig.

Fliegende Insekten wie Libellen, Käfer, Nachtfalter und Grashüpfer werden im Flug verspeist. Kleinvögel, die die restlichen 50 % der Nahrung ausmachen, einschließlich Schwalben und Segler, werden blitzschnell bei Überraschungsangriffen erbeutet. Sekundär und gelegentlich werden kleinere Säugetiere wie Fledermäuse und Kriechtiere erlegt. Vor und nach der Brutzeit sind jagende Baumfalken außerdem in kleinen Gruppen zu sehen, wo es viele Libellen und andere Insekten gibt.

Der älteste registrierte Vogel wurde zehn Jahre alt.

ROTFUSSFALKE

Falco vespertinus

BEDEUTUNG DES NAMENS

Falco, vom lateinischen *flectere*, krümmen, biegen, in Anspielung auf die gekrümmten Fänge

Vespertinus, von lateinisch *vesper*, Abend, ein Verweis auf die vor dem Sonnenuntergang stattfindende Nahrungssuche der Art

Rotfußfalken, Männchen und Weibchen. Mit den charakteristischen Federkleidern und der orangenen Wachs- und Beinhaut sind die Geschlechter leicht voneinander und von den anderen Falkenarten zu unterscheiden. Ungarn. 8.7. HS.

GESAMTEINDRUCK

L. 27–32 cm. Fs. 65–72 cm.

Der Rotfußfalke ist ein kleiner, gedrungener und freundlich aussehender Falke, der sowohl Ähnlichkeit mit dem Turmfalken, *Falco tinnunculus,* als auch mit dem Baumfalken, *Falco subbuteo,* aufweist. Der Rotfußfalke hat einen runden Kopf wie der Turmfalke und sieht diesem beim Rüttelflug ähnlich. Der Rotfußfalke ist jedoch kompakter und hat einen kürzeren Schwanz und etwas kürzere und breitere Flügel. Im direkten Flug, während des Zugs und der Jagd, wenn er im Gleitflug oder Segelflug auf ebenen Flügeln fliegt, sieht er dem Baumfalken zum Verwechseln ähnlich. Sitzende Vögel sind kompakt mit breiten Schultern und mit kleinem, rundem Kopf und Flügelspitzen, die an der Schwanzspitze enden.

Das adulte Männchen ist von unten unverwechselbar mit seinem zweifarbigen Unterkörper in Grau und Orange. Ungarn. 20.5. HS.

Juvenile unterscheiden sich von den anderen kleinen Falken durch die breite «Banditenmaske», einfarbige Unterschwanzdecken sowie die deutlich schwarz-weiß gebänderten Schwungfedern mit breitem schwarzem Flügelhinterrand. Regenwürmer sind in nassen und kühlen Perioden ein guter Nahrungsersatz für Insekten Dänemark. 4.9. LG.

Adultes Männchen. Die orangerote Wachshaut, die Oberseite mit dem silbernen Schimmer an den Schwungfedern und der dunkle, einfarbige Schwanz verleihen dem Männchen eine einzigartige Erscheinung in der Greifvogelwelt. Ungarn. 12.7. HS.

Juvenile Rotfußfalken zeigen im Gegensatz zum juvenilen Baumfalken, *Falco subbuteo*, und Eleonorenfalken, *Falco eleonorae*, eine graubraune Oberseite, gebänderte mittlere Schwanzfedern, eine runde Kopfform mit hellem Scheitel und eine breite «Banditenmaske». Dänemark. 3.9. NLJ.

Adultes Weibchen. Die orangebraune Färbung ab dem Kopf geht bis in die Flügeldecken und Körperfedern über und bildet einen Kontrast zu den breit gebänderten/gefleckten Schwungfedern. Dadurch ist das Weibchen leicht von anderen Falkenarten zu unterscheiden. Ungarn. 12.7. HS.

Adultes Weibchen. Die breite «Banditenmaske», der orangebraune Kopf und die graue Oberseite mit schwarzen, wellenförmigen Querstreifen an den Flügeldecken und Rückenfedern und der markant gebänderte Schwanz verleihen dem Weibchen ein unverkennbares Aussehen. Ungarn. 17.5. HS.

Juveniles Männchen, 2. KJ. Das Übergangskleid zwischen juvenil und adult ist sehr variabel. Das junge Männchen ist im Flug an den erhaltenen, juvenilen und gebänderten Schwungfedern zu erkennen. Ungarn. 19.5. HS.

Juveniles Weibchen, 2. KJ, unterscheidet sich vom adulten Weibchen beim Herbstzug durch ein bunteres Gefieder mit einer Vielzahl an nachgewachsenen Schwungfedern und noch erhaltenen bräunlichen Schwung- und Flügeldecken. Schweden. 1.9. JL.

HABITAT UND VERBREITUNG

Der Rotfußfalke brütet primär in offenem Flachland wie Steppen, Waldsteppen, Randzonen in der Taiga, Kulturland und Sümpfe und Wiesen mit Baumgruppen, kleinen Wäldern und Wallhecken. Außerhalb der Brutzeit ist er in ähnlichen Lebensräumen anzutreffen, wo viele Hunderte bis zu 1000 Vögel oder mehr gemeinsam übernachten.

Die Verbreitung erstreckt sich von Ost- und Nordosteuropa bis nach Zentral-Sibirien. Der europäische Bestand wird auf zwischen 30 300 und 63 400 Paare geschätzt. Davon leben 85 % in Russland, 9 % in der Ukraine, 3 % in Rumänien, 2 % in Ungarn und 1 % in Serbien.

In Mitteleuropa ist der Rotfußfalke ein seltener, aber regelmäßiger Zugvogel, insbesondere im Frühjahr. Im Herbst können Jungvögel in Zeiten mit länger anhaltendem Ostwind in großer Anzahl auftauchen.

MAUSER

Die Art ist ein Langstreckenzieher und mausert vor allem im tropischen Winterquartier. Altvögel ersetzen während der Brutzeit einzelne Schwungfedern. Die Mauser setzt während des Zugs jedoch aus. Juvenile Vögel erneuern die meisten Körperfedern im Laufe des ersten Winters. Die Schwungfedern bleiben jedoch erhalten, bis die erste vollständige Mauser im nächsten Sommer stattfindet.

KLEIDER

Das Gefieder des Rotfußfalken weist die größte Variation unter den Falken auf.

Adultes Männchen: Unverkennbar an dem bleigrauen Gefieder mit einem silbernen Schimmer im Handflügel, der zum Ende der Brutzeit glänzt. Der Schwanz ist dunkel, der Steiß und die Unterschwanzdecken sind rostrot. Die Wachshaut und Beine sind orange.

Adultes Weibchen: Unverwechselbar und auffällig. Der einzige Falke mit einer Kombination aus grauer, gebänderter Oberseite und orangebeigem Kopf mit schwarzer «Banditenmaske» und orangebeigen Körperfedern und Flügeldecken, die unterseits im Kontrast zu den gebänderten Schwung- und Schwanzfedern stehen. Die Wachshaut und Beinfarbe entspricht der des Männchens. Weitere Details siehe Beschreibung der Flugbilder.

Juvenil, Oberseite: Der Kopf ist hell mit breiter, schwarzer «Banditenmaske» mit angedeutetem oder kurzem, schmalem Bartstreif und angedeuteten Koteletten. Die Stirn, der Scheitel und Nacken sind braunbeige und heben sich deutlich vom Körper und dem weißen Halsring ab. Die Wachshaut ist gelb. Die Flügeldecken, Schulter- und Rückenfedern sind graubraun mit braunbeigen Rändern, die mit den schwarzbraunen Schwungfedern und dem deutlich gebänderten Schwanz kontrastieren. **Unterseite:** Der Körper ist hellbeige mit bräunlichen Längsstreifen an den Flanken, die bis zur Bauchmitte reichen. Der Steiß und die Unterschwanzdecken sind reinbeige. Die Flügeldecken sind beige mit braunen Querstreifen, die mit den markant gebänderten Schwungfedern kontrastieren, die von länglichen, runden weißen Flecken gezeichnet werden. Der Flügelhinterrand ist breit und abgegrenzt in Grauschwarz. Der Schwanz ist gebändert. Die Beine sind gelborange.

Immatur: Siehe Beschreibungen der Flugbilder.

GESCHLECHT

Männchen und Weibchen sind aufgrund der charakteristischen Federkleider leicht voneinander zu unterscheiden.

UNTERARTEN

Die Art ist monotypisch.

ÄHNLICHE ARTEN

Juvenile Rotfußfalken können leicht mit juvenilen Baumfalken, *F. subbuteo,* verwechselt werden, die einen länglicheren Kopf und ein aggressiveres Aussehen mit dunkler Stirn und dunklem Scheitel, einen markanten Bartstreif und markante Koteletten haben. Die Flügeloberseite des Baumfalken ist beige «geschuppt» im Kontrast zu den schwarzbraunen Schwungfedern und einem meist ungestrichelten oder nur ganz leicht gebändertem Schwanz mit einfarbigen mittleren Schwanzfedern. Die Flügelunterseite des Baumfalken ist dunkler als beim Rotfußfalken und bietet weniger Kontraste zwischen den Flügeldecken und Schwungfedern. Außerdem hat der Baumfalke einen schmaleren Flügelhinterrand und stets einfarbige, zentrale Schwanzfedern. Der Bürzel und die Unterschwanzdecken des Baumfalken haben oft einen rostfarbigen Schimmer.

Der Rotfußfalke kann auch mit dem juvenilen Eleonorenfalken, *Falco eleonorae,* verwechselt werden. Siehe Vergleichstafel zu den kleinen Falken, Seite 299.

ZUG

Zieht in Schwärmen und in großer Höhe über eine breite Front. Verlässt das Brutgebiet von August bis September. Die Zugroute verläuft über das östliche Mittelmeer, um die Winterquartiere zu erreichen, die hauptsächlich in Südafrika liegen. Der Frühjahrszug erfolgt über eine breitere Front über das Mittelmeer mit der Ankunft in den Brutgebieten von Mitte April bis Mitte Mai.

BRUTBIOLOGIE

Rotfußfalken können schon im Alter von einem Jahr brüten und paaren sich nur für eine Saison. Die Art ist sozial und brütet häufig in Kolonien von wenigen bis zu 100 Paaren. Die Kolonien nutzen verlassene Nester von Saatkrähen-Kolonien, und einzelne Paare nutzen alte Krähen- oder Greifvögelnester. Sie nisten gerne in hohlen Bäumen oder Nistkästen, was in gewissem Maße zum wachsenden Bestand in Ungarn beigetragen hat. Die drei bis vier Eier werden innerhalb von 22 bis 28 Tagen von beiden Elternvögeln ausgebrütet. Die Jungen werden hauptsächlich mit kleinen Wirbeltieren wie zum Beispiel Vogeljungen, Nagetieren, Amphibien und Kriechtieren gefüttert. Später besteht die Nahrung überwiegend aus Insekten. Die Jungen sind nach 26 bis 30 Tagen flügge und bereits nach einer Woche von den Eltern unabhängig.

Der Rotfußfalke kann den ganzen Tag über auf Nahrungssuche gehen, meistens ist er jedoch im Morgengrauen oder in der Dämmerung aktiv. Die Jagd erfolgt auf unterschiedliche Weise, je nach Wahl des Beutetieres. Fliegende Insekten werden über Flüssen und wasserreichen Gebieten oder im Schatten eines Zauns gejagt. Kriechende oder krabbelnde Tiere werden während des Rüttelfluges gefangen, vom Ansitz aus oder am Boden.

Der älteste registrierte Vogel wurde 12 Jahre alt.

Rotfußfalke, Männchen, 2. KJ, im Übergangskleid zwischen juvenil und adult.

Aufgrund des deutlichen Unterschieds zwischen dem juvenilen und adulten Federkleid bei beiden Geschlechtern sind dazwischenliegende Gefiederstadien eine Darstellung unterschiedlich gefärbter Federtypen, die bei keiner anderen Falkenart zu sehen sind. Im Laufe des ersten Winters erneuert der juvenile Vogel die ersten Kopf- und Körperfedern, die Schwanzfedern teilweise oder komplett, während die Schwungfedern erst im Laufe des ersten Sommers/zweiten Winters ersetzt werden. Das junge Männchen auf dem Bild sieht aus wie eine Mischung aus einem juvenilen Männchen und adulten Weibchen. Die Identifizierung erfolgt jedoch aufgrund des grauen Kopfes, Rückens und der grauen Brust. Grau ist die dominierende Farbe bei adulten Männchen. Ungarn. 8.7. HS.

TURMFALKE

Falco tinnunculus

BEDEUTUNG DES NAMENS

Falco, vom lateinischen *flectere*, krümmen, biegen, in Anspielung auf die gekrümmten Fänge

Tinnunculus, von lateinisch *tinnulus*, schriller Laut, mit Verweis auf den schrillen, durchdringenden Ruf der Art

Juveniler Turmfalke mit typisch gestreiftem Körper und in der typischen Rüttelflug-Position über niedrigem, grasbewachsenem Gelände, wo er mit seinem ultravioletten Sehvermögen frische Urinspuren aufspüren und somit die Jagd auf ein Gebiet mit dichtem Nagetierbestand konzentrieren kann. Italien. 9.2. GG.

GESAMTEINDRUCK

L. 27–35 cm. Fs. 57–79 cm.

Der Turmfalke ist ein kleiner und leicht erkennbarer Falke mit langen, schlanken Flügeln und langem Schwanz. Die Silhouette des Turmfalken ist in der Landschaft wohlbekannt, da er häufig über einer grasbewachsenen Böschung zu beobachten ist, wenn er in bleibender Position mit schwirrenden Flügeln und unbeweglichem Körper rüttelt und die kleinste Bewegung von Nagern und anderen Beutetieren im Gelände bemerkt.

Der aktive Flug erfolgt auf geknickten Flügeln mit etwas zaghaften, flatternden Flügelschlägen mit größter Bewegung in der Hand und häufig mit vielen Angleichungen, die den Vogel hin und her schieben. Der Segelflug erfolgt auf ausgestreckten Flügeln mit ausgebreitetem Schwanz. In Süd- und Osteuropa lebt der Rötelfalke, *Falco naumanni*, eine dem Turmfalken ähnliche Zwillingsart. Die Unterschiede im Gefieder sind in dessen Artbeschreibung und in den Vergleichstafeln auf S. 298 aufgeführt.

Adultes Männchen mit grauem Kopf, gefleckter Brust, rostrotem Schimmer am Unterbauch, graublauem Schwanz mit unregelmäßiger Bänderung und breitem, schwarzem Subterminalband. Zu beachten ist, dass P10 und P7 gleich lang sind, was die Art klar vom Rötelfalken, *F. naumanni,* unterscheidet. Der Rötelfalke hat in allen Federkleidern keinen schwarzen Streifen hinter dem Auge. Dänemark. 11.10. HS.

Juveniler Turmfalke. Unter anderem an dem gestreiften, nicht gefleckten Körper zu erkennen. Schweden. 23.9. JL.

Adultes Männchen. Unverkennbar an ziegelroter, schwarz gefleckter Oberseite und graublauem Schwanz mit diffuser Bänderung zu erkennen. Dänemark. 31.12. HS.

Juveniles Weibchen. Unterscheidet sich durch die weiße Wange, blassgelbe Wachshaut und die weißen Federspitzen vom adulten Vogel. Im Gegensatz zum juvenilen Männchen hat das juvenile Weibchen einfarbig gebänderte Rückenfedern und Flügeldecken, wo die rotbraunen und schwarzen Streifen gleich breit sind, sowie einen markant gebänderten Schwanz. Dänemark. 25.9. JL.

Adultes Weibchen. Zu erkennen am braun gestreiften Kopf, der gefleckten, einfarbigen Unterseite und dem markant gebänderten Schwanz. Vom juvenilen Vogel an der gelben Wachshaut und gefleckten, nicht gestrichelten Brust und Bauch zu unterscheiden. Dänemark. 19.5. HS.

Juveniles Männchen, 2. KJ, Frühjahr. Immer noch überwiegend juveniles Gefieder, jedoch mit gräulichem Kopf, gelber Wachshaut und zunehmend graublauen Oberschwanzdecken und teilweise geflecktem Unterkörper. Dänemark. 26.4. NLJ.

Adulte Weibchen sind in der Regel an matteren Farben, grauer Wange und gelber Wachshaut vom jungen Weibchen zu unterscheiden. Außerdem unterscheiden sie sich von juvenilen Weibchen durch den gräulichen Bürzel und von juvenilen Männchen durch gleich breite, schwarze und rotbraune Bänderungen und markant gebänderten Schwanz. Haben oft einen schwarzen Streifen hinter dem Auge. Dänemark. 20.5. HS.

Männchen, 2. KJ, Herbst, im fast vollständigen adulten Federkleid, außer den braun gestreiften Kopffedern und die noch erhaltenen äußeren, juvenilen Handschwingen. Schweden 2.10. JL.

HABITAT UND VERBREITUNG

Der Turmfalke ist eine der häufigsten und am weitesten verbreiteten Greifvogelarten im sogenannten Superkontinent Afrika-Eurasien. Die Art besiedelt daher das ganze Jahr über eine große Vielfalt von Lebensräumen von Tiefland und Küsten über Halbwüsten, offene Wälder, offenes Gelände mit spärlichem Baumbewuchs bis zu Städten und bergigem Gelände.

Der europäische Bestand wird zwischen 409 000 und 603 000 Paare geschätzt, verteilt auf alle europäischen Länder außer Island. Davon leben die meisten auf den Britischen Inseln (10 %), in Rumänien (7 %) und Spanien (5 %).

Auch in Mitteleuropa ist der Turmfalke ein recht häufiger Brutvogel und überwiegend Standvogel.

MAUSER

Adulte Turmfalken mausern komplett während der Brutsaison. Juvenile erneuern ihre Körperfedern im Laufe des ersten Winters.

KLEIDER

Adultes Männchen, Oberseite: Kopf mit grauem Scheitel und Nacken, gelber Wachshaut und markantem Bartstreif. Rücken und Armdecken und die inneren Armschwingen sind ziegelrot mit schwarzen Federspitzen, die mit den dunklen Handschwingen und hell gefleckten äußeren Armschwingen kontrastieren. Der Schwanz ist blaugrau. Die äußeren Schwanzfedern sind diffus gebändert und mit einem breiten, schwarzen Subterminalband versehen.

Unterseite: Weißbeiger bis orangebrauner Körper mit schmal gestricheltem Hals und gefleckter Kehle und oberer Brust. Der Unterbauch ist oft einfarbig mit rostrotem Schimmer, die Unterschwanzdecken sind weißlich. Schwanz wie an der Oberseite. Die Flügeldecken sind weißlich mit schwarzen Punkten, und die Schwungfedern haben eine klare grauschwarze Bänderung. Die Handschwingen sind im äußeren Viertel nicht gebändert. Die Fingerspitzen sind schwarzbraun und stehen im Kontrast zu dem grauweißen inneren Teil einzelner Finger.

Adultes Weibchen, Oberseite: Der Kopf hat eine graue Wange mit diffusem Bartstreif und meistens, aber nicht immer, einem schwarzen Streifen hinter dem Auge und einen schmalen, schwarz gestreiften Scheitel und Nacken. Rückengefieder und obere Flügeldecken sind hell rotbraun und mit schwarzen Bänderungen versehen, die einen schwachen Kontrast zu den dunkleren Schwungfedern mit hellen bis rostroten Flecken bilden. Die Oberschwanzdecken sind gräulich, und der Schwanz ist mit einem breiten, schwarzen Subterminalband versehen. **Unterseite:** Generell wie beim Männchen, unterscheidet sich aber von diesem durch den hellen Unterbauch ohne rostfarbige Schimmer und am markant gebänderten Schwanz.

Juvenil: Wie beim Weibchen, aber mit blasser Wachshaut, hellen Wangen und gestreiftem, nicht geflecktem Körper. Außerdem mit markanten weißen Spitzen an den Armdecken und Armschwingen. **Juveniles Männchen:** Das Geschlecht kann in einigen Fällen an den gräulichen Oberschwanzdecken, der schmalen und häufig unterbrochenen Bänderung am Schwanz und der schwarz gebänderten Flügeloberseite bestimmt werden. Die Bänderung ist jedoch schmaler als die braunroten Zwischenräume. **Juveniles Weibchen:** Hat eine Oberseite mit gleich breiten Bänderungen, die Oberschwanzdecken sind nicht grau, und der Schwanz ist markant und breit gebändert.

Immatur: 2. KJ, Männchen, ist im ersten Sommer und zu Beginn des Herbstes an den erhaltenen, einem Weibchen ähnelnden Federn und diffus grauer Kopfzeichnung zu erkennen.

GESCHLECHT

Männchen und Weibchen sind am Gefieder leicht voneinander zu unterscheiden.

UNTERARTEN

Neben der Nominatform *tinnunculus*, die in weiten Teilen Europas verbreitet ist, wird die Art in weitere neun Unterarten eingeteilt, von denen zwei, *F.t. dacotia* und *F. t. canariensis,* auf den Kanarischen Inseln anzutreffen sind.

ÄHNLICHE ARTEN

Hauptsächlich der Rötelfalke, *Falco naumanni*. Die Unterschiede im Gefieder zwischen diesen beiden Zwillingsarten sind im Abschnitt über den Rötelfalken und auf S. 298 beschrieben.

ZUG

Der Turmfalke ist in Mittel- und Südeuropa hauptsächlich Stand- und Streifvogel, während Vögel aus Nord- und Nordosteuropa von August bis Oktober über eine breite Front in die Winterquartiere in Südwesteuropa und Afrika, südlich der Sahara, ziehen. Die Rückwanderung findet von Februar bis Mai statt.

BRUTBIOLOGIE

Der Turmfalke brütet häufig bereits im Alter von einem Jahr das erste Mal, in der Regel als einzelnes Paar, manchmal jedoch auch in kleineren Kolonien. Das Nest wird

Turmfalke, *F. tinnunculus*, adultes Weibchen mit Erdmaus.

Zu beachten sind die dunklen Klauen der Art, die sie unter anderem vom Rötelfalken, *F. naumanni,* unterscheidet. Außerdem ist zu beachten, dass dieses Weibchen keinen dunklen Streifen hinter dem Auge hat. Ein Bestimmungsmerkmal, das ansonsten hilft, den Turmfalken vom Rötelfalken zu unterscheiden. 18.6. Dänemark. LG.

auf unterschiedlichen Untergründen angelegt wie zum Beispiel in alten Krähennestern, sowohl in Bäumen als auch auf Stahlmasten oder in Nistkästen, in hohlen Bäumen, auf Fensterbänken, in Kirchtürmen, an Felsvorsprüngen oder direkt auf dem Boden auf Inseln ohne Fuchsbestand. Die drei bis sechs Eier werden vom Weibchen ausgebrütet, bis die Jungen nach 27 bis 31 Tagen schlüpfen. Nach 27 bis 35 Tagen sind die Jungen flügge und noch einen weiteren Monat von den Eltern abhängig.

Die Nahrung, für die das Männchen während der Brut- und Aufzuchtzeit sorgt, ist vielseitig und besteht überwiegend aus kleinen Säugetieren, vor allem Mäusen und darüber hinaus aus Vögeln und Insekten. In Südeuropa ist die Zusammensetzung etwas anders, wo Vögel, Eidechsen und Insekten einen Großteil der Nahrung ausmachen. Die Feldmaus, die das Hauptnahrungsmittel der Turmfalken darstellt, wird mithilfe des ultravioletten Sehvermögens des Falken gefangen. Dieses ermöglicht dem Falken, die Urinspur der Maus zu verfolgen, die dort stark leuchtet, wo die Mäuse am aktivsten sind.

Der Turmfalke jagt überwiegend mittels Rüttelflug über grasbewachsenem Gelände, wo er Vogeljunge, Eidechsen und Amphibien aufspürt. Die Ansitzjagd wird hauptsächlich für Insekten und Eidechsen angewandt, die beim Aufsetzen erhascht werden oder bei der kurzen Jagd auf Libellen. An gewissen Stellen kann der Turmfalke sich auch auf andere Nahrung spezialisieren, zum Beispiel dort, wo in der Nähe viele Fledermäuse nisten, oder an steilen Felsen, wo der Turmfalke sich auf die Plünderung von Nestern der Mehlschwalbe spezialisieren kann.

Der älteste registrierte Vogel wurde 16 Jahre alt.

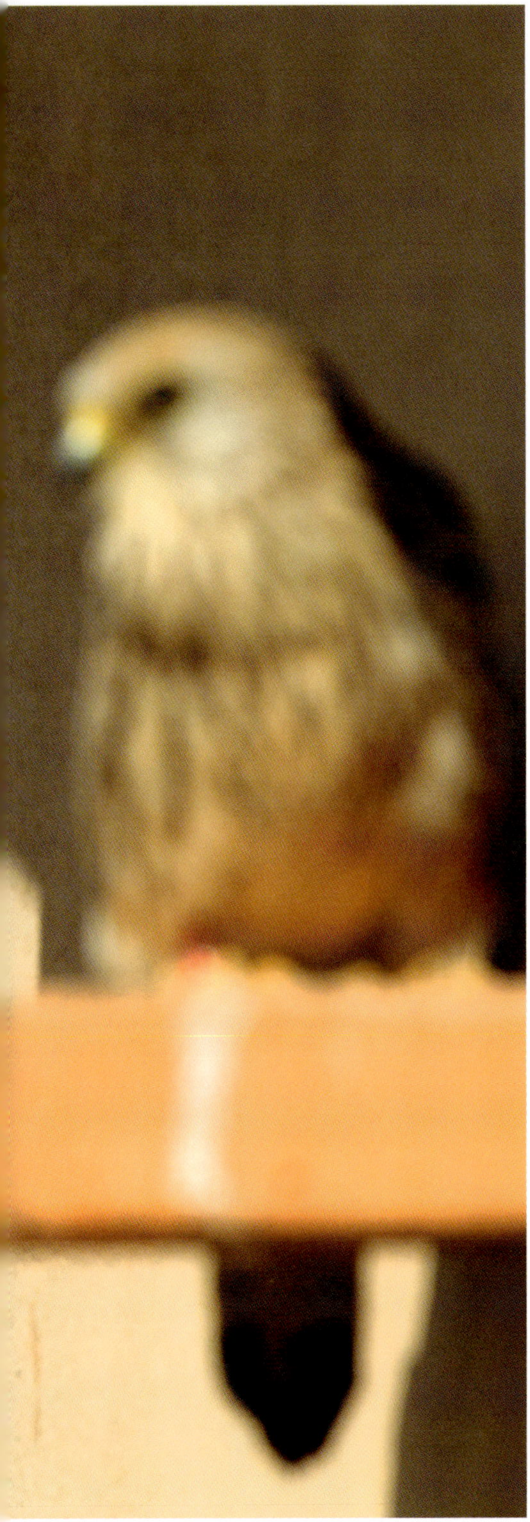

RÖTELFALKE

Falco naumanni

BEDEUTUNG DES NAMENS

Falco, vom lateinischen *flectere*, krümmen, biegen, in Anspielung auf die gekrümmten Fänge

naumanni, benannt nach den deutschen Ornithologen Johann Andreas und Johann Friedrich Naumann (1744–1826 und 1780–1857)

Adultes Männchen und Weibchen am Brutplatz. Zu beachten sind die hellen Klauen, die eines der sicheren Merkmale sind, die die Art vom Turmfalken, *F. tinnunculus,* unterscheidet. Spanien. 30.5. LG.

GESAMTEINDRUCK

L. 29–32 cm. Fs. 58–73 cm.

Der Rötelfalke sieht seiner Zwillingsart, dem Turmfalken, *Falco tinnunculus*, zum Verwechseln ähnlich. Er ist jedoch in Form und Silhouette kompakter und hat einen runderen, freundlicher wirkenden und einem Papagei ähnelnden Kopf, einen kürzeren Schwanz sowie kürzere und rundere Finger.

Die adulten Männchen der Rötelfalken und Turmfalken sind an ihren charakteristischen Federkleidern mit ziegelroter Oberseite, die in der Falkenfamilie einzigartig sind, leicht zu bestimmen. Die Weibchen und Jungvögel stellen hingegen mit die größte Herausforderung bei der Artbestimmung unter den europäischen Greifvögeln dar. Siehe Beschreibung der Flugbilder beider Arten und die Vergleichstafeln auf S. 298 für Details und Kennzeichen für eine sichere Artbestimmung.

Das adulte Männchen hat eine sehr helle Unterseite mit variablen Flecken an Körper und Flügeldecken. Zu beachten sind die hellen, nur leicht gebänderten Schwungfedern und die schmutzigen Finger und der gräuliche Flügelhinterrand. Spanien. 11.5. NLJ.

Das adulte Männchen ist leicht vom Turmfalken, *F. tinnunculus,* anhand der dreifarbigen und ungefleckten Oberseite in Ziegelrot, Blaugrau und Schwarzbraun zu unterscheiden. Zu beachten ist, dass der graue Kopf mit einem angedeuteten Bartstreif versehen sein kann. Türkei. 19.4. SKKO.

Juveniler Rötelfalke im frischen Federkleid ohne Anzeichen einer Mauser und mit blassgelber Wachs- und Lidhaut. Sieht dem juvenilen Turmfalken zum Verwechseln ähnlich, hat jedoch eine hellere Hand, helle Klauen und keinen schwarzen Strich hinter dem Auge. Spanien. 31.7. JB.

Juvenile Vögel im frischen Federkleid sehen dem Turmfalken, *Falco tinninculus,* zum Verwechseln ähnlich, sind jedoch eher gefleckt als gebändert und haben eine schmalere, schwarze Bänderung am Schwanz. Spanien. 31.7. JB.

Das adulte Weibchen ist sehr schwer vom adulten und juvenilen Turmfalkenweibchen zu unterscheiden. Das Rötelfalkenweibchen hat jedoch eine längere P10 als P7. Beim Turmfalken sind P10 und P 7 gleich lang. Beim Rötelfalken fehlt außerdem der schwarze Streifen hinter dem Auge, und diese Art hat längere, graue Finger und einen breiteren, grauen Flügelhinterrand. Spanien. 10.5. NLJ.

Immatures Männchen, 2. KJ, ist vom adulten Vogel durch die noch erhaltenen, gefleckten Flügeldecken und an der Mischung aus juvenilen und adulten Schwanzfedern zu unterscheiden. Israel. 30.4. KB.

Adultes Weibchen. Immature und juvenile Weibchen zeigen im Vergleich zum Turmfalken schmalere, schwarze Bänderungen und eine dunklere, ungefleckte Hand. Zu beachten ist außerdem der kleine, runde, einem Papagei ähnelnde Kopf, der fehlende schwarze Strich hinter dem Auge und die Flügelform. Spanien. 10.4. HS.

Juveniles Weibchen, 2. KJ, mit geflecktem Körper wie beim adulten Vogel, zwei neuen Schwanzfedern und abgenutzten, juvenilen Handschwingen, die im Laufe des ersten Sommers ersetzt werden. Israel. 30.4. KB.

HABITAT UND VERBREITUNG

Der Rötelfalke besiedelt offene, trockene Gebiete ohne hohe und deckende Vegetation in sowohl Hoch- als auch Flachland. Zusätzlich muss das Nest an Felsen mit Hohlräumen, in Ruinen und landwirtschaftlichen Gebäuden gebaut werden können. Die Art brütet auch gerne in Städten und im Rahmen von Artenschutzprogrammen aufgestellten Nistkästen. Der Rückgang von Insekten durch Pestizide bedroht diesen Greifvogel stark, da Insekten die Hauptnahrung des Falken darstellen. Außerhalb der Brutzeit ist die Art in ähnlichen Habitaten und in großen Gruppen bei gemeinsamen Übernachtungen anzutreffen.

Die Verbreitung konzentriert sich auf Südwest- und Südosteuropa mit vereinzeltem Vorkommen in Südeuropa. Außerdem findet man den Rötelfalken in Nordafrika und im Nahen Osten verbreitet und in einem Gebiet, das sich von dort aus durch die Türkei bis nach Asien zur Mongolei und nach China erstreckt. Der europäische Bestand wird auf zwischen 30 500 bis 38 000 Paare geschätzt, von denen 43 % in Spanien, 18 % in Italien und Griechenland, 6 % in der Türkei und Aserbaidschan und 4 % in Russland leben.

In Mitteleuropa ist der Rötelfalke ein sehr seltener Zuggast.

MAUSER

Die Mauser bei adulten und immaturen Rötelfalken beginnt in der Brutzeit, setzt jedoch während des Zugs aus und wird im Winterquartier fortgesetzt. Juvenile erneuern Teile der Körper- und Schwanzfedern im Laufe des ersten Winters.

KLEIDER

Adulte Männchen und Weibchen können leicht an den charakteristischen Federkleidern unterschieden werden. Immature und juvenile Weibchen sehen sich zum Verwechseln ähnlich und sind im Freiland fast unmöglich zu unterscheiden. Dennoch können immature Vögel bis zum ersten Sommer und zu Beginn der ersten kompletten Mauser anhand einer Mischung von juvenilen und adulten Federn von adulten unterschieden werden. Dies gilt auch für adulte und immature Männchen.

Adultes Männchen, Oberseite: Leicht an der dreifarbigen Oberseite in Graublau, Ziegelrot und Schwarz zu erkennen. Der Kopf ist rein graublau mit hellem Kinn und Kehlfleck. Zu beachten ist, dass einige Männchen eine schwarze «Träne» unter dem Auge haben können und einen diffusen Bartstreif. Wachshaut und Augenring sind klar gelb. Die kleinen und mittleren Flügeldecken, Rücken- und Schulterfedern sind ziegelrot. Die großen Flügeldecken und manchmal die inneren Armschwingen sind graublau, und die Schwungfedern sind schwarzbraun. Der Schwanz ist graublau, manchmal mit einzelnen unregelmäßigen, länglichen Flecken, breitem, schwarzem Subterminalband und schmaler, weißer Schwanzendbinde. **Unterseite:** Sehr hell mit leicht rostroter und schwarz gefleckter Brust, kräftig schwarz gefleckten bis fast weißen Flügeldecken und weißen Schwungfedern ohne Bänderung, aber mit diffusem grauen Flügelhinterrand und dunklen Fingern an den Handschwingen.

Adultes Weibchen, Oberseite: Sieht dem Turmfalken, *Falco tinnunculus,* zum Verwechseln ähnlich, aber die schwarzen Bänderungen sind schmaler als die rotbraunen, und die Hand ist schwarz und ohne Flecken. Der Kopf hat nicht den für den Turmfalken typischen schwarzen Streifen hinter dem Auge, und die Flügelform ist unterschiedlich und typisch für die Art. **Unterseite:** Sehr ähnlich wie beim Turmfalkenweibchen, jedoch mit hellerer Hand mit unregelmäßiger, schwacher Bänderung und diffus grauen Fingern, die ein Drittel der Handschwingen einnehmen, während der Turmfalke nur diffus graue Finger hat, die ein Viertel der Handschwingen einnehmen, sowie eine markant gebänderte Handfläche.

Juvenil: Wie beim Weibchen, siehe ähnliche Arten und Beschreibung zum Flug.

Immatur: Siehe Kleider.

GESCHLECHT

Leicht am Gefieder zu unterscheiden.

UNTERARTEN

Die Art ist monotypisch.

ÄHNLICHE ARTEN

Rötelfalke (anschließend RF) juvenile, immature Weibchen und adulte Weibchen sind schwer vom Turmfalken (anschließend T) in den entsprechenden Federkleidern zu unterscheiden. Die folgenden Merkmale unterscheiden die beiden Arten:

Juvenile beider Arten haben bis zum Herbst eine blasse, weißgelbe Wachs- und Lidhaut.

RF hat keinen schwarzen Streifen hinter dem Auge.

T hat häufig einen schmalen, schwarzen Streifen.

RF hat schwarze Handschwingen, die oft nicht rostrot gefleckt sind (gilt auch für adulte Männchen beider Arten).

T hat auch schwarze Handschwingen, aber häufig mit rostroten Flecken, die sich

Rötelfalke, adultes Weibchen, mit fehlendem schwarzen Überaugenstreif, schwarzer Hand und schmaler Bänderung statt rotbraunen Mittelfeldern. Oman. 27.9. HJE.

manchmal auf die inneren Handschwingen begrenzen.

RF hat längere P10 Handschwinge als P7 (diagnostisch).

T hat gleich lange P10 und P7.

RF hat einen markanteren, dunkleren Flügelhinterrand als T.

RF hat eine helle Hand mit schwacher Bänderung.

T hat eine markant gebänderte Handfläche.

RF hat grauschwarze Finger, die ein Drittel der Hand einnehmen.

T hat grauschwarze Finger, die nur ein Viertel der Hand einnehmen.

RF hat helle Klauen.

T hat dunkle Klauen.

ZUG

In geringer Zahl als Standvogel in Südeuropa vertreten. Die Vögel verlassen die Brutgebiete Ende Juli und beginnen einen Zwischenzug vor dem eigentlichen Herbstzug, der im September seinen Höhepunkt erreicht. Die Art ist ein Breitfrontenzieher und zieht in großer Höhe über Gibraltar, das Mittelmeer und den Nahen Osten bis in die meisten afrikanischen Länder südlich der Sahara. Der Frühjahrszug in Europa findet von Mitte Februar bis Ende April statt.

BRUTBIOLOGIE

Rötefalken brüten im Alter von einem Jahr in Kolonien und bevorzugen Nistplätze in Gebäuden, in der offenen Landschaft und sehr gerne in Nistkästen, in zweiter Linie an Felsvorsprüngen und in alten Krähennestern. Das Gelege besteht aus drei bis sechs Eiern. Die Jungen schlüpfen nach 26 bis 29 Tagen. Die Jungen werden mit Insekten aufgezogen, die die Hauptnahrung der Art darstellen, und sind nach ca. 30 Tagen flugfähig.

Der Rötelfalke jagt vom Ansitz aus, im niedrigen Flug oder Rüttelflug. Die Beute sind große Insekten wie beispielsweise die europäische Maulwurfsgrille, Grashüpfer, Käfer, Libellen und Echte Grillen, die oft im Flug verspeist werden. Seltener stehen Echte Eidechsen, Vogeljunge und Nagetiere auf dem Speiseplan.

Der älteste registrierte Vogel ist elf Jahre alt.

MERLIN

Falco columbarius

BEDEUTUNG DES NAMENS

Falco, vom lateinischen *flectere*, krümmen, biegen, in Anspielung auf die gekrümmten Fänge
columbarius, von lateinisch *columba*, Taube

Merlin, Jungvogel. Trotz seiner kleinen Größe ist der Merlin ein außerordentlicher und energischer Jäger, der sowohl Kleinvögel als auch Watvögel bei seiner Erscheinung in Panik versetzt. Die Art wird als «schwirrendes Projektil» betrachtet, ist in offener Landschaft anzutreffen, wo er die nächsten Jagdmöglichkeiten von einem Ansitz im Gelände ausspäht. Schweden. 20.8. AM.

GESAMTEINDRUCK

L. 24–32 cm. Fs. 53–73 cm.
Der Merlin ist der kleinste der europäischen Falken und leicht an seiner geringen Größe und der klassischen Falkensilhouette zu erkennen. Der Körper des Männchens ist nur so groß wie eine Drossel, und die Flügel, insbesondere der Arm, sind auffällig breit und der Schwanz lang. Der Vogel ist häufig kurz im schnellen, direkten Flug auf schwirrenden Flügeln mit sehr kurzen Gleitflügen in einem fast stressigen Tempo zu sehen. Der Anblick lässt glauben, dass der Falke ein Ziel am Horizont anstrebt. Speziell ist, dass der Merlin sein Flugmuster und Vorhaben während der Jagd tarnen kann, indem er zu einem wellenförmigen Flug wechselt, der auf Kleinvögel wie Drosseln und Finken überzeugend wirkt, sodass die Beute getäuscht und nicht erschreckt wirkt, bevor der Falke zuschlägt.

Adultes Männchen der Unterart *F. c subaesalon*, die auf Island vorkommt. Die Zeichnung der Unterseite ist typisch für Art und Geschlecht. Bauch und Hosen sind orange bis rostrot. Der Schwanz kann teilweise gebändert sein. Island.10.5. HJE.

Adultes Männchen mit charakteristischer blaugrauer Oberseite und rostrotem Nackenband, das mit dem beigen, dunkel gestreiften Körper und den gebänderten Handschwingen kontrastiert. Der energische, geradlinige und peitschende Flug des Merlins ist in den beiden Fotos gut erkennbar. Norwegen. 5.5. TK.

Juveniler Vogel. Im Vergleich zum fast identischen adulten Weibchen ist der Jungvogel dunkler mit breiteren und nicht unterbrochenen dunklen Streifen, und der Bartstreif ist häufig deutlicher. Dänemark. 14.9. JL.

Jungvogel mit dunkelbrauner, einheitlicher Oberseite mit orangebraunen Rändern und Flecken und blauer Wachshaut. Schweden. 15.8. JL.

Das adulte Weibchen ist fast identisch mit dem Jungvogel und im Flug fast unmöglich von diesem zu unterscheiden. Es ist jedoch anhand des helleren Körpers mit tropfenförmigen Stricheln und der gelben Wachshaut zu bestimmen. Schweden. 19.7. JMB.

Juveniler Vogel, vermutlich *F. c. pallidus*. Die Unterart brütet auf asiatischen Steppen, ist viel heller und besitzt eine feinere Zeichnung und Markierung an Kopf und Körper. Kasachstan. 14.7. HJE.

Adultes Weibchen, gleicher Vogel wie rechts. Vergleichen Sie die Oberseite beim Jungvogel und beachten Sie, dass der Bürzel beim adulten Vogel bräunlich wie hier sein kann oder deutlich grau. Schweden. 19.7. JMB.

Das adulte Männchen ist unter den Falken und anderen Greifvogelarten unverkennbar mit seiner noblen, graublauen Oberseite und rostrotem Nacken und seiner rostroten Hose. Zu beachten ist, dass die schwarzen Bänderungen am Schwanz nicht durchgängig verlaufen. Norwegen. 17.5. TK.

HABITAT UND VERBREITUNG

Der Merlin bevorzugt offene Landschaften, und aufgrund der weiten Verbreitung der Art variiert der Lebensraum sehr und erstreckt sich vom Flachland bis zu Bergregionen und von der Wüste über die Tundra zu offenen Wäldern. Während des Zugs und außerhalb der Brutzeit ist die Art auch an Küsten anzutreffen.

Die Art ist in Europa im nördlichen und nordöstlichen Teil Islands über die Britischen Inseln und Nordskandinavien und bis zum Baltikum hin anzutreffen und von dort aus weiter über einen breiten Gürtel durch die russische Tundra und die Taigazone bis zum Pazifik. Außerdem erstreckt sich seine Verbreitung in derselben Klimazone in einem breiten Gürtel quer über den nördlichen Teil des nordamerikanischen Kontinents.

Der europäische Bestand wird auf zwischen 32 000 bis 51 600 Paare geschätzt. Davon leben 60 % in Russland, gefolgt von Schweden mit 15 %, Island 3 % und England 4 %. In Mitteleuropa ist der Merlin in geringer Zahl während des Zugs anzutreffen. Einige Vögel überwintern an Orten, an denen es viele Watvögel gibt.

MAUSER

Adulte Vögel mausern jährlich komplett während der Brutzeit von April bis Oktober. Bei Jungvögeln beginnt die Mauser der ersten Körperfedern im Laufe des ersten Winters, was juvenile Merline von adulten Weibchen unterscheidet. Weibchen im 2. KJ sind während des Herbstzuges am beginnenden grauen Federkleid zu erkennen.

Merlin. Adultes Weibchen mit grauen Nuancen am Mantel und deutlich grauem Bürzel. Zu beachten sind die gelbe Wachshaut und der undeutliche, fast fehlende Bartstreif. Bulgarien. 14.1. MLA.

KLEIDER

Adultes Männchen, Oberseite: Unverkennbar mit blaugrauer Oberseite, die im Kontrast zu den dunklen Handschwingen mit hellen Flecken und breitem, schwarzem Subterminalband am Schwanz steht, der teilweise gebändert sein kann. Der graublaue Kopf hat eine dunkle Iris, gelbe Wachshaut, einen hellen Überaugenstreif, eine gräuliche Wange mit schmalem Bartstreif und markantem, rostrotem Nackenband. **Unterseite:** Weiß bis warm orange mit variabler Zeichnung der schwarzen, tropfenförmigen Flecken und/oder Längsstreifen. Hosen und Steiß sind orange bis rostrot. Unterflügeldecken und Schwungfedern sind markant gebändert in Grauschwarz und Weiß.

Adultes Weibchen: Im Allgemeinen dem Jungvogel sehr ähnlich, aber die Oberseite ist eher graubraun und unregelmäßig mit grauer bis graubrauner Färbung und schmal dunkel gestreiftem Bürzel, breit gebänderten Schwanzfedern, wobei die hellen Streifen schmaler sind als die dunklen. Die Wachshaut ist gelb und der Kopf diffus gezeichnet, häufig mit undeutlichem Bartstreif. **Unterseite:** Hel-

Dem Merlin fehlt es nicht an Selbstvertrauen und Kampfgeist. Ein juveniler Vogel setzt seine Fänge in die Schwungfedern einer Aaskrähe, *Corvus corone*, die sich drehen muss, um zu entkommen. Dänemark. 21.9. JL.

ler und kontrastärmer und nicht so dicht und breit gestreift in länglicher Tropfenform. Die Flügeldecken sind bräunlich bis rotbraun mit hellen, runden Flecken, die mit den gebänderten Schwungfedern kontrastieren.

Juvenil: Wie beim adulten Weibchen und häufig unmöglich von diesem zu unterscheiden. **Oberseite:** Einheitlich dunkelbraun mit ordentlichen und einheitlichen Federgruppen mit orangebraunen Rändern und Flecken an den Flügeldecken und Schwungfedern. **Unterseite**: Dunkler mit kräftigeren, breiten, schwarzbraunen Längsstreifen. Die Wachshaut ist bis zum Winter bläulich.

GESCHLECHT

Männchen und Weibchen sind am Gefieder leicht voneinander zu unterscheiden.

UNTERARTEN

Die nahezu identischen Unterarten *F. columbarius aesalon* und *F. c. subaesalon* kommen auf dem europäischen Kontinent und Island vor. Sieben weitere Unterarten sind in Asien und Nordamerika zu sehen.

ÄHNLICHE ARTEN

Form, Flugmuster und Größe machen den Merlin einzigartig. Dadurch ist er schwer mit anderen Greifvögeln zu verwechseln.

ZUG

Vögel auf den Britischen Inseln und den Inseln des Nordatlantiks sind teilweise Standvögel. Vögel vom Kontinent ziehen zwischen August und Oktober nach Süden und Südwesten und sind in den Wintermonaten in fast ganz Europa zu sehen, teilweise auch in Nordafrika, im Nahen Osten und in Arabien. Der Frühjahrszug erfolgt von März bis Mai.

BRUTBIOLOGIE

Kann bereits im Alter von einem Jahr brüten und nutzt unterschiedliche Brutplätze je nach Habitat. In der Tundra und Heide wird das Nest direkt am Boden in dichtem Bewuchs angelegt, in bergigem und felsigem Gelände und in Waldlandschaften in alten Krähen- und Greifvogelnestern. Seltener erfolgt der Nestbau in hohlen Bäumen und Nistkästen.

Das Gelege mit einem bis sechs Eiern wird innerhalb von 28 bis 32 Tagen hauptsächlich vom Weibchen ausgebrütet. Die Jungen sind nach ca. 30 Tagen selbstständig.

In der Brutzeit beschränkt sich die Nahrung hauptsächlich auf kleinere Sperlingsvögel in der offenen Landschaft, insbesondere Arten wie Wiesenpieper, Feldlerchen, Steinschmätzer, Bekassine, Strandläufer. Während des Zugs werden auch Nagetiere, Fledermäuse, Libellen, Käfer und Grashüpfer verspeist. In der Brutzeit jagt das Paar regelmäßig zusammen. Die Beute wird sowohl vom Ansitz aus und im Flug gejagt, häufig mittels schneller Verfolgungsjagd.

Der älteste registrierte Merlin ist fast 12 Jahre alt.

Gänsegeier, *Gyps fulvus,* mit zerzaustem weißem Kragen, elfenbeinfarbenem Schnabel und heller Iris. Die Art ist in allen Altersgruppen leicht an der Form, dem Kontrast im Gefieder zwischen schwarzbraunen Schwanz- und Schwungfedern und den rostfarbenen Körperfedern und Flügeldecken sowie dem gräulichen, mit Daunenfedern besetzten Kopf und dem langen Hals zu erkennen. Spanien. 31.3. HS.

Sperbergeier, *Gyps rueppellii*. Die Art lebt in Afrika und brütet nicht in Europa. Sie ist jedoch selten, wenn auch regelmäßig auf der Iberischen Halbinsel als Zugvogel zu beobachten, wo Vögel der westlichen, dunklen Nominatform häufig in Gesellschaft des Gänsegeiers anzutreffen sind, den sie gerne beim Zug begleiten. Der Sperbergeier ist generell anhand der schwarzbraunen Grundfarbe und dem kreideweißen Band an den kleinen Unterarmdecken vom Gänsegeier zu unterscheiden. Der juvenile Sperbergeier hat einen mit Längsstreifen versehenen Körper. Immature Vögel, wie hier zu sehen, haben weiße «Schuppen» auf den Unterschwanzdecken, und bei adulten Vögeln sind Körper und Oberseite gleichmäßig mit weißen Schuppen versehen. Spanien. 14.5. NLJ.

Mönchsgeier, *Aegypius monachus*, juvenil. Der größte Greifvogel Europas hat eine Flügelspannweite von bis zu drei Metern. Die breiten Flügel mit den sieben extrem gelappten Fingern, die kompakte Form und das fast schwarze Gefieder machen die Art im Vergleich zu den anderen Greifvogelarten unverwechselbar. Der Gesamteindruck ist massiv und hat zu dem treffenden Spitznamen «The Flying Piano» (dt. Das fliegende Piano) geführt. Spanien. 14.5. NLJ.

Bartgeier, *Gypaetus barbatus*, immatur. Ähnelt dem juvenilen Schmutzgeier, *Neophron percnopterus*, aufgrund der Farbe des Federkleides und der Schwanzform. Die Art unterscheidet sich jedoch durch die Größe und den dunklen Kopf mit hängendem Bart. Spanien. 2.6. LG

Schmutzgeier. Der juvenile Schmutzgeier unterscheidet sich vom juvenilen Bartgeier durch die kleinere Größe, den nackten Kopf mit gräulicher Wachshaut und die rosa Beine. Vom immaturen Vogel unterscheidet er sich durch die weißgelbe Wachshaut und die zunehmend weißen Federn. Oman. 12.1. KB.

Steppenadler, *Aquila nipalensis*, adult. Einer von drei großen, dunklen und fast einfarbigen Adlern des behandelten Gebiets. Am leichtesten mit Schell- und Schreiadler zu verwechseln, unterscheidet sich von diesen aber vor allem durch die grob gebänderten Schwungfedern, den breiten, dunklen Flügelhinterrand mit dem ungleichmäßigen, gezähnten Rand und die breite Hand mit tief eingekerbten Fingern. Zu beachten ist das helle Oval um das Karpalgelenk, das bei Schell- und Schreiadler zu sehen ist. Oman. 22.1. KB.

Schelladler, *Aquila clanga*, jüngerer Altvogel. Die Art ist die dunkelste und kontrastärmste der drei sich ähnelnden Arten und unterscheidet sich somit von Steppen- und Schreiadler. Ältere Altvögel können komplett ungebänderte Schwungfedern haben, und der Flügelhinterrand ist im Gegensatz zum Steppenadler gleichmäßiger ohne gezähnte Erscheinung und deutlich dunklen Flügelhinterrand. Die Art weist ein helles Oval am Karpalgelenk auf, während der Schreiadler häufig zwei Ovale hat. Die Iris ist dunkel. Oman. 10.3. HJE.

Östlicher Kaiseradler, *Aquila heliaca*, adult. Ein großer und dunkler Adler, der in einiger Entfernung mit den anderen dunklen Adlern verwechselt werden kann. Unterscheidet sich durch den Kontrast zwischen den schwarzbraunen Körperfedern und Flügeldecken und den graubraunen Schwungfedern, die häufig ganz bis zur Hand gebändert sind. Auch der schwarze Flügelhinterrand und die schwarze Schwanzendbinde sowie die weißbeigen Federn, die Kopf und Nacken bedecken, stellen Unterscheidungsmerkmale dar. Oman. 12.1. HJE. (Zu beachten ist, dass die Art fast identisch mit dem Spanischen Kaiseradler, *Aquila adalberti,* ist.)

Schreiadler, *Aquila pomarina*. Älterer Altvogel ohne gebänderte Schwungfedern. Die Art ist die kleinste der dunklen Adler und unterscheidet sich aus der Nähe durch die Irisfarbe, die hell gelblich ist. Zu beachten ist der Kontrast zwischen den helleren mittelbraunen Flügeldecken und den dunklen Schwungfedern, die die Art vom ähnlichen Schelladler unterscheidet. Dieser Greifvogel hat häufig zwei helle Ovale innen an der Hand und außerhalb der großen Handdecken. Israel. 1.10. KB.

Oben: Steppenadler, *Aquila nipalensis*, juvenil. Einzigartig unter den großen dunklen Adlern. Zeichnet sich durch die breite, weiße Flügelbinde entlang der großen Flügeldecken, den breiten, weißen Flügelhinterrand im frischen Federkleid und der breiten, weißen Schwanzendbinde aus. Zu beachten ist, dass Steppenadler und Östliche Kaiseradler sieben deutlich sichtbare Finger haben, während Schell- und Schreiadler sechs etwas kürzere und einen sehr kurzen siebten Finger besitzen. Oman. 25.11. KB.

Unten: Schelladler, *Aquila clanga*, juvenil. Dunkler als der Schreiadler, aber präsentiert auf der Unterseite einen deutlichen Kontrast zwischen schwarzbraunen Flügeldecken und hellgrauen Schwungfedern. Unterscheidet sich in einem entscheidenden Punkt vom Schreiadler, *Aquila pomarina*: Die dunklen Bänderungen an den Schwungfedern sind sehr schmal und nehmen ein Drittel des breiten, einfarbigen Flügelhinterrandes ein. Die Art hat genau wie der Schreiadler ein bis zwei helle Halbmonde am Karpalgelenk. Oman. 25.11. KB.

Oben: Östlicher Kaiseradler, *Aquila heliaca*, juvenil. Die gestreiften Körperfedern und Unterflügeldecken sind charakteristisch für die Art und unterscheiden den juvenilen Vogel von allen anderen ähnlichen Adlern (außer dem fast identischen Spanischen Kaiseradler). Die charakteristischen Streifen bleiben bis zum dritten Lebensjahr des Vogels vollständig erhalten. Zu beachten ist auch der breite, helle Keil an den inneren Handschwingen, die ein helles Fenster bilden, das nur bei einigen juvenilen Steppenadlern zu sehen ist. Oman. 8.11. ISA.

Unten: Schreiadler, *Aquila pomarina*, juvenil. Die Unterseite ist kontrastärmer als beim ähnlichen Schelladler, *Aquila clanga*, aber die Flügeldecken sind typisch mittelbraun im Kontrast zu den schwarzbraunen Schwungfedern. Zu beachten sind die Bänderungen an den Schwungfedern, die breiter sind als beim Schelladler, und dass die Schwungfedern ganz bis zum schmalen, hellen Flügelhinterrand gebändert sind. Die helle Iris ist bei vielen Individuen bereits ab dem ersten Frühling (2. KJ) zu erkennen. Israel. 7.10. KB.

Mäusebussard, *Buteo buteo buteo*, adulte Nominatform. Ist leicht an der kompakten, etwas klobigen Form, der gebänderten Unterseite und dem markanten, dunklen und abgegrenzten Flügelhinterrand zu erkennen. Dänemark. 9.10. JL.

Falkenbussard, *Buteo buteo vulpinus*, adult. Sehr variables Gefieder, unterscheidet sich jedoch von der Nominatform *B. b. buteo* durch die schmaler gebänderten Flügel und das helle, ungebänderte Fenster in der Hand. Israel. 17.3. KB.

Wespenbussard, *Pernis apivorus*, adultes Männchen. Ist am kleinen, taubenartigen Kopf, den markant gebänderten Decken und inneren Schwungfedern und dem langen Schwanz mit unregelmäßiger Bänderung von den anderen Bussarden zu unterscheiden. Israel. 26.4. KB.

Schlangenadler, *Circaetus gallicus*, adult. Unterscheidet sich vom Wespenbussard und Zwergadler durch eine gleichmäßig gebänderte Unterseite, sechs sichtbare Finger und die braungraune Haube, die auch die obere Brust abdeckt. Spanien. 28.4. HS.

Adlerbussard, *Buteo rufinus*, adult. Ist größer und kräftiger als die anderen Bussarde, mit helleren Armschwingen ohne markante Bänderung und mit weißer Hand und weißem bis ockerfarbigem Schwanz ohne Bänderung. Israel. 17.3. KB.

Raufußbussard, *Buteo lagopus*, adultes Weibchen. Großer Bussard mit langen Flügeln und weißen Oberschwanzdecken sowie charakteristischem Dreipunktmuster an der Unterseite in Form von großen, dunklen Flecken am Karpalgelenk und dunkler Brust. Schweden. 20.10. JL.

Zwergadler, *Aquila pennata*, adult, helle Morphe, unverkennbar mit sechs Fingern und fast weißen Körperfedern und Flügeldecken. Sowohl die helle als auch die dunkle Morphe zeigen die für die Art charakteristischen «Positionslichter» an den Schultern. Spanien. 1.4. KB.

Habichtsadler, *Aquila fasciata*, adultes Weibchen. Unterscheidet sich vom Zwergadler durch die Größe, die sehr breiten Flügel und den langen, habichtartigen Hals sowie die charakteristischen Zeichnungen an Flügeldecken, Körper und Handflügel. Israel. 13.3. KB.

Wiesenweihe, *Circus pygargus*, adultes Männchen. Zu erkennen an den schwarzen Bändern im Armflügel, rostfarbiger Bänderung an den Achselfedern und den vier freiliegenden Fingern in der schwarzen Hand, wobei die Schwarzfärbung alle zehn Handschwingen bedecken kann. Dänemark. 5.5. LG.

Wiesenweihe, *Circus pygargus*, adultes Weibchen. Ist am dunklen und nicht unterbrochenen Flügelhinterrand an Arm und Hand ohne Kontrast zu erkennen sowie an der dunklen Bänderung in der Mitte des Armflügels, dem fehlenden hellen Halskragen und den vier freiliegenden Fingern. Spanien. 3.4. HS.

Steppenweihe, *Circus macrourus*, adultes Männchen. Einzigartig unter allen Greifvögeln mit grauweißer Oberseite und weißer Unterseite, die im Kontrast zu den vier schwarzen Fingern in der Hand steht. Ältere Männchen sind häufig ganz weiß. Oman. 27.2. HJE.

Steppenweihe, *Circus macrourus*, adultes Weibchen. Zu erkennen am hellen Halskragen, an den vier freiliegenden Fingern und dem Kontrast zwischen dunklem Arm und hellerer Hand ohne dunklen Flügelhinterrand, der nur an der Oberseite zu sehen ist. Bulgarien. 28.3. ML.

Kornweihe, *Circus cyaneus*, adultes Männchen. Das größte und schwerste der hellen Weihenmännchen mit fünf schwarzen Fingern in der Hand und breitem, schwarzen Flügelhinterrand. Dänemark. 2.2. JL.

Kornweihe, *Circus cyaneus*, adultes Weibchen. Das größte Weibchen unter den Weihen ist am kompakten Körper und den breiten, verhältnismäßig kurzen Flügeln, dem schwarzen, nicht unterbrochenen Flügelhinterrand und den fünf Fingern der Hand zu erkennen. Dänemark. 22.3. HS.

Rohrweihe, *Circus aeruginosus*, adultes Männchen. Unterscheidet sich deutlich von den anderen Weihenmännchen durch die drei Farben Graublau, Schwarz und Mittelbraun bis Rostrot. Es fehlen außerdem weiße Oberschwanzdecken. Dänemark. 19.5. JL.

Rohrweihe, *Circus aeruginosus*, adultes Weibchen. Einfarbig dunkelbraun ohne weiße Oberschwanzdecken. Besitzt hingegen ockerfarbige bis beigefarbige Federn variablen Umfangs an Kopf, Körper und Vorderflügel. Dänemark. 20.5. JL.

Wiesenweihe, *Circus pygargus*, juveniles Männchen. Die Iris ist zunächst gräulich, später gelb. Die Kopfzeichnung ist variabel. Im Vergleich zur Steppenweihe, *C macrourus,* ist die weiße «Brille» jedoch häufig größer, der Halsring ist immer gestreift, und die Brust und der Bauch sind schwach gebändert. Israel. 26.10. LK.

Rohrweihe, *Circus aeruginosus*, juvenil. Kein deutlicher Unterschied zwischen Männchen und Weibchen. Dunkel mit beigen Rändern und variabler ockerfarbiger Zeichnung. Dänemark. 10.8. NLJ.

Wiesenweihe, *Circus pygargus*, juveniles Weibchen mit dunkler Iris. Hat im Vergleich zur Steppenweihe schwarzbraune Finger und eine weiße Hand, häufig mit Bänderungen versehen, die sich auf den inneren Teil der Hand beschränken. Der Flügelhinterrand ist außerdem dunkler als bei der Steppenweihe. Schweden. 21.8. JL.

Rohrweihe, *Circus aeruginosus*, juvenil. Fast schwarz, wenn sie ausfliegen, später dunkelbraun. Ockerfarbige Zeichnungen werden später weiß. Dänemark. 26.7. JL.

Steppenweihe, *Circus macrourus*, juveniles Männchen. Hat zunächst eine gräuliche Iris, die später gelb wird. Die Kopfzeichnung variiert, ist jedoch im Vergleich zur Wiesenweihe mit einer weißen «Halbbrille» unter dem Auge versehen und zeigt eine dunkle Wange und dunkles Kinn mit breitem und deutlich hellem ungestrichelten Halskragen. Schweden. 14.9. JL.

Kornweihe, *Circus cyaneus*, juveniles Männchen. Kräftig mit breiten Flügeln mit fünf Fingern und markant gestreiftem Körper und Halskragen. Dänemark. 7.1. JL.

Steppenweihe, *Circus macrourus*, juveniles Weibchen mit dunkler Iris. Die Flügelunterseite unterscheidet sich von der Wiesenweihe durch helle Finger mit schmutzigen Spitzen, eine gebänderte Hand und einen fehlenden dunklen Flügelhinterrand. Die Armschwingen variieren von dunkel bis zu Schwingen mit einem bis zwei hellen Bändern. Schweden. 22.9. JL.

Kornweihe, *Circus cyaneus*, juveniles Weibchen. Die Oberseite ist dunkel und mit helleren mittleren Flügeldecken versehen. Die Unterseite ist breit gebändert. Schweden. 23.9. NLJ.

Gerfalke, *Falco rusticolus*, adult, graue nordeuropäische Form. Größter und kräftigster Falke mit langen, breiten Flügeln und mittellangem, breitem Schwanz. Die Flügeldecken sind gebändert oder senkrecht gestreift wie hier. Norwegen. 16.3. TK.

Gerfalke, *Falco rusticolus*, jüngerer Altvogel, graue nordeuropäische Form. Zu beachten sind die graugelbe Wachshaut, die charakteristische graubraune und weiß geschuppte Oberseite und die diffuse Kopfzeichnung ohne dunkle Haube bei diesem Vogel. Norwegen. 16.3. TK.

Wanderfalke *Falco peregrinus*. Altvogel, vermutlich Weibchen, mit gestreifter oberer Brust. Die Art hat eine markant gebänderte Unterseite, eine schwarze Haube und eine graublaue Oberseite. Der Schwanz ist zur Hälfte jeweils hell und dunkel. Norwegen. 9.6. JL.

Wüstenfalke, *Falco p. pelegrinoides*, adult. Umstrittene Art/Unterart, die leicht mit dem Lannerfalken zu verwechseln ist. Sie ist jedoch an der gebänderten Unterseite, der dunklen Haube und dem Kontrast am Schwanz zu erkennen. Israel. 19.8. LK.

Sakerfalke, *Falco cherrug*, adult. Gelbe Wachshaut, schmaler Bartstreif und gefleckte obere Brust, die in ungleichmäßige Streifen übergeht. Außerdem dunkle Flügeldecken, die mit gebänderten Schwungfedern mit dunklem Arm und hellerer Hand kontrastieren. Ungarn. 29.12. GP.

Sakerfalke, *Falco cherrug*, adult. Die Oberseite ist dunkelbraun bis graubraun, nicht gräulich bis graublau wie bei den anderen Großfalken, mit gestreiften bis gefleckten Schwungfedern und einem dicht gebänderten, etwas helleren Schwanz. Ungarn. 15.9. GP.

Lannerfalke, *Falco b. feldeggii*, adultes Weibchen, brütet in Europa. Ist leicht mit dem Sakerfalken zu verwechseln. Zu beachten sind jedoch die schwarze «Kneifzange» an der Wange, der orangebraune Schimmer an Kopf und Bauch und die gebänderten Flügeldecken. Italien. 4.5. MV.

Lannerfalke, *Falco b. feldeggii*, adultes Weibchen. Gräuliche bis graubraune Oberseite, nicht graublau oder braun wie beim Wanderfalken oder Sakerfalken. Kein Kontrast zwischen Oberschwanzdecken und Schwanz wie beim Wanderfalken. Italien. 7.5. MV.

Gerfalke, *Falco rusticolus*, juvenil, 2. KJ. Groß mit breitem, schweren Körper, breiten Flügeln und mittellangem Schwanz. Dunkel mit schmutzigem Kopf und markantem Bartstreif. Zu beachten ist die gebänderte Hand. Dänemark. 16.3. PH.

Wanderfalke, *Falco peregrinus*. Juvenile haben eine dunkelbraune Flügelunterseite mit orangebraunen Rändern wie die übrigen Großfalken. Zu erkennen an u. a. der kompakten Form mit breiten Flügeln und dem kurzen, breiten Schwanz. Dänemark. 20.6. NLJ.

Gerfalke, *Falco rusticolus*, juvenil. Identisch mit dem Vogel links. Der deutliche Bartstreif, der mit der schwarzen Wange einhergeht, und die gepunkteten mittleren und großen Flügeldecken unterscheiden die Art vom Sakerfalken. Dänemark. 16.3. PH.

Wanderfalke, *Falco peregrinus*. Der juvenile Vogel ist von den anderen Großfalken an dem breiten Bartstreif, den gebänderten Flügeldecken und Schwungfedern ohne Kontrast, den gebänderten Unterschwanzdecken und dem dicht gebänderten Schwanz zu unterscheiden. Dänemark. 18.6. JL.

Sakerfalke, *Falco cherrug,* juvenil, 2. KJ. Wird mit dem juvenilen Gerfalken und juvenilen Lannerfalken verwechselt. Hat einen isolierten Bartstreif, häufig ohne Kontakt zum schwach gemusterten Kopf und häufig einfarbig dunkle Flügeldecken. Niederlande. 30.1. AA.

Sakerfalke, *Falco cherrug,* Jungvogel mit langem Schwanz, ungebänderten Unterschwanzdecken, dunkelbraun bis leicht gefleckten mittleren und großen Flügeldecken und gebänderten/gefleckten Schwungfedern mit dunklem Hinterrand. Israel. 24.12. LK.

Wüstenfalke, *Falco p. pelegrinoides,* juvenil. Sieht sowohl dem juvenilen Sakerfalken als auch dem juvenilen Lannerfalken ähnlich. Unterscheidet sich von diesen durch die dicht gebänderte Flügelunterseite, wie sie auch beim Wanderfalken zu finden ist. Israel. 9.12. LK.

Lannerfalke, *Falco biarmicus,* juvenil. Ähnelt Sakerfalken, ist jedoch schlanker, hat einen hellen Scheitel und einen kleineren Kopf mit schwarzer «Kneifzange». Die Flügeldecken sind häufig gefleckt, die Unterschwanzdecken sind häufig ungebändert. Israel. 18.6. LK.

Turmfalke, *Falco tinnunculus*, adultes Weibchen. Flügel mit den gleich langen P10 und P7, die am deutlichsten im Segelflug zu sehen sind, stellen ein charakteristisches Merkmal für die Art dar. Zu beachten sind der gebänderte Arm und die gebänderte Hand, wobei die Bänderungen 3/4 der Hand einnehmen und bis zum Rand der Armschwingen reichen, die nur einen schmalen, dunklen Flügelhinterrand haben. Dänemark. 19.5. HS.

Rötelfalke, *Falco naumanni*, adultes Weibchen. Flügel mit deutlich längerer P10 als P7, was charakteristisch für die Art ist und am deutlichsten beim Segelflug zum Ausdruck kommt. Zu bemerken ist, dass die Bänderungen 2/3 der Hand einnehmen und der gesamte Flügel einen breiten, dunklen Hinterrand hat. Spanien. 10.5. NLJ.

Links: Turmfalke, *Falco tinnunculus*, adultes Weibchen. Die Kopfform ist kräftiger als beim Rötelfalken und mit einem dunklen Streifen hinter dem Auge versehen. Die Oberseite ist ohne Kontrast und bei den meisten Weibchen und Jungvögeln sind die Handdecken markant gebändert und die Handschwingen deutlich gefleckt, nicht rein schwarz wie bei der Zwillingsart. Zu beachten ist auch, dass die braunen Zwischenräume und die schwarzen Bänderungen an Decken und Rückenfedern gleich breit sind. Das schwarze Subterminalband am Schwanz ist häufig breit, wie hier, kann bei einigen Individuen jedoch auch schmal sein. Dänemark. 19.5. HS.

Rechts: Rötelfalke, *Falco naumanni*, adultes Weibchen. Zu beachten sind die kontrastreiche Oberseite mit schwarzer Hand und die ungestrichelten, schwarzen Handdecken. Diese können jedoch bei einigen Individuen gebändert/gefleckt sein, aber nie so wie beim Turmfalken. Die Breite des Subterminalbandes am Schwanz kann bei beiden Arten variieren und ist somit kein sicheres Merkmal zur Artbestimmung. Oman. 27.9. HJE.

Baumfalke, *Falco subbuteo*, adult. Kontrastreich in Rostrot, Schwarz und Weiß und Haube mit «Kneifzange» und Koteletten. Dänemark. 17.9 JL.

Baumfalke, *Falco subbuteo*, juvenil. Markante Haube mit deutlichen Koteletten und häufig mehr oder weniger rostbeiger Steißpartie. Dänemark. 18.9. JL

Eleonorenfalke, *Falco eleonorae*, adult, helle Morphe. Zu bemerken sind die saubere Wange ohne Koteletten und die ungebänderten Schwungfedern. Italien. 27.9. KB.

Eleonorenfalke, *Falco eleonorae*, juvenil. Hat keine deutlichen Koteletten hinter dem Auge und nie eine rostrote Färbung am Steiß. Italien. 21.10. JM.

Rotfußfalke, *Falco vespertinus*, adultes Weibchen. Orange Wachshaut und Beine mit großen, weißen Flecken an den Schwungfedern. Ungarn. 4.7. HS.

Rotfußfalke, *Falco vespertinus*, juvenil. Zu unterscheiden am breiten, schwarzen Strich hinter dem Auge mit Bart und Koteletten und weiß gefleckter Hand. Dänemark. 3.9. NLJ.

LISTE DER FOTOGRAFEN

AKV	Allan Kjær Villesen
AO	Arie Ouwerkerk
AK	Axel Kielland
AM	Axel Mortensen
ASP	Alamy Stock Photos
CB	Christer Brostam
DHM	Dorte Hougaard Madsen
DO	Daniele Occhiato
FS	Fernando Sanchez
GP	Gabor Papp
GG	Gabriele Grilli
GS	Glyn Sellers
HJE	Hanne und Jens Eriksen
HHL	Hans Henrik Larsen
HS	Helge Sørensen
HB	Henrik Brandt
ISA	Ib Steen Andersen
JMB	Jan-Michael Breider
JK	Jens Kirkeby
JL	John Larsen
JM	Johnny Madsen
JB	Jordi Bas
JC	Juanvi Carrasco
KB	Klaus Bjerre
KD	Klaus Dichmann
LMR	Lars Maltha Rasmussen
LG	Lars Gejl
LK	Lior Kislev
MP	M. Putze
MV	Markus Varesvuo
MLA	Mladen Vasilev
NLJ	Nis L. Jensen
PM	Paolo Manzi
PH	Per Holmberg
RG	Roger Tidman
SKKO	Silas K. K. Olofson
SP	Stefan Pfützke
SA	Steve Arlow
TK	Terje Kolaas
TVN	Thomas Varto Nielsen
YS	Yoram Shpirer

Rotfußfalke, *Falco vespertinus*. Jungvogel mit Regenwurm. Dänemark. 4.9. LG.

QR-CODES

Bartgeier *Gypaetus barbatus* –
Jean Roché

Gänsegeier *Gyps fulvus* –
Jean Roché

Mönchsgeier *Aegypius monachus* –
Jean Roché

Schmutzgeier *Neophron percnopterus* –
Jean Roché

Seeadler *Haliaeetus albicilla* –
Benny & Søren Génsbøl

Steinadler, *Aquila chrysaetos* –
Benny & Søren Génsbøl

Spanischer Kaiseradler *Aquila adalberti* –
Jean Roché

Östlicher Kaiseradler *Aquila heliaca* –
Jean Roché

Steppenadler *Aquila nipalensis* –
XenoCanto

Schelladler *Aquila clanga* –
Jean Roché

Schreiadler *Aquila pomarina* –
Benny & Søren Génsbøl

Schlangenadeler *Circaetus gallicus* –
Jean Roché

Zwergadler *Hieraaetus pennatus* –
Jean Roché

Habichtsadler *Aquila fasciata* –
Jean Roché

Fischadler *Pandion haliaetus* –
Benny & Søren Génsbøl

Mäusebussard *Buteo buteo* –
Benny & Søren Génsbøl

Falkenbussard *Buteo buteo vulpinus* –
XenoCanto

Adlerbussard *Buteo rufinus* –
Jean Roché

Raufußbussard *Buteo lagopus* –
Benny & Søren Génsbøl

Wespenbussard *Pernis apivorus* –
Benny & Søren Génsbøl

Habicht *Accipiter gentilis* –
Benny & Søren Génsbøl

Sperber *Accipiter nisus* –
Benny & Søren Génsbøl

Kurzfangsperber *Accipiter brevipes* –
Jean Roché

Rotmilan *Milvus milvus* –
Benny & Søren Génsbøl

Schwarzmilan *Milvus migrans* –
Benny & Søren Génsbøl

Gleitaar *Elanus caeruleus* –
Jean Roché

Rohrweihe *Circus aeruginosus* –
Benny & Søren Génsbøl

Kornweihe *Circus cyaneus* –
Benny & Søren Génsbøl

Steppenweihe *Circus macrourus* –
XenoCanto

Wiesenweihe *Circus pygargus* –
Benny & Søren Génsbøl

Gerfalke *Falco rusticolus* –
Benny & Søren Génsbøl

Sakerfalke *Falco cherrug* –
Jean Roché

Lannerfalke *Falco biarmicus* –
Jean Roché

Wanderfalke *Falco peregrinus* –
Benny & Søren Génsbøl

Eleonorenfalke *Falco eleonorae* –
Jean Roché

Baumfalke *Falco subbuteo* –
Benny & Søren Génsbøl

Rotfußfalke *Falco vespertinus* –
Benny & Søren Génsbøl

Turmfalke *Falco tinnunculus* –
Benny & Søren Génsbøl

Rötelfalke *Falco naumanni* –
Jean Roché

Merlin *Falco columbarius* –
Benny & Søren Génsbøl

LITERATUR

Wanderfalke, *Falco peregrinus*. Adultes Männchen im Sturzflug auf Beute. Dänemark. 23.5. LG.

BÜCHER

Forsman, D. *Flight Identification of Raptors of Europe, North Africa and the Middle East.* Helm/Bloomsbury, London, 2016.

Génsbøl, B. & Thiede, W. *Greifvögel – alle europäischen Arten, Bestimmungsmerkmale, Flugbilder, Biologie, Verbreitung, Gefährdung, Bestandsentwicklung.* BLV, München, 2005.

Jobling, J. A. *Helm Dictionary of Scientific Bird Names.* Christopher Helm, London, 2010.

Lederer, R. & Burr, C. *Latein für Vogelbeobachter.* DuMont, Köln, 2014.

Mebs, Th. & Schmidt, D. *Die Greifvögel Europas, Nordafrikas und Vorderasiens.* Kosmos, Stuttgart, 2014.

Steyn, P. *Birds of Prey of Southern Africa.* David Phillips Publishers, Cape Town und Johannesburg, 1982.

Svensson, L. & al. *Der Kosmos Vogelführer: Alle Arten Europas, Nordafrikas und Vorderasiens.* Kosmos, Stuttgart, 2017.

WEBDATENBANKEN

BirdLife International. www.birdlife.org

BirdLife Österreich. www.birdlife.at

BirdLife Schweiz. www.birdlife.ch

NABU. www.nabu.de

Handbook of the birds of the World-Alive. www.hbw.com

The IUCN Red List of Threatened Species. www.iucnredlist.org

Xeno-canto. www.xeno-canto.org

WEBLINKS

Breeding behaviour and parental care in the Griffon Vulture Gyps fulvus on the island of Crete (Greece). https://www.researchgate.net/publication/232906354_Breeding_-behaviour-_and_-parental-_care-_in-_the-_Griffon_-Vulture-_Gyps_fulvus-_on-_the-_island-_of-_Crete-_Greece

Breeding Behaviour of Eurasian Marsh Harriers (*Circus aeruginosus*, L., 1758; *Aves, Accipitridae*) Nesting on Three Habitats in Eastern Poland. Ignacy Kitowski. https://scialert.net/fulltext/?doi=ijzr.2006.169.177&org=10

Breeding Long-legged Buzzard Buteo rufinus in forests of southwestern Iran: feeding habits and reproductive performance. Arya Shafaeipour. http://journals.tubitak.gov.tr/havuz/zoo-1311-42.pdf

Clutch size, nestling aggression and breeding success of the Spanish Imperial Eagle. Bernd-Ulrich Meyburg.
https://www.britishbirds.co.uk/wp-content/uploads/article_files/V80/V80_N07/V80_N07_P308_320_A075.pdf
Competitive behaviour and feeding rate in a reintroduced population of Griffon Vultures Gyps fulvus.
https://www.researchgate.net/profile/Francois_Sarrazin/publication/227741734_Competitive_behaviour_and_feeding_rate_in_a_reintroduced_population_of_Griffon_Vultures_Gyps_fulvus/links/00b495251cd3d1581c000000.pdf
Diet, nesting density, and breeding success of rough-legged buzzards (*Buteo lagopus*) on the Nenetsky Ridge, Arctic Russia. Ivan Pokrovsky, Dorothée Ehrich, Rolf A. Ims, Olga Kulikova, Nicolas Lecomte, Nigel G. Yoccoz.
https://link.springer.com/article/10.1007/s00300-013-1441-2
Field identification of large falcons in the West Palearctic.
https://britishbirds.co.uk/wp-content/uploads/article_files/V91/V91_N01-02/V91_N01_02_P012_035_A004.pdf
Finnish Satellite Honey Buzzards.
https://www.luomus.fi/en/satellite-honey-buzzards
Food of the Egyptian Vulture (Neophron percnopterus) in Biscay.
http://www.globalraptors.org/grin/researchers/uploads/521/food_of_the_egyptian_vulture_2005.pdf
Long-legged Buzzard Buteo rufinus rufinus breeding distribution and abundance in Cyprus Nicolaos Kassinis.
http://www.moi.gov.cy/moi/wildlife/wildlife_new.nsf/web34_gr/76C5D0901B1A27B6C225789C0029274C/$file/Buteo rufinus status and conservation Avocetta 2009.pdf
Movements of Immature European Honey Buzzards *Pernis apivorus* in Tropical Africa. Roine Strandberg, Mikael Hake, Raymond H.G. Klaassen, Thomas Alerstam.
http://www.bioone.org/doi/abs/10.5253/078.100.0207?journalCode=arde
Navigation.
http://projectbeak.org/adaptations/migration_how3.htm
Rötelfalke, *Falco naumanni.*
http://www.andaluciabirdsociety.org/article-library/comparativefieldguide/90-comparative-identification-guide-1.html
Simultaneous effects of age and territory quality on fecundity in Bonelli's Eagle Hieraaetus fasciatus. VINCENZO PENTERIANI, JAVIER BALBONTIN & MIGUEL FERRER.
http://www.vincenzopenteriani.org/publications_pdfs/hieraaetus_fasciatus_ibis.pdf
The diet of Honey Buzzards Pernis apivorus in Finland. Itämies, J. & Mikkola, H. 1972.
https://www.researchgate.net/profile/Heimo_Mikkola2/publication/280575644_Itmies_J.__Mikkola_H._1972._The_diet_of_Honey_Buzzards_Pernis_apivorus_in_Finland/links/55bb6b4808ae9289a09531fa.pdf
Timing and speed of migration in male, female and juvenile Ospreys *Pandion haliaetus* between Sweden and Africa as revealed by field observations, radar and satellite tracking. Nils Kjellén, Mikael Hake,Thomas Alerstam.
https://onlinelibrary.wiley.com/doi/pdf/10.1034/j.1600-048X.2001.320108.x
U.S Fish and Wildlife Service. Determining feather position.
www.fws.gov/lab/featheratlas/idposition.php
Wespenbussard.
http://www.eurapmon.net/sites/default/files/raptors_2nd_ed_009_honey_buzzard.pdf
What Determines the Population Density and Reproductive Success of Rough-Legged Buzzards, Buteo lagopus, in the Sibirian tundra. Oikos · January 1995. Eugene Potapov, Bryn Athyn College.
https://www.researchgate.net/profile/Eugene_Potapov2/publication/259005730_What_determines_the_population_density_and_reproductive_success_of_rough-legged_buzzards_Buteo_lagopus_in_the_Siberian_tundra/links/540dda5a0cf2df04e756a7be.pdf

BARTGEIER – S. 27
Gypaetus barbatus

GÄNSEGEIER – S. 33
Gyps fulvus

SPERBERGEIER – S. 282
Gyps rueppellii.

MÖNCHSGEIER – S. 39
Aegypius monachus

SCHMUTZGEIER – S. 45
Neophron percnopterus

SEEADLER – S. 53
Haliaeetus albicilla

STEINADLER – S. 59
Aquila chrysaetos

SPANISCHER KAISERADLER – S. 65
Aquila adalberti

ÖSTLICHER KAISERADLER – S. 71
Aquila heliaca

STEPPENADLER – S. 77
Aquila nipalensis

SCHELLADLER – S. 83
Aquila clanga

SCHREIADLER – S. 89
Aquila pomarina

SCHLANGENADLER – S. 95
Circaetus gallicus

ZWERGADLER – S. 101
Hieraaetus pennatus

HABICHTSADLER – S. 107
Aquila fasciata

FISCHADLER – S. 113
Pandion haliaetus

MÄUSEBUSSARD – S. 121
Buteo buteo

ADLERBUSSARD – S. 133
Buteo rufinus

RAUFUSSBUSSARD – S. 139
Buteo lagopus

WESPENBUSSARD – S. 145
Pernis apivorus